卓越工程师培养系列

Excellent Engineer Training Series

GD32F4 开发基础

主　编　钟世达　郭文波

副主编　林杰海　董　磊

北京航空航天大学出版社

内 容 简 介

本书通过 14 个实验介绍 GD32F470IIH6 微控制器的 GPIO、串口、TIMER、SysTick、RCU、外部中断、DAC 和 ADC 的原理与应用。作为拓展,另有 6 个实验分别介绍 MCU 调试、RTC、FWDGT、WWDGT,以及基于 I^2C 的 EEPROM 读/写和基于 SPI 的 Flash 读/写,相关内容可参见本书配套资料包。书中程序代码的编写规范均遵循《C 语言软件设计规范(LY-STD001-2019)》。各实验采用模块化设计,以便应用于实际项目和产品中。

本书配套资料包含 GD32F4 蓝莓派开发板原理图、例程、软件包、PPT 等,读者可通过微信公众号"卓越工程师培养系列"获取。

本书既可以作为高等院校电子信息、自动化等专业微控制器相关课程的教材,也可以作为微控制器系统设计及相关行业工程技术人员的入门培训用书。

图书在版编目(CIP)数据

GD32F4 开发基础 / 钟世达,郭文波主编;林杰海,董磊副主编. -- 北京 : 北京航空航天大学出版社,2023.2

ISBN 978-7-5124-3989-4

Ⅰ. ①G… Ⅱ. ①钟… ②郭… ③林… ④董… Ⅲ. ①微控制器—系统开发 Ⅳ. ①TP368.1

中国国家版本馆 CIP 数据核字(2023)第 012245 号

GD32F4 开发基础

主 编 钟世达 郭文波
副主编 林杰海 董磊
策划编辑 董立娟 责任编辑 杨晓方
*
北京航空航天大学出版社出版发行

北京市海淀区学院路 37 号(邮编 100191) http://www.buaapress.com.cn
发行部电话:(010)82317024 传真:(010)82328026
读者信箱:emsbook@buaacm.com.cn 邮购电话:(010)82316936
北京时代华都印刷有限公司印装 各地书店经销
*
开本:787×1 092 1/16 印张:16 字数:410 千字
2023 年 2 月第 1 版 2023 年 7 月第 2 次印刷 印数:2 001~3 000 册
ISBN 978-7-5124-3989-4 定价:59.00 元

前　　言

本书是一本介绍微控制器程序设计开发的书籍,对应的硬件平台为 GD32F4 蓝莓派开发板,开发板的主控芯片为 GD32F470IIH6(封装为 BGA－176),由兆易创新科技集团股份有限公司(以下简称"兆易创新")研发并推出。GD32F470IIH6 的 CPU 内核为 Cortex－M4,最大主频为 240 MHz,内部 Flash 和 SRAM 容量分别为 2 048 KB 和 768 KB,有 140 个 GPIO。开发板通过 12 V 电源适配器供电,板载 GD－Link 和 USB 转串口均基于 Type－C 接口设计,基于 LED、独立按键、触摸按键、蜂鸣器等基础模块可以开展简单实验,基于 USB SLAVE、以太网、触摸屏、摄像头等高级模块可以开展复杂实验,另外,还可以通过 EMA/EMB/EMC 接口,开展基于串口、SPI、I^2C 等通信协议的实验,比如红外 RS232、RS485、OLED、蓝牙、Wi－Fi、传感器等。

兆易创新的 GD32 MCU 是中国高性能通用微控制器领域的领跑者,主要体现在以下几点:①GD32 MCU 是中国较大的 MCU 产品家族,已经成为中国 32 位通用 MCU 市场的主流之选;②兆易创新在中国第一个推出基于 ARM Cortex－M3、Cortex－M4、Cortex－M23 和 Cortex－M33 内核的 MCU 产品系列;③全球首个 RISC－V 内核通用 32 位 MCU 产品系列出自兆易创新;④中国 32 位 MCU 厂商排名中,兆易创新连续 5 年本土第一。

希望通过本书向广大高校师生和工程师介绍优秀的国产 MCU 产品,为推动国产芯片的普及贡献微薄之力。

配合 GD32F4 蓝莓派开发板我们编写了 2 本教程,分别是《GD32F4 开发基础教程》和《GD32F4 开发进阶教程》。本书是基础教程,通过一系列实验,如 GPIO、串口、TIMER、SysTick、RCU、外部中断、DAC 和 ADC 实验,由浅入深地介绍 GD32F470IIH6 的系统架构、外设结构和设计开发过程。作为拓展,另有 6 个实验分别介绍 MCU 调试、RTC、FWDGT、WWDGT,以及基于 I^2C 的 EEPROM 读/写和基于 SPI 的 Flash 读/写,可参见本书配套资料包。所有实验均包含实验内容、设计思路、代码解析,每章的最后还安排了一个或若干任务作为本章实验的延伸和拓展,用于验证读者是否掌握本章知识。

本书的特点如下:

(1) 配套的所有例程严格按照统一的工程架构设计,每个子模块按照统一标准设计;代码严格按照《C 语言软件设计规范(LY－STD001－2019)》设计,如排版和注释规范、文件和函数命名规范等。

(2) 配套的所有例程遵循"高内聚低耦合"的设计原则,有效提高了代码的可重用性及可维护性。

（3）"实验原理"和"实验代码解析"引导读者开展实验，并通过代码解析快速理解例程；"本章任务"作为实验的延伸和拓展，通过实战让读者巩固实验中的知识点。

（4）本书配套丰富的资料包，包括 GD32F4 蓝莓派开发板原理图、例程、软件包、PPT 讲义、参考资料等。

对于初学者，建议先通过实验 1～4 快速熟悉整个开发流程；然后重点学习实验 5～8，掌握外设架构、寄存器、固件库函数、驱动设计和应用层设计等内容；最后，将所学的知识灵活运用于后续的 12 个实验中（包含配套资料包中的附加实验）。对于有经验的开发者，则不需要按部就班，可直接从代码入手，将教材和参考资料当作工具书，无法理解代码时再查阅。"纸上得来终觉浅，绝知此事要躬行"。建议无论是初学者还是有经验的开发者，都准备一套 GD32F4 蓝莓派开发板，并结合教材和参考资料，反复实践。另外，完成书上的各章任务后，如果还想要进一步提升嵌入式设计水平，建议自行设计或采购一些模块，例如，加速度传感器模块、激光测距模块、GPS、蓝牙、Wi-Fi 等，基于 GD32F4 蓝莓派开发板做一些拓展实验或综合实验。

本书由钟世达和郭文波共同策划并统稿。本书配套的 GD32F4 蓝莓派开发板和例程由深圳市乐育科技有限公司开发。另，兆易创新科技集团股份有限公司的金光一、徐杰也为本书的编写提供了充分的技术支持，在此一并致以衷心的感谢！

由于编者水平有限，书中难免有不妥和错误的地方，恳请读者批评指正。读者反馈发现的问题、获取相关资料或遇实验平台技术问题，可发邮件至邮箱：ExcEngineer@163.com。

编者

2022 年 10 月

目　　录

第1章　GD32 开发平台和工具

本书主要介绍 GD32F4xx 系列微控制器系统设计的相关知识,硬件平台为 GD32F4 蓝莓派开发板。大家可通过学习本书各个实验的原理,参照本书提供的配套实验例程完成实验。首先,本章将对 GD32F4 蓝莓派开发板及 GD32F4xx 系列微控制器进行介绍,并解释为什么选择 GD32F4 蓝莓派开发板作为本书的实验载体。另外,还会介绍 GD32 微控制器开发工具的安装和配置。最后,对 GD32F4 蓝莓派开发板上可以开展的实验及本书配套的资料包进行介绍。

1.1　为什么选择 GD32

兆易创新 GD32 MCU 是中国高性能通用微控制器领域的领跑者,其于 2013 年在中国首先推出的 ARM Cortex - M3 内核 MCU,后又陆续推出 Cortex - M4 及 Cortex - M23 内核 MCU,现已发展成为中国 32 位通用 MCU 市场的主流之选。其所有型号在软件和硬件引脚封装方面都保持相互兼容,适用于各种高中低端嵌入式的控制需求和升级。

经过多年发展,GD32 已经成为中国最大的 ARM MCU 家族,提供了 25 个产品系列共 400 多个型号。各系列都具有了很高的设计灵活性,并可以软硬件相互兼容,使得用户可以根据项目开发需求在不同型号间自由切换。

GD32 产品家族以 Cortex - M3 和 Cortex - M4 主流型内核为基础,由 GD32F1、GD32F3 和 GD32F4 系列产品构建,并不断向高性能和低成本两个方向延伸。GD32F470xx 系列通用 MCU 基于 120 MHz Cortex - M4 内核并支持快速 DSP 功能,持续以更高性能、更低功耗、更方便易用的灵活性为工控消费及物联网等市场主流应用注入动力。

GD32 联合全球合作厂商,推出了多种集成开发环境 IDE、开发套件 EVB、图形化界面 GUI、安全组件、嵌入式 AI、操作系统和云连接方案,并打造全新技术网站 GD32MCU.com,提供多个系列的视频教程和短片,使用者可任意点播在线学习,产品手册和软硬件资料也可随时下载。另外,GD32 还推出了多周期全覆盖的 MCU 开发人才培养计划,从青少年科普到高等教育全面展开,为新一代工程师提供学习与成长的“沃土”。

1.2　GD32F4 系列芯片

在微控制器的选型过程中,以往工程师常常会陷入这样的困局:一方面是 8 位/16 位微控制器有限的指令和性能,另一方面是 32 位处理器的高成本和高功耗。能否有效地解决这些问题,让工程师不必在性能、成本、功耗等因素中做出取舍和折中?

GD32F470xx 系列高性能微控制器以 240 MHz 的工作主频在业界首次将 ARM Cortex-M4 内核的处理能力发挥到极致,其持续以业界领先的强大处理效能与低功耗、高集成度、高可靠性和易用性的最佳组合,为工业控制与物联网等高性能计算需求提供高性价比解决方案。GD32F470xx 系列微控制器采用了业界领先的半导体工艺制程,整合了强大的运算效能和出色的功耗效率,并集成了更多的片上资源和接口外设。另外,此控制器还具备了优异的静电防护(ESD)和电磁兼容(EMC)能力,符合工业级高可靠性和温度标准。

1. 领先的高性能和功耗效率

GD32F470xx 系列微控制器具备了超高的计算性能,处理器最高主频可达 240 MHz,并提供了完整的 DSP 指令集、并行计算能力和专用浮点运算单元(FPU),集成了 32 位控制与领先的数字信号处理技术,以满足高级计算需求。其可在闪存中直接执行代码高速零等待,最高主频可达 250 MHz,CoreMark 测试取得了 673 分的优异表现。同主频下的代码执行效率相比市场同类 Cortex-M4 产品提高了 10%~20%,并已全面超越 Cortex-M3 产品,性能提升超过 40%。

GD32F470xx 系列微控制器配备了 512~3 072 KB 的片上 Flash 及 256~768 KB 的 SRAM,双区块(dual-bank)闪存允许同步读/写操作,从而方便了安全程序升级,在更新软件的同时不影响应用性能。业界领先的 55 nm 低功耗制造工艺使 GD32F470xx 系列微控制器延续了 GD32 系列 MCU 的高集成度特性,并保证产品价格可控。

GD32F470xx 系列微控制器采用 2.6~3.6 V 供电,I/O 口可承受 5 V 电平。内置的电源管理单元支持高级电源管理并提供了 3 种省电模式,在所有外设全速运行模式下的工作电流仅为 500 μA/ MHz,实现了极佳的能效比,还具备了电压调整功能。当频率降低时,CPU 电压也随之降低,从而将动态功耗降至最低水平。在电池供电时的待机电流最低仅为 2 μA。

2. 丰富的集成外设资源

GD32F470xx 系列微控制器片上集成了丰富的创新外设资源。其 2 个支持三相 PWM 互补输出和霍尔采集接口的 16 位高级定时器可用于矢量控制,还拥有多达 8 个 16 位通用定时器、2 个 32 位通用定时器、2 个 16 位基本定时器和 2 个 8 通道 DMA 控制器。

外设接口资源包括 8 个 USART、6 个 SPI、3 个快速 I^2C、2 个 I^2S、2 个 CAN2.0B、1 个 SDIO 接口、1 个 10/100M 以太网控制器(MAC),并首次配备了 2 个 USB2.0 OTG 接口,包括全速(Full Speed,12 Mbps)和高速(High Speed,480 Mbps)接口,可提供 Device、HOST、OTG 等多种传输模式。并采用了全新的支持无晶振(Crystal-less)USB 设计。GD32F470xx 系列微控制器的 USB2.0 FS 全速接口拥有独立的 48 MHz 振荡器,可替代外部晶振生成 USB 通信所需的精确时钟信号,从而有效降低使用成本,并提高系统集成度。

全新设计的 SPI 接口最高工作频率可达 30 MHz,还支持 4 线同步串行模式,方便连接外部大容量 NOR Flash,并实现快速访问。模拟外设的性能也已全面增强,GD32F470xx 系列微控制器配备了 3 个采样率高达 2.6 MSPS 的 12 位高速 ADC,提供了多达 24 个可复用通道,并新增了 16 bit 硬件过采样滤波功能和分辨率可配置功能,拥有 2 个 12 位 DAC,为支持混合信号控制提供了更高的性价比。另外,多达 80% 的可用 GPIO 具有多种可选功能还支持端口重映射,极佳的灵活性和易用性可满足多种应用需求。

GD32F470xx 系列微控制器以先进的缓存架构配置了 4 个独立的 SRAM 存储器,可支持不同总线上的主设备同时访问。新增的 64 KB 内核专用缓存(TCM RAM)既可以作为系统运行的堆栈,又可以作为高速运算缓冲,从而有助于内核发挥出最高性能。32 位总线接口 EXMC 还支持扩展外部 SDRAM 内存,能够以更高的性价比灵活方便地进行大容量数据缓存与高级界面控制。GD32F470xx 系列微控制器还配备了 TFT LCD 控制器和硬件图形加速器 IPA(Image Processing Accelerator),以实现液晶驱动并显著提升显示画质,最高可以支持 XGA 10 寸 1 024×768 像素的 RGB TFT 显示。另外,此微控制器还配备了 8～14 位的 Camera 视频接口,便于连接数字摄像头并实现图像采集与传输。

3. 高防护能力

GD32F470xx 系列微控制器提供了 14 个产品型号,包括 BGA176、LQFP144、BGA100 和 LQFP100 这 4 种封装类型选择,适用于工业控制、电机变频、图形显示、安防监控、传感器网络、无人机、机器人、物联网等高性能计算应用场合并持续带来创新的应用体验。

GD32F470xx 系列微控制器不仅具备业界领先的高性能,还具有卓越的抗扰性能和静电防护等级。芯片级的 ESD 防护水平在人体放电(HBM)模式可达 7 kV,器件放电模式(CDM) 可达 800 V,远高于行业安全标准,适合在复杂噪声环境下应用,且能协助客户研发出更耐用、更可靠的终端产品。

4. 开发支持

GigaDevice 为 GD32F470xx 系列微控制器配备了完整丰富的固件库,并提供了集成接口驱动的 FreeRTOS、μC/OS 等实时操作系统的参考例程,包括多种开发板和应用软件在内的 GD32 开发生态系统,全新的开发工具包括 GD32F470I - EVAL、GD32F470Z - EVAL、 GD32F470V - START 对应 3 种不同封装和引脚的全功能评估板,方便用户进行开发调试。 此系列微控制器还提供了支持在线仿真、在线烧录和脱机烧录三合一功能的调试量产工具 GD - Link。因其广泛的 ARM 生态体系,Keil MDK 等更多开发软件和第三方烧录工具均可支持。这些优点都极大程度降低了开发难度。

5. GD32 微控制器家族

GD32 MCU 产品家族目前已经拥有 400 余个产品型号、35 个产品系列及 11 种不同封装类型,提供了业界最为宽广的 Cortex - M3 MCU 选择,并以领先的技术优势持续不断地推出 Cortex - M4 MCU 产品。其所有型号在软件和硬件引脚封装方面都保持相互兼容,全面支持各种高、中、低端嵌入式应用与升级。融合了高性能、低成本与易用性的 GD32 系列通用 MCU 采用了多项自主知识产权的专利技术,并为日益增长的多元化应用需求提供助力。该产品通过长期市场检验,已成为系统设计与项目开发的创新首选。

1.3　GD32F4 蓝莓派开发板电路

GD32F4 蓝莓派开发板如图 1 - 1 所示,是由电源转换电路、通信-下载模块电路、GD- Link 调试下载电路、LED 电路、蜂鸣器电路、独立按键电路、触摸按键电路、外部温湿度电路、

SPI Flash 电路、EEPROM 电路、外部 SDRAM 电路、NAND Flash 电路、音频电路、以太网电路、RS485 电路、RS232 电路、CAN 电路、SD Card 电路、USB Slave 电路、摄像头接口电路、LCD 接口电路、外扩引脚电路、外扩接口电路和 GD32 微控制器电路组成的电路板。

图 1-1 GD32F4 蓝莓派开发板

利用 GD32F4 蓝莓派开发板开展本书配套的实验,需要搭配 2 条 USB 转 Type-C 型连接线和一块 OLED 显示屏。开发板上集成了通信-下载模块和 GD-Link 调试下载模块,这 2 个模块分别通过一条 USB 转 Type-C 型连接线连接到计算机,通信-下载模块除了可向微控制器下载程序,还可以实现开发板与计算机之间的数据通信;GD-Link 既能下载程序,还能进行在线调试。OLED 显示屏则用于参数显示。GD32F4 蓝莓派开发板、OLED 显示屏和计算机的连接图如图 1-2 所示。

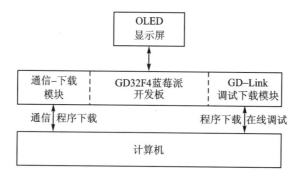

图 1-2 GD32F4 蓝莓派开发板、OLED 显示屏和计算机连接图

1.3.1 通信-下载模块电路

工程师编写完程序后,需要通过通信-下载模块将.hex(或.bin)文件下载到微控制器中。通信-下载模块通过一条 USB 转 Type-C 型连接线与计算机连接,通过计算机上的 GD32 下载工具(如 GigaDevice MCU ISP Programmer),就可以将程序下载到 GD32 系列微控制器中。通信-下载模块除具备程序下载功能外,还担任着"通信员"的角色,即可以通过通信-下载模块实现计算机与 GD32F4 蓝莓派开发板之间的通信。另外,除了使用 12 V 电源适配器供电,还可以用通信-下载模块的 Type-C 接口为开发板提供 5 V 电源。注意,开发板上的 PWR_KEY 为电源开关,通过通信-下载模块的 Type-C 接口引入 5 V 电源后,还需要按下电源开关才能使开发板正常工作。

通信-下载模块电路如图 1-3 所示。USB_1 即为 Type-C 接口,可引入 5 V 电源。编号为 U_{104} 的芯片 CH340G 为 USB 转串口芯片,可以实现计算机与微控制器之间的通信。J_{104} 为 2×2 Pin 双排排针,在使用通信-下载模块之前应先使用跳线帽分别将 CH340_TX 和 USART0_RX、CH340_RX 和 USART0_TX 连接。

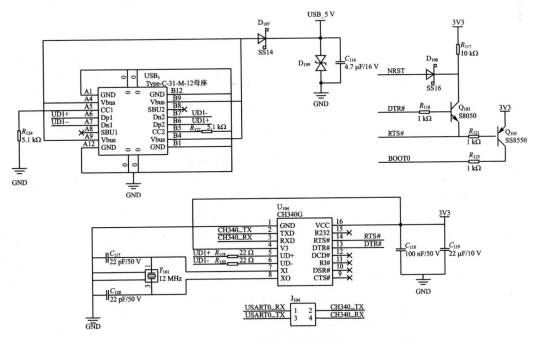

图 1-3 通信-下载模块电路

1.3.2 GD-Link 调试下载模块电路

GD-Link 调试下载模块不仅可以下载程序,还可以对 GD32F470IIH6 微控制器进行在线调试。图 1-4 为 GD-Link 调试下载模块电路,USB_2 为 Type-C 接口,同样可引入 5 V 电源,USB_2 上的 UD2＋和 UD2－通过一个 22 Ω 电阻连接 GD32F103RGT6 芯片;该芯片为 GD-Link 调试下载电路的核心,可通过 SWD 接口对开发板的主控芯片 GD32F470IIH6 进行在线调试或程序下载。

虽然 GD‐Link 既可以下载程序,又能进行在线调试,但是无法实现 GD32 微控制器与计算机之间的通信。因此,在设计产品时,除了保留 GD‐Link 接口,还建议保留通信‐下载接口。

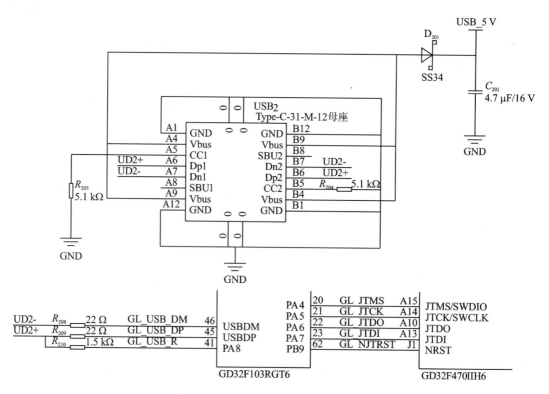

图 1‐4 GD‐Link 调试下载模块电路

1.3.3 电源转换电路

图 1‐5 所示为 5 V 转 3V3 电源转换电路,其功能是将 5 V 输入电压转换为 3.3 V 输出电压。通信‐下载模块和 GD‐Link 调试下载模块的 2 个 Type‐C 接口均可引入 5 V 电源(USB_5V 网络),由 12 V 电源适配器引入 12 V 电源后,通过 12 V 转 5 V 电路同样可以得到 5 V 电压(VCC_5V 网络)。然后通过电源开关 PWR_KEY 控制开发板的电源,开关闭合时,USB_5V 和 VCC_5V 网络与 5 V 网络连通,并通过 AMS1117‐3.3 芯片转出 3.3 V 电压,微

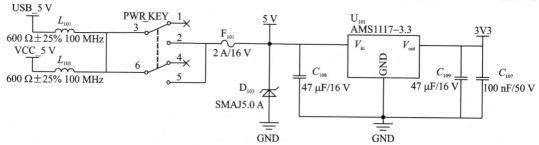

图 1‐5 电源转换电路

控制器即可正常工作。D_{103} 为瞬态电压抑制二极管,功能是防止电源电压过高时损坏芯片。U_{101} 为低压差线性稳压芯片,可将 V_{in} 端输入的 5 V 转化为 3.3 V 在 V_{out} 端输出。

GD32F4 蓝莓派开发板上的其他模块电路将在后续对应的实验中进行详细介绍。

1.4　GD32F4 蓝莓派开发板可开展的部分实验

基于本书配套的 GD32F4 蓝莓派开发板可以开展的实验非常丰富,这里仅列出具有代表性的 20 个实验,如表 1-1 所列。其中,实验 15~20 为附加实验,本书中不予介绍,读者可参考本书配套资料包的"08.软件资料"文件夹。

表 1-1　GD32F4 蓝莓派开发板可开展的部分实验清单

序　号	实验名称	序　号	实验名称
1	基准工程实验	11	TIMER 与 PWM 输出
2	串口电子钟	12	TIMER 与输入捕获
3	GPIO 与流水灯	13	DAC
4	GPIO 与独立按键输入	14	ADC
5	串口通信	15	DbgMCU 调试
6	定时器中断	16	RTC 实时时钟
7	SysTick	17	独立看门狗定时器
8	RCU	18	窗口看门狗定时器
9	外部中断	19	软件模拟 I^2C 与读写 EEPROM
10	OLED 显示	20	软件模拟 SPI 与读写 Flash

1.5　GD32 微控制器开发工具的安装与配置

自从兆易创新于 2013 年推出 GD32 系列微控制器至今,与 GD32 配套的开发工具有很多,如 Keil 公司的 Keil、ARM 公司的 DS-5、Embest 公司的 EmbestIDE、IAR 公司的 EWARM 等。目前,国内使用较多的是 EWARM 和 Keil。

EWARM(Embedded Workbench for ARM)是 IAR 公司为 ARM 微处理器开发的一个集成开发环境(简称 IAR EWARM)。与其他 ARM 开发环境相比,IAR EWARM 具有入门容易、使用方便和代码紧凑的特点。Keil 是 Keil 公司开发的基于 ARM 内核的系列微控制器集成开发环境,它适合不同层次的开发者,包括专业的应用程序开发工程师和嵌入式软件开发入门者。Keil 包含工业标准的 Keil C 编译器、宏汇编器、调试器、实时内核等组件,支持所有基于 ARM 内核的芯片,能帮助工程师按照计划完成项目。

本书的所有例程均基于 Keil μVision5 软件,建议读者选择相同版本的开发环境进行实验。

1.5.1　Keil 5.30 的安装

双击运行本书配套资料包"02.相关软件\MDK5.30"文件夹中的 MDK5.30.exe 程序,在弹出的如图 1-6 所示的对话框中,单击 Next 按钮。

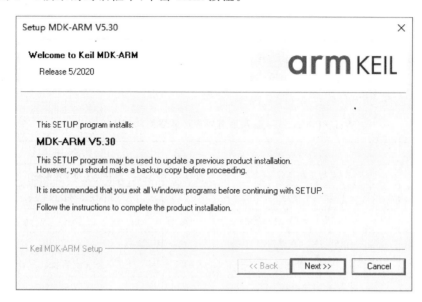

图 1-6　Keil 5.30 安装步骤 1

系统弹出如图 1-7 所示的对话框,选中 I agree to all the terms of the preceding License Agreement 项,然后单击 Next 按钮。

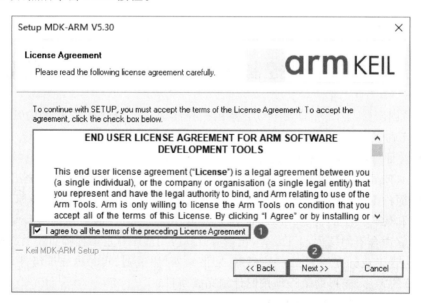

图 1-7　Keil 5.30 安装步骤 2

如图 1-8 所示,选择安装路径和包存放路径,这里建议安装在 D 盘。然后,单击 Next 按钮。读者也可以自行选择安装路径。

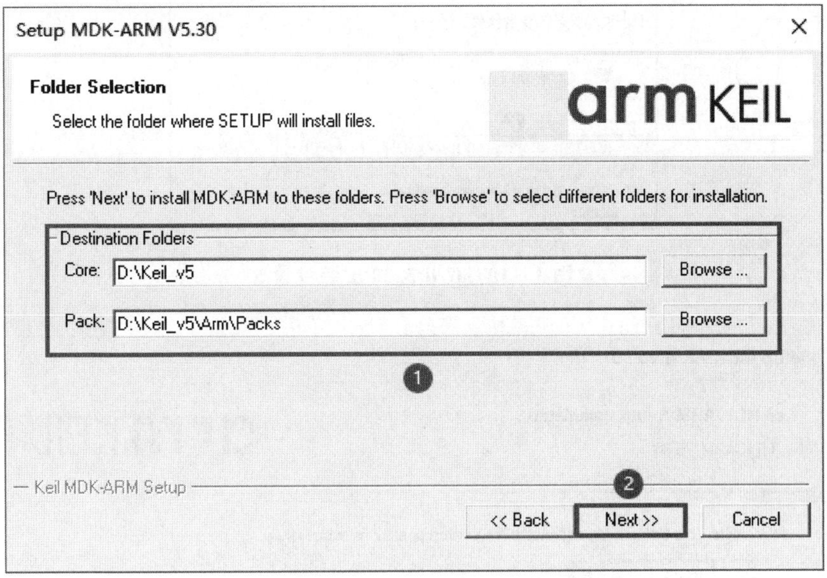

图 1 - 8　Keil 5.30 安装步骤 3

随后，系统弹出如图 1 - 9 所示的对话框，在 First Name、Last Name、Company Name 和 E-mail 栏输入相应的信息，然后单击 Next 按钮。软件开始安装。

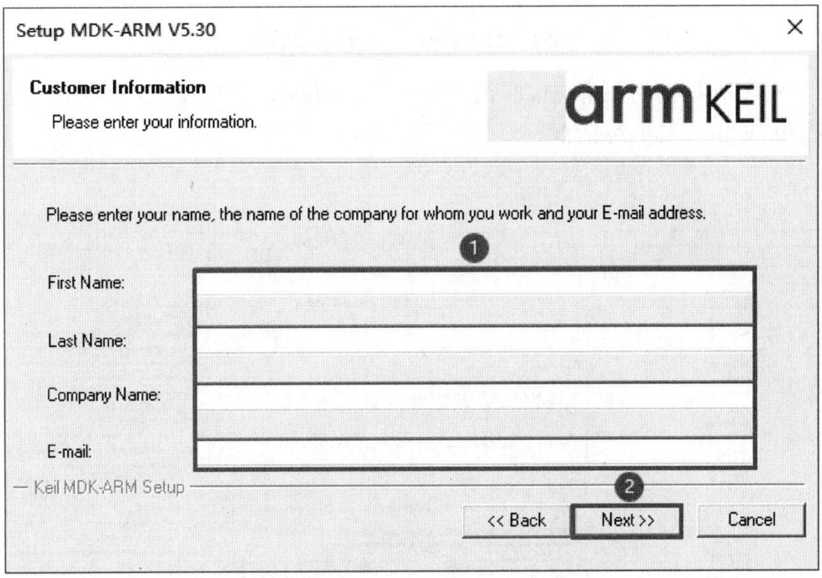

图 1 - 9　Keil 5.30 安装步骤 4

在软件安装过程中，系统会弹出如图 1 - 10 所示的对话框，选中"始终信任来自 'ARM Ltd' 的软件（A）"项，然后单击"安装（I）"按钮。

软件安装完成后，系统弹出如图 1 - 11 所示的对话框，取消 Show Release Notes 选项，然后单击 Finish 按钮。

图 1-10　Keil 5.30 安装步骤 5

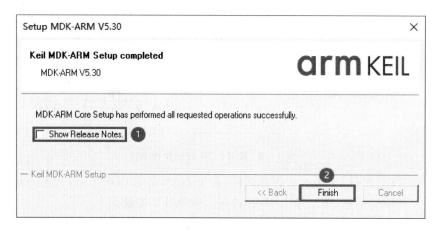

图 1-11　Keil 5.30 安装步骤 6

在如图 1-12 所示的对话框中,取消 Show this dialog at startup 选项,然后单击 OK 按钮,最后关闭 Pack Installer 对话框。

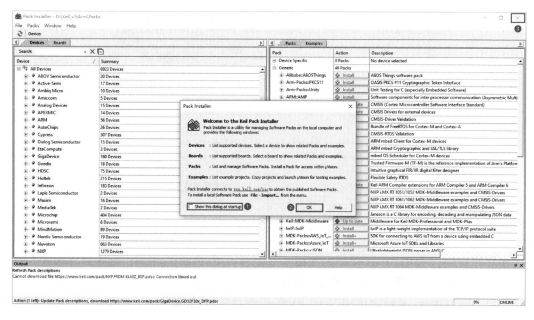

图 1-12　Keil 5.30 安装步骤 7

在资料包的"02. 相关软件\MDK5.30"文件夹中,还有一个名为 GigaDevice. GD32F4xx_DFP. 3.0.0. pack 的文件,该文件为 GD32F4xx 系列微控制器的固件库包。如果使用 GD32F4xx 系列微控制器,则需要安装该固件库包。双击运行 GigaDevice. GD32F4xx_DFP. 3.0.0. pack,打开如图 1-13 所示的对话框,直接单击 Next 按钮,固件库包即开始安装。

图 1-13　安装固件库包步骤 1

固件库包安装完成后,弹出如图 1-14 所示的对话框,单击 Finish 按钮。

图 1-14　安装固件库包步骤 2

1.5.2　Keil 5.30 的设置

Keil 5.30 安装完成后,需要对 Keil 软件进行标准化设置。首先在"开始"菜单找到,并单击 KeilμVision5,软件启动之后,在弹出的如图 1-15 所示对话框中单击"是"按钮。

然后,在打开的 Keil μVision5 软件界面中,选择 Edit→Configuration 菜单项,如图 1-16 所示。

系统弹出如图 1-17 所示的 Configuration 对话框后,在 Editor 标签页的 Encoding 栏选择 Chinese GB2312(Simplified)。将编码格式改为 Chinese GB2312(Simplified)可以防止代码

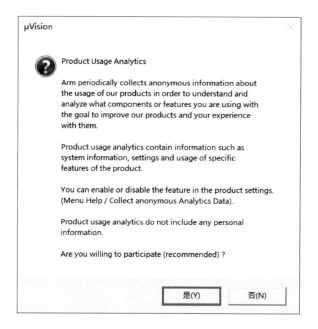

图 1 - 15　设置 Keil 5.30 步骤 1

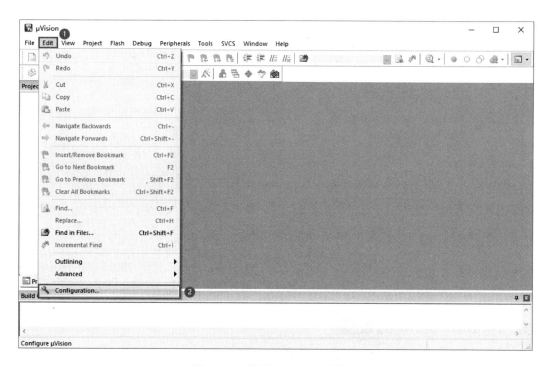

图 1 - 16　设置 Keil 5.30 步骤 2

文件中输入的中文乱码现象;在 C/C++ Files 栏选中所有选项,并在 Tab size 栏输入 2;在 ASM Files 栏选中所有选项,并在 Tab size 栏输入 2;在 Other Files 栏选中所有选项,并在 Tab size 栏输入 2。将缩进的空格数设置为 2 个空格,同时将 Tab 键也设置为 2 个空格,这样可以防止使用不同的编辑器阅读代码时出现代码布局不整齐的现象。设置完成后单击 OK 按钮。

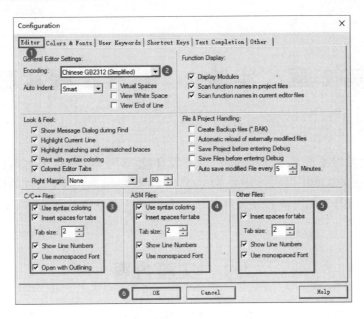

图 1 - 17　设置 Keil 5.30 步骤 3

本章任务

学习完本章后,下载本书配套的资料包,准备好配套的开发套件,熟悉 GD32F4 蓝莓派开发板的电路原理及各模块功能。

本章习题

1. 简述 GD32 与兆易创新和 ARM 公司的关系。

2. GD32F4 蓝莓派开发板使用了一个蓝色 LED(5V_LED)作为电源指示,请问如何通过万用表检测 LED 的正、负端?

3. 什么是低压差线性稳压电源? 请结合 AMS1117 - 3.3 的数据手册,简述低压差线性稳压电源的特点。

4. 低压差线性稳压电源的输入端和输出端均有电容(C_{108}、C_{109}、C_{107}),请解释这些电容的作用。

第2章 实验1 基准工程实验

本书所有实验均基于 Keil μVision5.30 开发环境,在开始 GD32 系列微控制器程序设计之前,本章先以一个基准工程的创建为主线,分为 14 个步骤,对 Keil 软件的使用以及工程的编译和程序下载进行介绍。读者通过对本章的学习,应主要掌握软件的使用和工具的操作,不需要深入理解代码。

2.1 实验内容

通过学习本实验原理,按照实验步骤,创建和编译工程,最后将编译生成的 .hex 和 .axf 文件下载到 GD32F4 蓝莓派开发板,验证以下基本功能:2 个 LED(编号为 LED_1 和 LED_2)每 500 ms 交替闪烁;计算机上的串口助手每秒输出一次字符串。

2.2 实验原理

2.2.1 寄存器与固件库

GD32 刚刚面世时就有配套的固件库,基于固件库进行微控制器程序开发十分便捷、高效。然而,在微控制器面世之初,更多的嵌入式开发人员习惯使用寄存器,很少使用固件库。究竟是基于寄存器开发更快捷还是基于固件库开发更快捷,曾引起了非常激烈的讨论。然而,随着微控制器固件库的不断完善和普及,越来越多的嵌入式开发人员开始接受并适应这种高效率的开发模式。

什么是寄存器开发模式? 什么是固件库开发模式? 为了便于理解这两种开发模式,下面以日常生活中熟悉的开汽车为例,从芯片设计者的角度来解释。

1. 如何开汽车

开汽车实际上并不复杂,只要能够协调好变速箱、油门、刹车和方向盘,基本上就掌握了开汽车的要领。如启动车辆时,首先将变速箱从驻车挡切换到前进挡,然后松开刹车,紧接着踩油门。需要加速时,将油门踩得深一些,需要减速时,将油门适当松开一些。需要停车时,先松开油门,然后踩刹车,在车停稳之后,将变速箱从前进挡切换到驻车挡。当然,实际开汽车还需要考虑更多的因素,本例子为了形象地解释寄存器和固件库开发模式而将其简化了。

2. 汽车芯片

要设计一款汽车芯片,除了 CPU、ROM、RAM 和其他常用外设(如 CMU、PMU、Timer、UART 等),还需要一个汽车控制单元(CCU),如图 2-1 所示。

为了实现对汽车的控制,即控制变速箱、油门、刹车和方向盘,还需要进一步设计与汽车控制单元相关的 4 个寄存器,分别是变速箱控制寄存器(CCU_GEAR)、油门控制寄存器(CCU_SPEED)、刹车控制寄存器(CCU_BRAKE)和方向盘控制寄存器(CCU_WHEEL),如图 2-2 所示。

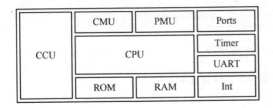

图 2-1　汽车芯片结构图 1　　　　　　图 2-2　汽车芯片结构图 2

3. 汽车控制单元寄存器(寄存器开发模式)

通过向汽车控制单元寄存器写入不同的值即可实现对汽车的操控,因此首先需要了解寄存器的每一位是如何定义的。下面依次说明变速箱控制寄存器(CCU_GEAR)、油门控制寄存器(CCU_SPEED)、刹车控制寄存器(CCU_BRAKE)和方向盘控制寄存器(CCU_WHEEL)的结构和功能。

(1) 变速箱控制寄存器(CCU_GEAR)

CCU_GEAR 的结构如图 2-3 所示,部分位的解释说明如表 2-1 所列。

图 2-3　CCU_GEAR 的结构

表 2-1　CCU_GEAR 部分位的解释说明

位	描述
位 2:0	GEAR[2:0]:挡位选择。 000—PARK(驻车挡);001—REVERSE(倒车挡);010—NEUTRAL(空挡); 011—DRIVE(前进挡);100—LOW(低速挡)

(2) 油门控制寄存器(CCU_SPEED)

CCU_SPEED 的结构如图 2-4 所示,部分位的解释说明如表 2-2 所列。

图 2-4　CCU_SPEED 的结构

表 2 - 2　CCU_SPEED 部分位的解释说明

位	描　述
位 7:0	SPEED[7:0]:油门选择。 0 表示未踩油门,255 表示将油门踩到底

（3）刹车控制寄存器(CCU_BRAKE)

CCU_BRAKE 的结构如图 2-5 所示,部分位的解释说明如表 2-3 所列。

图 2 - 5　CCU_BRAKE 的结构

表 2 - 3　CCU_BRAKE 部分位的解释说明

位	描　述
位 7:0	BRAKE[7:0]:刹车选择。 0 表示未踩刹车,255 表示将刹车踩到底

（4）方向盘控制寄存器(CCU_WHEEL)

CCU_WHEEL 的结构如图 2-6 所示,部分位的解释说明如表 2-4 所列。

图 2 - 6　CCU_WHEEL 的结构

表 2 - 4　CCU_WHEEL 部分位的解释说明

位	描　述
位 7:0	WHEEL[7:0]:方向盘方向选择。 0 表示方向盘向左转到底,255 表示方向盘向右转到底

完成汽车芯片的设计之后,就可以借助一款合适的集成开发环境(如 Keil 或 IAR)编写程序。通过向汽车芯片中的寄存器写入不同的值实现对汽车的操控,这种开发模式称为寄存器开发模式。

4. 汽车芯片固件库(固件库开发模式)

寄存器开发模式对于一款功能简单的芯片(如 51 单片机只有二三十个寄存器),开发起来比较容易。但是,当今市面上主流的微控制器芯片的功能都非常强大,如 GD32 系列微控制器,其寄存器个数为几百甚至更多,而且每个寄存器又有很多功能位,寄存器开发模式就比较复杂。为了方便工程师更好地读/写这些寄存器,提升开发效率,芯片制造商通常会设计一套完整的固件库,通过固件库读/写芯片中的寄存器,这种开发模式称为固件库开发模式。

例如,汽车控制单元的 4 个固件库函数分别是变速箱控制函数 SetCarGear、油门控制函

数 SetCarSpeed、刹车控制函数 SetCarBrake 和方向盘控制函数 SetCarWheel,定义如下:

```
int SetCarGear(Car_TypeDef * CAR, int gear);
int SetCarSpeed(Car_TypeDef * CAR, int speed);
int SetCarBrake(Car_TypeDef * CAR, int brake);
int SetCarWheel(Car_TypeDef * CAR, int wheel);
```

以上 4 个函数的功能比较类似,下面重点介绍 SetCarGear 函数的功能及实现。

(1) SetCarGear 函数的描述

SetCarGear 函数用于根据 Car_TypeDef 中指定的参数设置挡位,通过向 CAR_GEAR 写入参数来实现的。具体描述如表 2-5 所列。

表 2-5　SetCarGear 函数的描述

函数名	SetCarGear
函数原型	int SetCarGear(Car_TypeDef * CAR, CarGear_TypeDef gear)
功能描述	根据 Car_TypeDef 中指定的参数设置挡位
输入参数 1	CAR:指向 CAR 寄存器组的首地址
输入参数 2	gear:具体的挡位
输出参数	无
返回值	设定的挡位是否有效(FALSE 为无效,TRUE 为有效)

Car_TypeDef 定义如下:

```
typedef struct
{
    __IO uint32_t GEAR;
    __IO uint32_t SPEED;
    __IO uint32_t BRAKE;
    __IO uint32_t WHEEL;
}Car_TypeDef;
```

CarGear_TypeDef 定义如下:

```
typedef enum
{
    Car_Gear_Park = 0,
    Car_Gear_Reverse,
    Car_Gear_Neutral,
    Car_Gear_Drive,
    Car_Gear_Low
}CarGear_TypeDef;
```

(2) SetCarGear 函数的实现

SetCarGear 函数的实现代码如程序清单 2-1 所示,通过将参数 gear 写入 CAR_GEAR 实现。返回值用于判断设定的挡位是否有效,当设定的挡位为 0~4 时,即有效挡位,返回值为 TRUE;当设定的挡位不为 0~4 时,即无效挡位,返回值为 FALSE。

程序清单 2-1

```
int SetCarGear(Car_TypeDef * CAR, int gear)
{
    int valid = FALSE;


    if(0 <= gear && 4 >= gear)
    {
        CAR_GEAR = gear;
        valid = TRUE;
    }


    return valid;
}
```

至此,已解释了寄存器开发模式和固件库开发模式,以及这两种开发模式之间的关系。无论是寄存器开发模式,还是固件库开发模式,实际上最终都要配置寄存器,只不过寄存器开发模式是直接读/写寄存器,而固件库开发模式是通过固件库函数间接读/写寄存器。固件库的本质是建立了一个新的软件抽象层,因此,固件库开发的优点是基于分层开发带来的高效性,缺点也是由于分层开发导致的资源浪费。

嵌入式开发从最早的基于汇编语言,到基于 C 语言,再到基于操作系统,实际上是一种基于分层的进化;另一方面,GD32 作为高性能的微控制器,其固件库导致的资源浪费远不及它所带来的高效性。因此,有必要适应基于固件库的先进的开发模式。那么,基于固件库的开发是否还需要深入学习寄存器?这个疑惑实际上很早就有答案了,比如使用 C 语言开发某一款微控制器,为了设计出更加稳定的系统,还是非常有必要了解汇编指令的,同样,基于操作系统开发,也有必要熟悉操作系统的底层运行机制。兆易创新提供的固件库编写的代码非常规范,注释清晰,可以通过追踪底层代码研究固件库如何读/写寄存器。

2.2.2 Keil 编辑和编译及程序下载过程

GD32 的集成开发环境有很多种,本书使用的是 Keil。首先,用 Keil 建立工程、编写程序;然后,编译工程并生成二进制或十六进制文件;最后,将二进制或十六进制文件下载到 GD32 微控制器上运行。

1. Keil 编辑和编译过程

Keil 的编辑和编译过程与其他集成开发环境的类似,如图 2-7 所示,可分为以下 4 个步骤:①创建工程,并编辑程序,程序包括 C/C++代码(存放于.c 文件)和汇编代码(存放于.s 文件);②通过编译器 armcc 对.c 文件进行编译,通过编译器 armasm 对.s 文件进行编译,这两种文件编译之后,都会生成一个对应的目标程序(.o 文件),.o 文件的内容主要是从源文件编译得到的机器码,包含代码、数据及调试使用的信息;③通过链接器 armlink 将各个.o 文件及库文件链接生成一个映射文件(.axf 或.elf 文件);④通过格式转换器 fromelf,将.axf 或.elf 文件转换成二进制文件(.bin 文件)或十六进制文件(.hex 文件)。编译过程中使用到的编译器 armcc、armasm,以及链接器 armlink 和格式转换器 fromelf 均位于 Keil 的安装目录下,如果 Keil 默认安装在 C 盘,这些工具就存放在 C:\Keil_v5\ARM\ARMCC\bin 目录下。

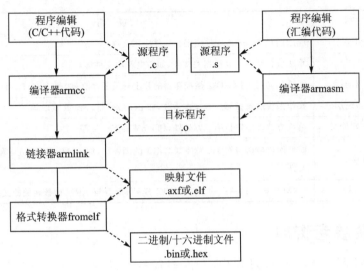

图 2 - 7　Keil 编辑和编译过程

2. 程序下载过程

通过 Keil 生成的映射文件(.axf 或.elf)或二进制/十六进制文件(.bin 或.hex)可以使用不同的工具下载到 GD32 微控制器上的 Flash,上电后,系统将 Flash 中的文件加载到片上 SRAM,然后运行整个代码。

本书使用了两种下载程序的方法:①使用 Keil 将.axf 通过 GD - Link 下载到 GD32 微控制器上的 Flash 中;②使用 GigaDevice MCU ISP Programmer 将.hex 通过串口下载到 GD32 微控制器上的 Flash 中。

2.2.3　GD32 工程模块名称及说明

工程建立完成后,按照模块被分为 App、Alg、HW、OS、TPSW、FW 和 ARM,如图 2 - 8 所示。各模块名称及说明如表 2 - 6 所列。

图 2 - 8　Keil 工程模块分组

表 2 - 6 GD32 工程模块名称及说明

模块	名称	说明
App	应用层	应用层包括 Main、硬件应用和软件应用文件
Alg	算法层	算法层包括项目算法相关文件,如心电算法文件等
HW	硬件驱动层	硬件驱动层包括 GD32 微控制器的片上外设驱动文件,如 UART0、Timer 等
OS	操作系统层	操作系统层包括第三方操作系统,如 μC/OS-Ⅲ、FreeRTOS 等
TPSW	第三方软件层	第三方软件层包括第三方软件,如 emWin、FatFs 等
FW	固件库层	固件库层包括与 GD32 微控制器相关的固件库,如 gd23f4xx_gpio.c 和 gd32f4xx_gpio.h 文件
ARM	ARM 内核层	ARM 内核层包括启动文件、NVIC、SysTick 等与 ARM 内核相关的文件

2.2.4　相关参考资料

在 GD32 微控制器系统设计过程中,有许多资料可供参考,如《GD32F470 数据手册》《GD32F4xx 用户手册》《GD32F4xx 固件库使用指南》等,均放在本书配套资料包的"09. 参考资料"文件夹下,下面对这些参考资料进行简要介绍。

1.《GD32F470 数据手册》

选定好某一款具体芯片后,需要清楚地了解该芯片的主功能引脚定义、默认复用引脚定义、重映射引脚定义、电气特性和封装信息等,可以通过《GD32F470 数据手册》查询这些信息。

2.《GD32F4xx 用户手册》

该手册是 GD32F4xx 系列芯片的用户手册,主要对 GD32F4xx 系列微控制器的外设,如存储器、FMC、RCU、EXTI、GPIO、DMA、DBG、ADC、FWDGT、WWDGT、RTC、TIMER、USART、I^2C、SPI、SDIO、EXMC 和 CAN 等进行介绍,包括各个外设的架构、工作原理、特性、寄存器等。读者在开发过程中会频繁使用到该手册,尤其是查阅某个外设的工作原理和相关寄存器时。

3.《GD32F4xx 固件库使用指南》

固件库实际上就是读/写寄存器的一系列函数集合,该手册是这些固件库函数的使用说明文档,包括封装寄存器的结构体说明、固件库函数说明、固件库函数参数说明,以及固件库函数使用实例等。不需要记住这些固件库函数,在开发过程中遇到不清楚的固件库函数时,能够翻阅之后解决问题即可。

本书中各实验所涉及的上述参考资料均已在"实验原理"一节中说明。当开展本书以外的实验时,若遇到书中未涉及的知识点,可查阅以上手册,也可以翻阅其他书籍,或借助于网络资源。

2.3　实验步骤

步骤 1:新建存放例程的文件夹

在计算机的 D 盘中建立一个 GD32F4KeilTest 文件夹,将本书配套资料包"04. 例程资料"

文件夹中的所有文件复制到 GD32F4KeilTest 文件夹下。工程保存的文件夹路径也可以自行选择,英文路径即可。

步骤 2:新建一个工程

首先,在 D:\GD32F4KeilTest\01.BaseProject 文件夹中新建一个 Project 文件夹。其次,打开 Keil μVision5 软件,选择 Project→New μVision Project 菜单项,在弹出的 Create New Project 对话框中,工程路径选择"D:\GD32F4KeilTest\01.BaseProject\Project",将工程名命名为 GD32KeilPrj,最后单击"保存"按钮,如图 2-9 所示。

图 2-9　新建一个工程

步骤 3:选择对应的微控制器型号

在弹出的 Select Device for Target 'Target 1'对话框中选择对应的微控制器型号,开发板上的微控制器型号是 GD32F470IIH6,在如图 2-10 所示的对话框中选择 GD32F470II,最后单击 OK 按钮。

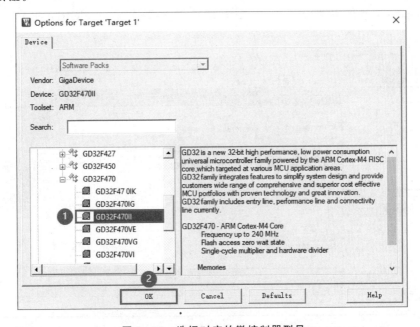

图 2-10　选择对应的微控制器型号

步骤 4:设置 Manage Run-Time Environment

由于本书使用到微控制器软件接口标准(CMSIS:Cortex Microcontroller Software Interface Standard),因此,在弹出的如图 2-11 所示的 Manage Run-Time Environment 对话框中先展开 CMSIS 选项,然后在 Sel 栏中选中 CORE 对应的选项,最后单击 OK 按钮,保存设置,并关闭对话框。

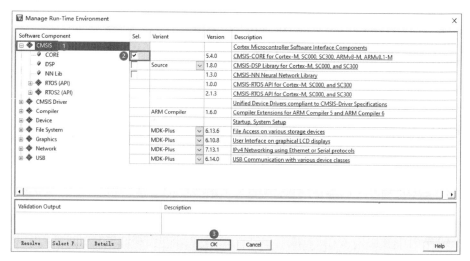

图 2-11 设置 Manage Run-Time Environment 对话框

步骤 5:删除原有分组并新建分组

关闭 Manage Run-Time Environment 对话框之后,一个简单的工程创建完成,工程名为 GD32KeilPrj。在 Keil 软件界面的左侧可以看到,Target1 下有一个 Source Group1 分组,这里需要将已有的分组删除,并添加新的分组。首先,单击工具栏中的 🔨按钮,如图 2-12 所示,在 Project Items 标签页中,单击 Groups 栏中的 ✗按钮,删除 Source Group 1 分组。

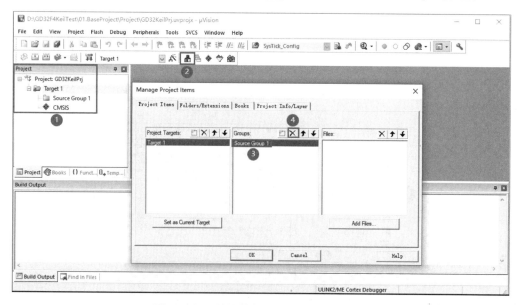

图 2-12 删除原有的 Source Group1 分组

接着,单击 Groups 栏中的 █ 按钮,依次添加 App、Alg、HW、OS、TPSW、FW 和 ARM 分组,如图 2-13 所示。注意,可以通过单击箭头按钮调整分组的顺序。

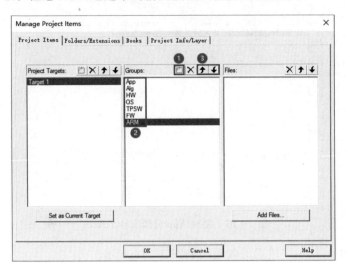

图 2-13　添加新分组

步骤 6:向分组添加文件

如图 2-14 所示,在 Groups 栏中单击选择 App,然后单击 Add Files 按钮。在弹出的 Add Files to Groups 'App'对话框中,查找范围选择"D:\GD32F4KeilTest\01.BaseProject\App\Main"。最后,单击选择 Main.c 文件,再单击 Add 按钮,将 Main.c 文件添加到 App 分组中。注意,也可以在 Add Files to Groups 'App'对话框中,通过双击 Main.c 文件向 App 分组中添加该文件。

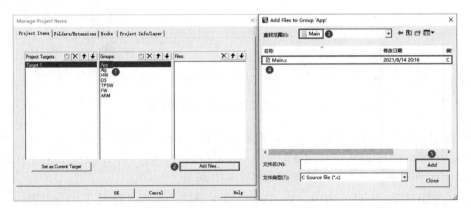

图 2-14　向 App 分组中添加 Main.c 文件

采用同样的方法,将"D:\GD32F4KeilTest\01.BaseProject\App\LED"路径下的 LED.c 文件添加到 App 分组中,添加完成后的效果图如图 2-15 所示。

将"D:\GD32F4KeilTest\01.BaseProject\HW\RCU"路径下的 RCU.c 文件、"D:\GD32F4KeilTest\01.BaseProject\HW\Timer"路径下的 Timer.c 文件、"D:\GD32F4KeilTest\01.BaseProject\HW\UART0"路径下的 Queue.c 和 UART0.c 文件分别

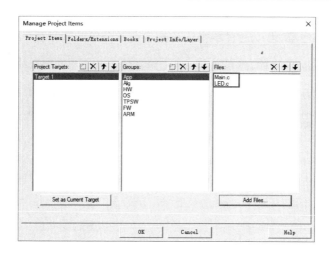

图 2 - 15   完成 App 分组文件的添加

添加到 HW 分组中。添加完成后的效果图如图 2 - 16 所示。

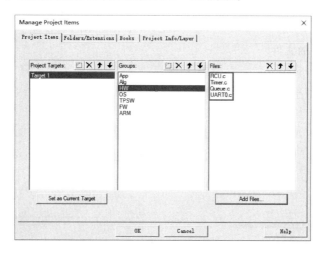

图 2 - 16   完成 HW 分组文件的添加

将"D：\ GD32F4KeilTest \ 01. BaseProject \ FW \ Source"路径下的 gd32f4xx_fmc. c、gd32f4xx_gpio. c、gd32f4xx_misc. c、gd32f4xx_rcu. c、gd32f4xx_timer. c、gd32f4xx_usart. c 文件添加到 FW 分组中。添加后的效果图如图 2 - 17 所示。

将"D：\ GD32F4KeilTest \ 01. BaseProject \ ARM \ System"路径下的 gd32f4xx_it. c、system_gd32f4xx. c、startup_gd32f450_470. s 文件添加到 ARM 分组中，再将"D：\ GD32F4KeilTest\01. BaseProject\ARM\NVIC"路径下的 NVIC. c 文件和"D:\GD32F4Keil Test\Product\01. BaseProject\ARM\SysTick"路径下的 SysTick. c 文件添加到 ARM 分组中，添加完成后的效果图如图 2 - 18 所示。最后，单击 OK 按钮，保存所有设置。注意，向 ARM 分组添加 startup_gd32f450_470hd. s 文件时，需要在"文件类型（T）"的下拉菜单中选择 Asm Source file（ * . s * ；* . src；* . a * ）或 All files（ * . * ）。

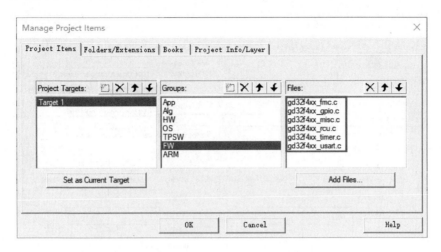

图 2-17　完成 FW 分组文件的添加

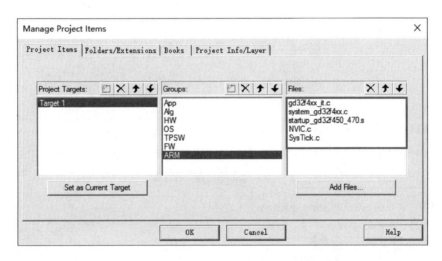

图 2-18　完成 ARM 分组文件的添加

步骤 7：选中 Use MicroLIB

为了方便调试，本书在很多地方都使用了 printf 语句。在 Keil 中使用 printf 语句，需要选中 Use MicroLIB 项，如图 2-19 所示。首先，单击工具栏中的 按钮，在弹出的 Options for Target 'Target1' 对话框中，选中 Target 选项卡，选中 Use MicroLIB 项。然后，将 ARM Compiler 选项设置为 Use default compiler version 5。最后，单击 OK 按钮保存设置。

步骤 8：选中 Create HEX File

通过 GD-Link 既可以下载 .hex 文件，也可以将 .axf 文件下载到 GD32 微控制器的内部 Flash 中，本书配套实验均使用 GD-Link 下载 .axf 文件。Keil 默认是编译时不生成 .hex 文件，如果需要生成 .hex 文件，则需要选中 Create HEX File 项。首先，单击工具栏中的 按钮，在弹出的 Options for Target 'Target1' 对话框中，选中 Output 选项卡，选中 "Create HEX File" 项，如图 2-20 所示。注意，通过 GD-Link 下载 .hex 文件一般要使用 GD-Link Programmer 软件，限于篇幅，这里不介绍如何下载，读者可以自行尝试。

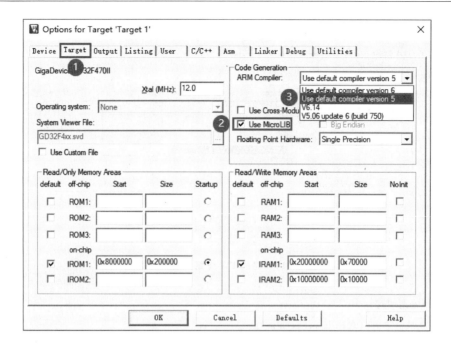

图 2 - 19　选中 Use MicroLIB 项

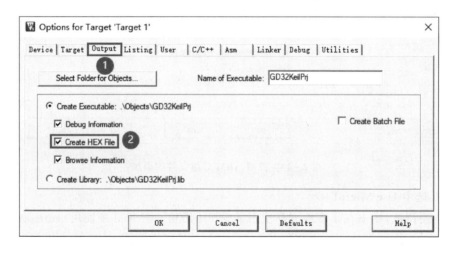

图 2 - 20　选中 Create HEX File 项

步骤 9:添加宏定义和头文件路径

由于 GD32 微控制器的固件库具有非常强的兼容性,只需要通过宏定义就可以区分使用在不同型号的微控制器上,而且,可以通过宏定义选择是否使用标准库,具体做法如下。首先,单击工具栏中的 ⚙ 按钮,在弹出的 Options for Target 'Target1'对话框中,选择 C/C++ 选项卡,如图 2 - 21 所示,在 Define 栏中输入 USE_STDPERIPH_DRIVER,GD32F470。注意,USE_STDPERIPH_DRIVER 和 GD32F470 用英文逗号隔开,第一个宏定义表示使用标准库,第二个宏定义表示使用的微控制器型号为 GD32F470 系列。

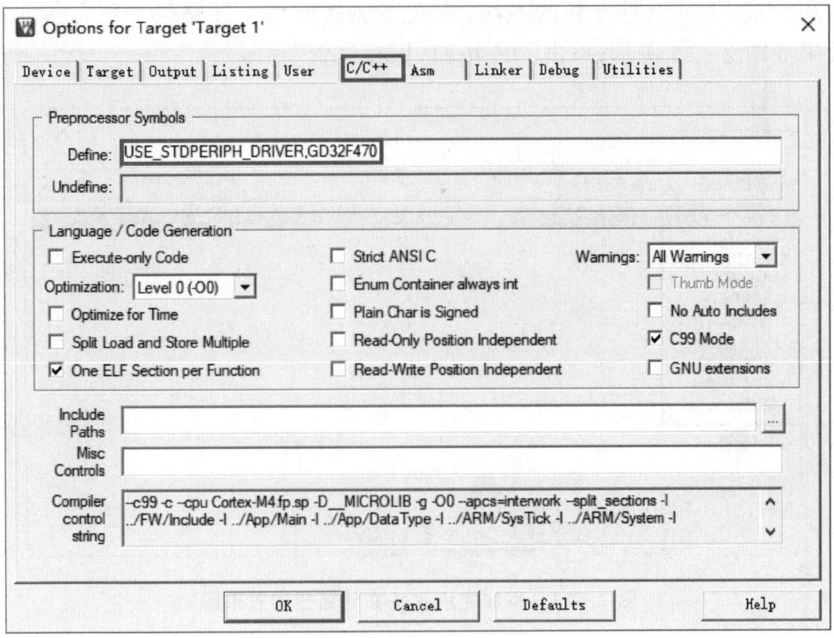

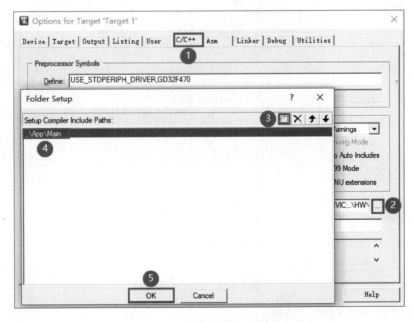

图 2-21 添加宏定义

添加完分组中的.c 文件和.s 文件后,还需要添加头文件路径,这里以添加 Main.h 头文件路径为例进行介绍。首先,单击工具栏中的 按钮,在弹出的 Options for Target 'Target1'对话框中:①选择 C/C++选项卡;②单击"文件夹设定"按钮;③单击"新建路径"按钮;④将路径选择到"D:\GD32F4KeilTest\01.BaseProject\App\Main";⑤单击 OK 按钮,如图 2-22 所示。这样就可以完成 Main.h 头文件路径的添加。

图 2-22 添加 Main.h 头文件路径

采用添加 Main.h 头文件路径的方法,依次添加其他头文件路径。所有头文件路径添加完成后的效果如图 2-23 所示,单击 OK 按钮,保存设置。

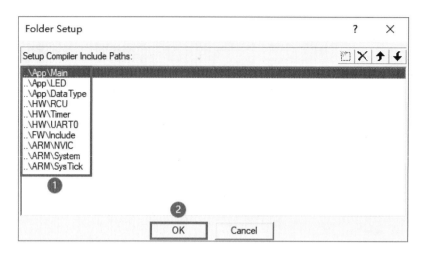

图 2-23 添加完所有头文件路径的效果图

步骤 10:程序编译

完成以上步骤后,可以开始程序编译。单击工具栏中的 ▦(Rebuild)按钮,对整个工程进行编译。当 Build Output 栏中出现 FromELF:creating hex file 时,表示已经成功生成.hex 文件;出现 0 Error(s), 0 Warning(s)时,表示编译成功,如图 2-24 所示。

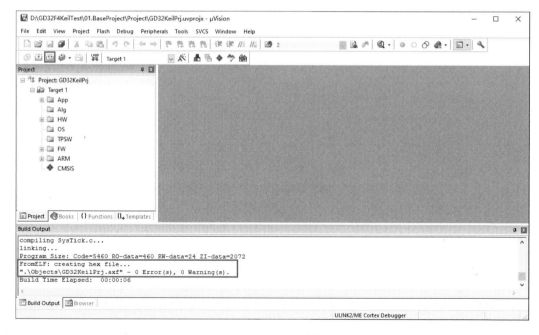

图 2-24 程序编译

步骤 11:通过 GD-Link 下载程序

取出开发套件中的两条 USB 转 Type-C 型连接线和 GD32F4 蓝莓派开发板。将两条连

接线的 Type‐C 接口端接入开发板的通信‐下载和 GD‐Link 接口,然后将两条连接线的
USB 接口端均插到计算机的 USB 接口,如图 2‐25 所示。

图 2‐25　GD32F4 蓝莓派开发板连接实物图

打开 Keil μVision5 软件,单击工具栏中的 按钮,进入设置界面。在弹出的 Options for
Target 'Target1'对话框中,选择 Debug 选项卡,如图 2‐26 所示,在 Use 下拉列表中,选择
CMSIS‐DAP Debugger,然后单击 Settings 按钮。

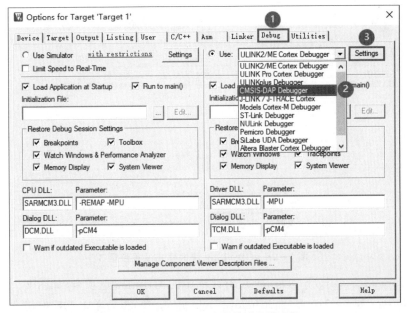

图 2‐26　GD‐Link 调试模式设置步骤 1

在弹出的 CMSIS - DAP Cortex - M Target Driver Setup 对话框中,选择 Debug 选项卡,如图 2 - 27 所示,在 Port 下拉列表中,选择 SW;在 Max Clock 下拉列表中,选择 10 MHz。

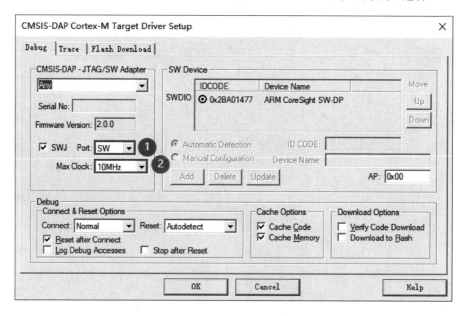

图 2 - 27　GD - Link 调试模式设置步骤 2

再选择 Flash Download 选项卡,如图 2 - 28 所示,选中 Reset and Run 项,然后单击 OK 按钮。

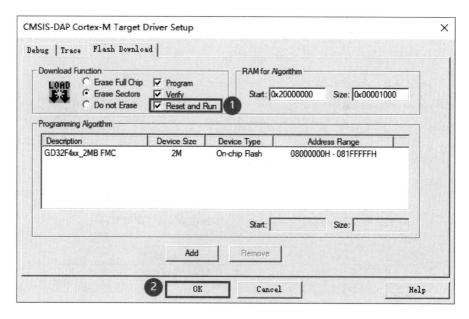

图 2 - 28　GD - Link 调试模式设置步骤 3

打开 Options for Target 'Target 1' 对话框中的 Utilities 选项卡,如图 2 - 29 所示,选中 Use Debug Driver 和 Update Target before Debugging 项,最后单击 OK 按钮。

GD - Link 调试模式设置完成,确保 GD - Link 接口通过 USB 转 Type - C 型连接线连接

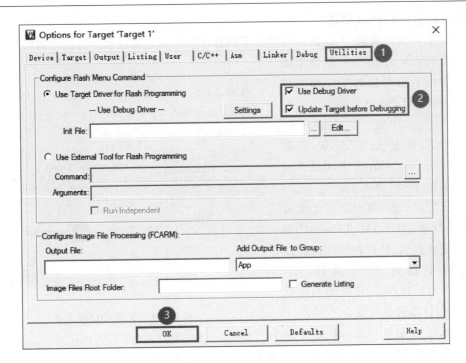

图 2 - 29　GD - Link 调试模式设置步骤 4

计算机之后,就可以在如图 2 - 30 所示的界面中,单击工具栏中的 按钮,将程序下载到 GD32F470IIH6 微控制器的内部 Flash 中。下载成功后,在 Build Output 栏中将显示方框中所示的内容。

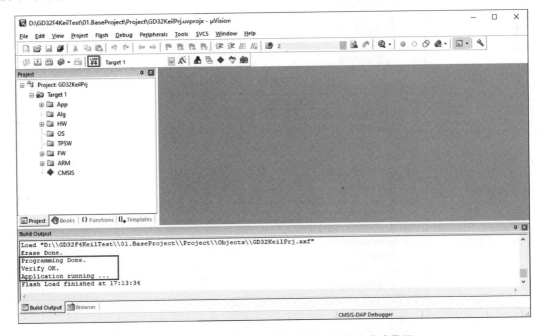

图 2 - 30　通过 GD - Link 向开发板下载程序成功界面

步骤 12：安装 CH340 驱动

开发板上集成的通信-下载模块可用于下载程序和实现开发板和计算机之间的通信,但在使用前需要先安装通信-下载模块驱动。

在本书配套资料包的"02. 相关软件\CH340 驱动(USB 串口驱动)_XP_WIN7 共用"文件夹中,双击运行SETUP. EXE,单击"安装"按钮,在弹出的 DriverSetup 对话框中单击"确定"按钮,如图 2-31 所示。

驱动安装成功后,将开发板上的通信-下载接口通过 USB 转 Type-C 型连接线连接计算机,然后在计算机的设备管理器中找到 USB 串口,如图 2-32 所示。注意,串口号不一定是COM3,每台计算机有可能会不同。

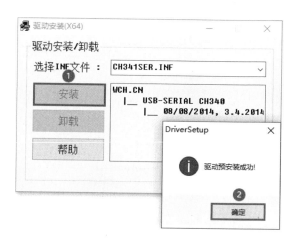

图 2-31 安装 CH340 驱动

利用通信-下载模块进行程序下载的步骤可参见本书配套资料包"08. 软件资料"文件夹下的《GD32F4 蓝莓派-串口下载步骤》。

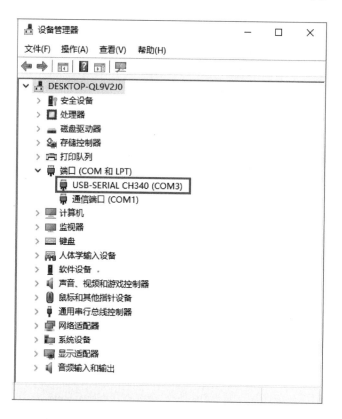

图 2-32 计算机设备管理器中显示 USB 串口信息

步骤 13：通过串口助手查看接收数据

在本书配套资料包的"02.相关软件\串口助手"文件夹中，双击运行 sscom42.exe（串口助手软件），如图 2-33 所示。选择正确的串口号，波特率选择 115 200，取消"HEX 显示"选项，然后单击"打开串口"按钮。当窗口中每秒输出一次 This is the first GD32F470 Project, by Zhangsan 时，表示实验成功。注意，实验完成后，在串口助手软件中先单击"关闭串口"按钮，关闭串口，再断开 GD32F4 蓝莓派开发板的电源。

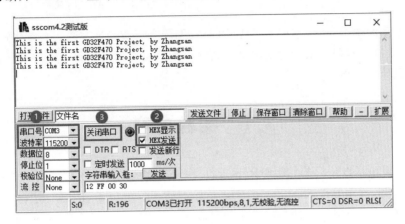

图 2-33 串口助手操作步骤

步骤 14：查看 GD32F4 蓝莓派开发板的工作状态

此时可以观察到开发板上的电源指示灯（编号为 5V_LED，蓝色）正常显示，绿色 LED（编号为 LED_1）和蓝色 LED（编号为 LED_2）每 500 ms 交替闪烁。

本章任务

学习完本章后，严格按照程序设计的步骤，进行软件标准化设置、创建工程、编译，并生成 .hex 和 .axf 文件、将程序下载到 GD32F4 蓝莓派开发板，查看运行结果。

本章习题

1. 为什么要对 Keil 进行软件标准化设置？

2. GD32F4 蓝莓派开发板上的主控芯片型号是什么？该芯片的内部 Flash 和内部 SRAM 的大小分别是多少？

3. 在创建基准工程时，使用了宏定义 GD32F470，该宏定义的作用是什么？

4. 在创建基准工程时，为什么要选中 Use MicroLIB 项？

5. 在创建基准工程时，为什么要选中 Create HEX File 项？

6. 通过查找资料，总结 .hex、.bin 和 .axf 文件的区别。

第3章 实验2 串口电子钟

通过第 2 章的学习,初步掌握了工程的创建、编译和下载验证方法。本章将通过串口电子钟实验,介绍微控制器程序设计的基本思路和本书配套实验例程的程序架构,带领读者进入微控制器程序设计的世界。

3.1 实验内容

本实验主要包括以下内容:①将 RunClock 模块添加至工程,并在应用层调用 RunClock 模块的 API 函数,实现基于 GD32F470IIH6 微控制器串口的电子钟功能;②将时钟的初始值设为 23:59:50,通过计算机上的串口助手每秒输出一次时间值,格式为 Now is xx:xx:xx;③将编译生成的.hex 或.axf 文件下载到 GD32F4 蓝莓派开发板;④打开串口助手软件,查看电子钟运行是否正常。

3.2 实验原理

3.2.1 RunClock 模块函数

RunClock 模块由 RunClock.h 和 RunClock.c 文件实现,这两个文件位于本书配套资料包的"04.例程资料\02.UARTClock\App\RunClock"文件夹中。RunClock 模块有 6 个 API 函数,分别为 InitRunClock、RunClockPer2ms、PauseClock、GetTimeVal、SetTimeVal 和 DispTime,下面对这 6 个 API 函数进行介绍。

1. InitRunClock

InitRunClock 函数用于初始化 RunClock 模块,通过对 s_iHour、s_iMin 和 s_iSec 共 3 个内部变量赋值 0 实现。该函数的描述如表 3-1 所列。

2. RunClockPer2ms

RunClockPer2ms 函数用于以 2ms 为最小单位运行时钟系统,该函数每执行 500 次,变量 s_iSec 递增一次,该函数的描述如表 3-2 所列。

表 3 - 1　**InitRunClock 函数的描述**

函数名	InitRunClock
函数原型	void InitRunClock(void)
功能描述	初始化 RunClock 模块
输入参数	void
输出参数	无
返回值	void

表 3 - 2　**RunClockPer2ms 函数的描述**

函数名	RunClockPer2ms
函数原型	void RunClockPer2ms(void)
功能描述	时钟计数,每 2 ms 调用一次
输入参数	void
输出参数	无
返回值	void

3. PauseClock

PauseClock 函数用于启动和暂停时钟,该函数的描述如表 3 - 3 所列。

例如,通过 PauseClock 函数暂停时钟运行的代码如下:

```
PauseClock(1);
```

4. GetTimeVal

GetTimeVal 函数用于获取当前时间值,时间值的类型由 type 决定,该函数的描述如表 3 - 4 所列。

表 3 - 3　**PauseClock 函数的描述**

函数名	PauseClock
函数原型	void PauseClock(signed shortflag)
功能描述	实现时钟的启动和暂停
输入参数	flag:时钟启动或暂停标志位。1—暂停时钟;0—启动时钟
输出参数	无
返回值	void

表 3 - 4　**GetTimeVal 函数的描述**

函数名	GetTimeVal
函数原型	signed short GetTimeVal (unsigned char type)
功能描述	获取当前的时间值
输入参数	type:时间值的类型
输出参数	无
返回值	获取到的当前时间值(小时、分钟或秒),类型由参数 type 决定

例如,通过 GetTimeVal 函数获取当前时间值的代码如下:

```
unsigned char hour;
unsigned char min;
unsigned char sec;
hour = GetTimeVal(TIME_VAL_HOUR);
min  = GetTimeVal(TIME_VAL_MIN);
sec  = GetTimeVal(TIME_VAL_SEC);
```

5. SetTimeVal

SetTimeVal 函数用于根据参数 timeVal 设置当前的时间值,时间值的类型由 type 决定,该函数的描述如表 3 - 5 所列。

表 3-5 SetTimeVal 函数的描述

函数名	SetTimeVal
函数原型	voidSetTimeVal(unsigned char type, signed short timeVal)
功能描述	设置当前的时间值
输入参数	type：时间值的类型；timeVal：要设置的时间值类型
输出参数	无
返回值	void

例如，通过 SetTimeVal 函数将当前时间设置为 23:59:50，代码如下：

```
SetTimeVal(TIME_VAL_HOUR, 23);
SetTimeVal(TIME_VAL_MIN, 59);
SetTimeVal(TIME_VAL_SEC, 50);
```

6. DispTime

DispTime 函数用于根据参数 hour、min 和 sec 显示当前的时间，通过 printf 函数实现，该函数的描述如表 3-6 所列。

表 3-6 DispTime 函数的描述

函数名	DispTime
函数原型	void DispTime(signed short hour, signed short min, signed short sec)
功能描述	显示当前的时间
输入参数	hour：当前的小时值；min：当前的分钟值；sec：当前的秒值
输出参数	无
返回值	void

例如，当前时间是 23:59:50，通过 DispTime 函数显示当前时间，代码如下：

```
DispTime(23, 59, 50);
```

3.2.2 函数调用框架

图 3-1 所示为本实验的函数调用框架。Timer 模块的 TIMER1 用于产生 2 ms 标志位；TIMER4 用于产生 1 s 标志位；Main 模块通过获取和清除 2 ms、1 s 标志位，实现 Proc2msTask 函数中的核心语句块每 2 ms 执行一次，Proc1SecTask 函数中的核心语句块每 1 s 执行一次。Main 模块调用 RunClock 模块中的 InitRunClock 函数初始化时钟的计数值，调用 PauseClock 函数启动时钟运行，通过 SetTimeVal 函数设置初始时间值；Proc2msTask 函数调用 RunClock 模块的 RunClockPer2ms 函数，实现 RunClock 模块内部静态变量 s_iHour/s_iMin/s_iSec 的计数功能，进而实现时钟的运行；时间显示是由 RunClock 模块中的 GetTimeVal 函数获取时钟计数值，再将计数值通过 DispTime 函数中的 printf 语句输出实现的，Proc1SecTask 函数每秒调用一次 DispTime 函数。

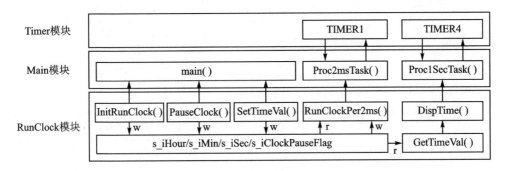

图 3 - 1　函数调用架构(r 表示读,w 表示写)

3.2.3　Proc2msTask 与 Proc1SecTask

Proc2msTask 和 Proc1SecTask 是本书实验经常用到的函数,它们的工作机制类似,下面以 Proc2msTask 函数为例说明。Proc2msTask 函数的实现代码如程序清单 3 - 1 所示。注意,需要每 2 ms 执行一次的代码一定要放在 if 语句中。

程序清单 3 - 1

```
1.    static  void  Proc2msTask(void)
2.    {
3.        if(Get2msFlag())                //检查 2 ms 标志位状态
4.        {
5.            //用户代码,此处代码 2 ms 执行一次
6.            Clr2msFlag();                //清除 2 ms 标志位
7.        }
8.    }
```

Proc2msTask 函数在 main 函数的 while 语句中被调用,每隔几微秒执行一次,具体间隔取决于各中断服务函数及 Proc1SecTask 函数的执行时间。如果 Proc2msTask 函数约每 10 μs 执行 1 次,Get2msFlag 函数用于读取 2 ms 标志位的值并判断是否为 1,2 ms 标志位在 TIMER1 的中断服务函数中被置为 1,TIMER1 的中断服务函数每 1 ms 执行 1 次,每调用 2 次 TIMER1 的中断服务函数时,2 ms 标志位将被置 1,即 2 ms 标志位每 2 ms 被置为 1 次。如果 2 ms 标志位为 1,则执行用户代码,执行完毕,清除 2 ms 标志位,然后执行 Proc1SecTask 函数,接着继续判断 2 ms 标志位;如果 2 ms 标志位不为 1,则执行 Proc1SecTask 函数,然后继续判断 2 ms 标志位。main 函数的 while 语句具体执行过程如图 3 - 2 所示。

3.2.4　串口电子钟实验程序架构

本实验的程序架构如图 3 - 3 所示,该图简要介绍了程序开始运行后各个函数的执行和调用流程,图中仅列出了与本实验相关的一部分函数。下面解释说明此程序架构。

在 main 函数中调用 InitHardware 函数进行硬件相关模块初始化,在 InitHardware 函数中对 RCU、NVIC、UART、Timer 和 LED 等模块进行初始化,这些模块是实现本实验不可或缺的部分,在后续的实验中将会详细介绍,这里仅作应用,不作说明。

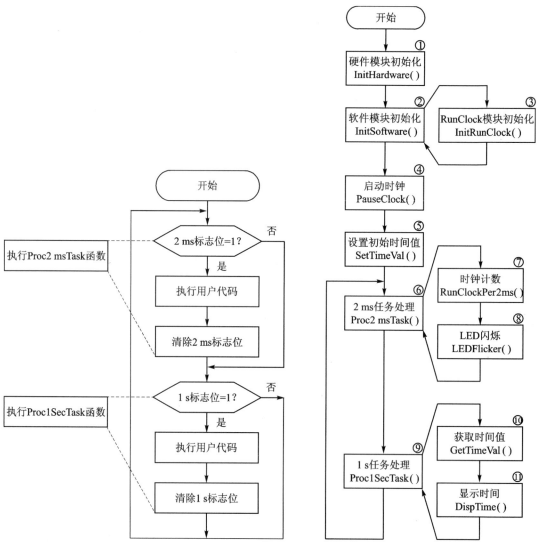

图 3-2 main 函数的 while 语句具体执行过程　　　　图 3-3 程序架构

调用 InitSoftware 函数进行软件相关模块初始化。在 InitSoftware 函数中调用 InitRunClock 函数初始化 RunClock 模块,将时、分、秒的计数值全部清零。

调用 PauseClock 函数启动时钟,并通过 SetTimeVal 设置初始时间值,包括小时值、分钟值和秒值。

调用 Proc2msTask 函数进行 2 ms 任务处理,在该函数中调用 RunClockPer2ms 函数进行时钟计数,并调用 LEDFlicker 函数实现开发板上的两个 LED 交替闪烁。

2 ms 任务之后再调用 Proc1SecTask 函数进行 1 s 任务处理,在该函数中,先通过 GetTimeVal 函数获取当前时间值,再调用 DispTime 函数将当前时间值通过串口打印出来。

Proc2msTask 和 Proc1SecTask 均在 while 循环中调用,因此,Proc1SecTask 函数执行完后将再次执行 Proc2msTask 函数。循环调用上述函数,即可实现电子钟的功能。

在图 3-3 中,编号①、②、⑥和⑨的函数在 Main.c 文件中声明和实现;编号③、④、⑤、⑦、

⑩和⑪的函数在 RunClock.h 文件中声明,在 RunClock.c 文件中实现;编号⑧的 LEDFlicker 函数在 LED.h 文件中声明,在 LED.c 文件中实现,该函数的功能是使开发板上的 LED$_1$ 和 LED$_2$ 交替闪烁,具体实现原理会在本书第 4 章详细介绍。

本实验的主要目的是介绍微控制器程序设计的模块化思想,将实现某一具体功能的函数集成在一个模块中,并向外预留函数接口,通过包含该模块的头文件即可调用模块中的内部变量或函数等,再根据模块类型将模块置于对应的分组中。另外,通过本实验,还可以了解本书配套实验例程的基本程序架构,模块的初始化在 Main 模块的 InitHardware 和 InitSoftware 函数中进行,分别用于初始化硬件相关模块和软件相关模块,需要循环调用的函数则置于 Proc2msTask 或 Proc1SecTask 函数中,还可以通过对 2 ms 进行计数自定义函数的调用周期。

掌握微控制器程序设计的模块化思想十分重要,模块化的程序不仅有利于开发,还便于后期维护。模块化的设计思想结合实验例程固定的程序架构,可使初学者快速掌握微控制器程序开发要领。

3.3　实验代码解析

双击运行"D:\GD32F4KeilTest\02.UARTClock\Project"文件夹中的 GD32KeilPrj.uvprojx,单击工具栏中的 按钮,进行编译。当 Build Output 栏中出现 FromELF:creating hex file 时,表示已经成功生成.hex 文件,出现 0 Error(s), 0 Warnning(s)时,表示编译成功。下面简单介绍串口电子钟实验例程中的部分代码。

3.3.1　RunClock 文件对

1. RunClock.h 文件

在 RunClock.h 文件的"枚举结构体"区,进行了如程序清单 3-2 所示的枚举结构体声明。TIME_VAL_HOUR、TIME_VAL_MIN 和 TIME_VAL_SEC 分别用于表示小时值、分钟值和秒值。

程序清单 3-2

```
1.   //定义枚举
2.   typedef enum
3.   {
4.     TIME_VAL_HOUR = 0,
5.     TIME_VAL_MIN,
6.     TIME_VAL_SEC,
7.     TIME_VAL_MAX
8.   }EnumTimeVal;
```

在"API 函数声明"区,进行了如程序清单 3-3 所示的 API 函数声明。各个函数的功能介绍可参考 3.2.1 节。

程序清单 3-3

```
1.   void  InitRunClock(void);                                        //初始化 RunClock 模块
2.
3.   void  RunClockPer2ms(void);                                      //每 2 ms 调用 1 次
4.   void  PauseClock(unsigned char flag);              //flag,TRUE - 暂停,FALSE - 正常运行
5.
6.   signed short   GetTimeVal(unsigned char type);                   //获取时间值
7.   void  SetTimeVal(unsigned char type, signed short timeVal);      //设置时间值
8.
9.   void  DispTime(signed short hour, signed short min, signed short sec);  //显示当前的时间
```

2. RunClock.c 文件

在 RunClock.c 文件的"内部变量定义"区,进行了如程序清单 3-4 所示的定义。内部静态变量 s_iHour、s_iMin 和 s_iSec 分别用于存放实时的小时值、分钟值和秒值,s_iClockPauseFlag 则为时钟启动或暂停运行的标志。

程序清单 3-4

```
1.   static  signed short s_iHour;
2.   static  signed short s_iMin ;
3.   static  signed short s_iSec ;
4.
5.   static  unsigned char  s_iClockPauseFlag = 0;  //TRUE - 暂停,FALSE - 正常运行
6.   void  RunClockPer2ms(void);
```

在"API 函数实现"区,首先实现了 InitRunClock 函数,如程序清单 3-5 所示。该函数用于将存放实时小时值、分钟值和秒值的 3 个静态变量初始化为 0。

程序清单 3-5

```
1.   void  InitRunClock(void)
2.   {
3.     s_iHour = 0;
4.     s_iMin  = 0;
5.     s_iSec  = 0;
6.   }
```

InitRunClock 函数实现区后显示的是 RunClockPer2ms 函数的实现代码,如程序清单 3-6 所示。该函数每 2 ms 调用 1 次,使计数器 s_iCnt500 每 2 ms 执行 1 次加 1 操作,通过使 s_iCnt500 在 0~499 之间循环计数,即可实现秒值计时,从而实现分钟值和小时值计时。

程序清单 3-6

```
1.   void  RunClockPer2ms(void)
2.   {
3.     static signed short s_iCnt500 = 0;
4.
5.     if(499 <= s_iCnt500 && 0 == s_iClockPauseFlag)
6.     {
```

```
7.        if(59 <= s_iSec)
8.        {
9.          if(59 <= s_iMin)
10.         {
11.           if(23 <= s_iHour)
12.           {
13.             s_iHour = 0;
14.           }
15.           else
16.           {
17.             s_iHour ++ ;
18.           }
19.           s_iMin = 0;
20.         }
21.         else
22.         {
23.           s_iMin ++ ;
24.         }
25.         s_iSec = 0;
26.       }
27.       else
28.       {
29.         s_iSec ++ ;
30.       }
31.       s_iCnt500 = 0;
32.     }
33.     else
34.     {
35.       s_iCnt500 ++ ;
36.     }
37.   }
```

在 RunClockPer2ms 函数实现区后显示的是 PauseClock 函数的实现代码,如程序清单 3-7 所示。该函数通过将输入参数 flag 赋值给 s_iClockPauseFlag 实现控制时钟的启动和暂停。

程序清单 3-7

```
1.    void  PauseClock(unsigned char flag)
2.    {
3.      s_iClockPauseFlag = flag;
4.    }
```

在 PauseClock 函数实现区后显示的是 GetTimeVal 函数的实现代码,如程序清单 3-8 所示。该函数用于获取当前实时时钟值,通过 switch...case... 语句判断输入参数 type 的值,若 type 为代表小时值的 TIME_VAL_HOUR,则将存放当前实时小时值的 s_iHour 赋值给 timeVal,并将 timeVal 作为函数返回值返回,同理即可获取当前实时分钟值和秒值。

```
1.   signed short   GetTimeVal(unsigned char type)
2.   {
3.     signed short timeVal;
4.
5.     switch(type)
6.     {
7.     case TIME_VAL_HOUR:
8.       timeVal = s_iHour;
9.       break;
10.    case TIME_VAL_MIN:
11.      timeVal = s_iMin;
12.      break;
13.    case TIME_VAL_SEC:
14.      timeVal = s_iSec;
15.      break;
16.    default:
17.      break;
18.    }
19.
20.    return(timeVal);
21.  }
```

在 GetTimeVal 函数实现区后显示的是 SetTimeVal 函数的实现代码,如程序清单 3 - 9 所示。该函数用于设置当前的时间值,第一个输入参数 type 用于指定设置的时间值类型为小时值、分钟值还是秒值,第二个输入参数 timeVal 则为待设置的具体时间值,根据 switch 和 case 语句的判断结果将时间值赋给 s_iHour、s_iMin 或 s_iSec。

```
1.    void   SetTimeVal(unsigned char type, signed short timeVal)
2.    {
3.      switch(type)
4.      {
5.      case TIME_VAL_HOUR:
6.        s_iHour = timeVal;
7.        break;
8.      case TIME_VAL_MIN:
9.        s_iMin  = timeVal;
10.       break;
11.     case TIME_VAL_SEC:
12.       s_iSec  = timeVal;
13.       break;
14.     default:
15.       break;
16.     }
17.   }
```

在 SetTimeVal 函数实现区后显示的是 DispTime 函数的实现代码,如程序清单 3-10 所示。该函数用于将 3 个表示时间的输入参数通过 printf 进行打印。

程序清单 3-10

```
1.  void  DispTime(signed short hour, signed short min, signed short sec)    //显示当前的时间
2.  {
3.    printf("Now is %02d:%02d:%02d\n", hour, min, sec);
4.  }
```

3.3.2　Main.c 文件

在 Main.c 文件"包含头文件"区的最后,包含了 RunClock.h 头文件。这样就可以在 Main.c 文件中调用 RunClock 模块的枚举定义和 API 函数等,实现对 RunClock 模块的操作。

在 InitSoftware 函数中,调用 InitRunClock 函数实现对 RunClock 模块的初始化,如程序清单 3-11 所示。

程序清单 3-11

```
1.  static  void  InitSoftware(void)
2.  {
3.    InitRunClock();    //初始化 RunClock 模块
4.  }
```

在 2 ms 任务处理函数 Proc2msTask 中,调用 RunClockPer2ms 和 LEDFlicker 函数,实现秒值的计数,同时,开发板上的两个 LED 交替闪烁。如程序清单 3-12 所示。

程序清单 3-12

```
1.  static  void  Proc2msTask(void)
2.  {
3.    if(Get2msFlag())    //判断 2 ms 标志位状态
4.    {
5.      RunClockPer2ms();
6.
7.      LEDFlicker(250);//调用闪烁函数
8.
9.      Clr2msFlag();    //清除 2 ms 标志位
10.   }
11. }
```

实验要求每秒输出一次时间,因此,需要在 Proc1SecTask 函数中调用 DispTime 函数,如程序清单 3-13 所示。

(1) 第 3～5 行代码:定义 hour、min 和 sec 时间值变量,用于存放小时值、分钟值和秒值。

(2) 第 9 行代码:由于 DispTime 函数是通过串口输出时间的,因此,需要注释掉 if 语句中的 printf 语句。

(3) 第 12～14 行代码:通过 GetTimeVal 函数获取当前小时值、分钟值和秒值,并分别赋值给 hour、min 和 sec。这样即可实现每秒获取一次时间值。

(4) 第 16 行代码:将获取到的小时值、分钟值和秒值通过 DispTime 函数进行输出,即通

过微控制器的串口发送到计算机的串口助手进行显示。

程序清单 3 - 13

```
1.    static   void   Proc1SecTask(void)
2.    {
3.      signed short hour;
4.      signed short min;
5.      signed short sec;
6.
7.      if(Get1SecFlag())   //判断 1 s 标志位状态
8.      {
9.        //printf("This is the first GD32F470 Project, by Zhangsan\r\n");
10.       RunClockPer1s();
11.
12.       hour = GetTimeVal(TIME_VAL_HOUR);
13.       min = GetTimeVal(TIME_VAL_MIN);
14.       sec = GetTimeVal(TIME_VAL_SEC);
15.
16.       DispTime(hour, min, sec);
17.
18.       Clr1SecFlag();        //清除 1 s 标志位
19.     }
20.   }
```

在 main 函数中,调用 PauseClock 函数启动时钟,并通过 SetTimeVal 函数设置初始时间值为 23:59:50,如程序清单 3 - 14 所示。

程序清单 3 - 14

```
1.    int main(void)
2.    {
3.      InitHardware();                               //初始化硬件相关函数
4.      InitSoftware();                               //初始化软件相关函数
5.
6.      printf("Init System has been finished.\r\n");   //打印系统状态
7.
8.      PauseClock(FALSE);
9.      SetTimeVal(TIME_VAL_HOUR, 23);
10.     SetTimeVal(TIME_VAL_MIN, 59);
11.     SetTimeVal(TIME_VAL_SEC, 50);
12.
13.     while(1)
14.     {
15.       Proc2msTask();                              //2 ms 处理任务
16.       Proc1SecTask();                             //1 s 处理任务
17.     }
18.   }
```

3.3.3　实验结果

参见本书前面内容中图 2 - 30,通过 Keil μVision5 软件将. axf 文件下载到 GD32F4 蓝莓派开发板。下载完成后,确保在开发板的 J_{104} 排针上,用跳线帽分别将 U_TX 和 PA10 引脚、U_RX 和 PA9 引脚连接。打开串口助手,可以看到时间值每秒输出一次,格式为 Now is xx:xx:xx,如图 3 - 4 所示。同时,可以看到开发板上的 LED_1 和 LED_2 交替闪烁,表示实验成功。注意,下载完成后,时钟即开始从初始值计数,而打开串口助手后,将从当前时钟值开始打印,因此,在打开串口之前的时钟值将无法打印。

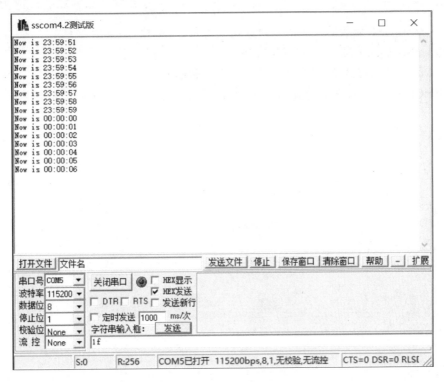

图 3 - 4　串口电子钟实验结果

本章任务

2021 年共有 365 天,将 2021 年 1 月 1 日作为计数起点,即计数 1,将 2021 年 12 月 31 日作为计数终点,即计数 365。计数 1 代表"2021 年 1 月 1 日—星期五",计数 10 代表"2021 年 1 月 10 日—星期日"。根据串口电子钟实验原理,基于 GD32F4 蓝莓派开发板设计一个实验,实现每秒计数递增一次,计数范围为 1～365,并通过 printf 每秒输出一次计数对应的年、月、日、星期,结果通过计算机上的串口助手显示。此外,可以设置日期的初始值,例如,将初始日期设置为"2021 年 1 月 10 日—星期日",第 1 秒输出"2021 年 1 月 11 日—星期一"、第 2 秒输出"2021 年 1 月 12 日—星期二",以此类推。

任务提示:

（1）仿照时、分、秒,定义 3 个变量用于进行月、日、星期计数。

（2）进行日期计数时,应根据当前月份的天数设置计数上限值。根据天数的不同,将 12 个月份分为 3 组:1 月份、3 月份、5 月份、7 月份、8 月份、10 月份、12 月份有 31 天;4 月份、6 月份、9 月份、11 月份有 30 天;2 月份 28 天。

（3）程序的整体架构基本不变,只需仿照 RunClockPer2ms 函数编写用于进行日期计数的函数 RunDataPer2ms 即可。

本章习题

1. Proc2msTask 函数的核心语句块如何实现每 2 ms 执行一次?

2. Proc1SecTask 函数的核心语句块如何实现每秒执行一次?

3. PauseClock 函数如何实现电子钟的运行和暂停?

4. RunClockPer2ms 函数为什么要每 2 ms 执行一次?

第 4 章　实验 3　GPIO 与流水灯

本章开始,将详细介绍在 GD32F4 蓝莓派开发板上可以完成的代表性实验。GPIO 与流水灯实验旨在通过编写一个简单的流水灯程序,了解 GD32F4xx 系列微控制器的部分 GPIO 功能,并掌握基于寄存器和固件库的 GPIO 配置和使用方法。

4.1　实验内容

通过学习 LED 电路原理图、GD32F4xx 系列微控制器的系统架构与存储器映射,以及 GPIO 功能框图,基于 GD32F4 蓝莓派开发板设计一个流水灯程序,实现开发板上的 2 个 LED(LED$_1$ 和 LED$_2$)交替闪烁,每个 LED 的点亮时间和熄灭时间均为 500 ms。

4.2　实验原理

4.2.1　LED 电路原理图

GPIO 与流水灯实验涉及的硬件包括 2 个位于 GD32F4 蓝莓派开发板上的 LED(LED$_1$ 和 LED$_2$),以及分别与 LED$_1$ 和 LED$_2$ 串联的限流电阻 R_{110} 和 R_{115},LED$_1$ 通过 2 kΩ 电阻连接 GD32F470IIH6 芯片的 PB5 引脚,LED$_2$ 通过 510Ω 电阻连接 PI8 引脚,如图 4-1 所示。PB5 为高电平时,LED$_1$ 点亮,PB5 为低电平时,LED$_1$ 熄灭;同样,PI8 为高电平时,LED$_2$ 点亮,PI8 为低电平时,LED$_2$ 熄灭。

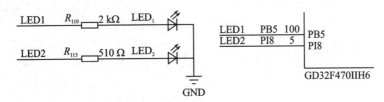

图 4-1　LED 硬件电路

4.2.2　GD32F4xx 系列微控制器的系统架构与存储器映射

从本实验开始,将深入学习 GD32F4xx 系列微控制器的各种片上外设,在学习这些外设之前,先来了解 GD32F4xx 系列微控制器的系统架构和存储器映射。

1．系统架构

GD32F4xx 系列微控制器的系统架构如图 4-2 所示。GD32F4xx 系列微控制器采用 32 位多层总线结构，该结构可使系统中的多个主机和从机之间进行并行通信。多层总线结构包

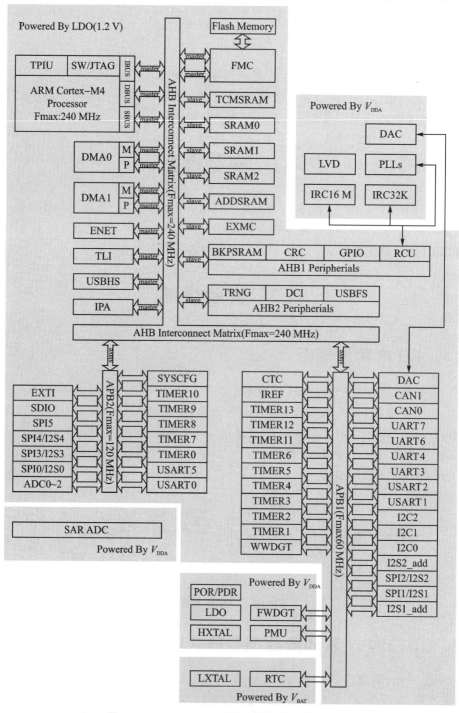

图 4-2　GD32F4xx 系列微控制器的系统架构图

括一个 AHB 互联矩阵、2 个 AHB 总线和 2 个 APB 总线。

　　AHB 互联矩阵共连接了 11 个主机,分别为 IBUS、DBUS、SBUS、DMA0M、DMA0P、DMA1M、DMA1P、ENET、TLI、USBHS 和 IPA。IBUS 是 Cortex-M4 内核的指令总线,用于从代码区域($0x0000\ 0000 \sim 0x1FFF\ FFFF$)中取指令和向量。DBUS 是 Cortex-M4 内核的数据总线,用于加载和存储数据,以及代码区域的调试访问。SBUS 是 Cortex-M4 内核的系统总线,用于指令和向量获取、数据加载和存储以及系统区域的调试访问。系统区域包括内部 SRAM 区域和外设区域。DMA0M 和 DMA1M 分别是 DMA0 和 DMA1 的存储器总线。DMA0P 和 DMA1P 分别是 DMA0 和 DMA1 的外设总线。ENET 是以太网,TLI 是 TFT LCD 接口,USBHS 是高速 USB,IPA 是图像处理加速器。

　　AHB 互联矩阵也连接了 12 个从机,分别为 FMC-I、FMC-D、TCMSRAM、SRAM0、SRAM1、SRAM2、ADDSRAM、EXMC、AHB1、AHB2、APB1 和 APB2。FMC-I 是闪存存储器控制器的指令总线,FMC-D 是闪存存储器的数据总线。TCMSRAM 是紧耦合存储器 SRAM,只可通过 DBUS 访问。SRAM0、SRAM1 和 SRAM2 是片上静态随机存取存储器。ADDSRAM 是附加的 SRAM,仅在一些特殊的 GD32F4xx 器件中有效。EXMC 是外部存储器控制器。AHB1 和 AHB2 是连接所有 AHB 从机的两条 AHB 总线,APB1 和 APB2 是连接所有 APB 从机的两条 APB 总线。

　　AHB 互联矩阵的互联关系列表如表 4-1 所列。"1"表示相应的主机可以通过 AHB 互联矩阵访问对应的从机,空白的单元格表示相应的主机不可以通过 AHB 互联矩阵访问对应的从机。

表 4-1　AHB 互联矩阵的互联关系列表

主机 / 从机	IBUS	DBUS	SBUS	DMA0M	DMA0P	DMA1M	DMA1P	ENET	TLI	USBHS	IPA
FMC-I	1										
FMC-D		1		1		1	1	1	1	1	1
TCMSRAM		1									
SRAM0	1	1	1	1		1	1	1	1	1	1
SRAM1		1	1	1		1	1	1	1	1	1
SRAM2		1	1	1		1	1	1	1	1	1
ADDSRAM	1	1	1	1		1	1	1	1	1	1
EXMC	1	1	1	1		1	1	1	1	1	1
AHB1					1	1	1				
AHB2			1				1				
APB1			1		1		1				
APB2			1		1		1				

2. 存储器映射

　　ARM Cortex-M4 处理器采用哈佛结构,可以使用相互独立的总线读取指令和加载/存储数据。指令代码和数据都位于相同的存储器地址空间,但在不同的地址范围。程序存储器,数据存储器,寄存器和 I/O 端口都在同一个线性的 4 GB 的地址空间之内,这是 Cortex - M4 的最大地址范围,因为它的地址总线宽度是 32 位。另外,为了降低不同客户在相同应用时的软件复杂度,存储映射是按 Cortex - M4 处理器提供的规则预先定义的。在存储器映射表中,一部分地址空间由 ARM Cortex - M4 的系统外设所占用,且不可更改。另外,其余部分地址空间可由芯片供应商定义使用。表 4 - 2 为 GD32F4xx 系列微控制器的存储器映射表,显示了 GD32F4xx 系列微控制器的存储器映射,包括代码、SRAM、外设和其他预先定义的区域。几乎每个外设都分配了 1 KB 的地址空间,这样就可以简化每个外设的地址译码。

表 4 - 2 GD32F4xx 系列微控制器的存储器映射表

预定义的地址空间	总 线	地址范围	外设名称
外部设备	AHB 互联矩阵	0xC000 0000～0xDFFF FFFF	EXMC - SDRAM
		0xA000 1000～0xBFFF FFFF	保留
		0xA000 0000～0xA000 0FFF	EXMC - SWREG
外部 RAM		0x9000 0000～0x9FFF FFFF	EXMC - PC CARD
		0x7000 0000～0x8FFF FFFF	EXMC - NAND
		0x6000 0000～0x6FFF FFFF	EXMC - NOR/ PSRAM/SRAM
外设	AHB2	0x5006 0C00～0x5FFF FFFF	保留
		0x5006 0800～0x5006 0BFF	TRNG
		0x5005 0400～0x5006 07FF	保留
		0x5005 0000～0x5005 03FF	DCI
		0x5004 0000～0x5004 FFFF	保留
		0x5000 0000～0x5003 FFFF	USBFS
	AHB1	0x4008 0000～0x4FFF FFFF	保留
		0x4004 0000～0x4007 FFFF	USBHS
		0x4002 BC00～0x4003 FFFF	保留
		0x4002 B000～0x4002 BBFF	IPA
		0x4002 A000～0x4002 AFFF	保留
		0x4002 8000～0x4002 9FFF	ENET
		0x4002 6800～0x4002 7FFF	保留
		0x4002 6400～0x4002 67FF	DMA1
		0x4002 6000～0x4002 63FF	DMA0
		0x4002 5000～0x4002 5FFF	保留
		0x4002 4000～0x4002 4FFF	BKPSRAM
		0x4002 3C00～0x4002 3FFF	FMC
		0x4002 3800～0x4002 3BFF	RCU
		0x4002 3400～0x4002 37FF	保留
		0x4002 3000～0x4002 33FF	CRC
		0x4002 2400～0x4002 2FFF	保留
		0x4002 2000～0x4002 23FF	GPIOI
		0x4002 1C00～0x4002 1FFF	GPIOH

续表 4 - 2

预定义的地址空间	总　线	地址范围	外设名称
外设	AHB1	0x4002 1800～0x4002 1BFF	GPIOG
		0x4002 1400～0x4002 17FF	GPIOF
		0x4002 1000～0x4002 13FF	GPIOE
		0x4002 0C00～0x4002 0FFF	GPIOD
		0x4002 0800～0x4002 0BFF	GPIOC
		0x4002 0400～0x4002 07FF	GPIOB
		0x4002 0000～0x4002 03FF	GPIOA
	APB2	0x4001 6C00～0x4001 FFFF	保留
		0x4001 6800～0x4001 6BFF	TLI
		0x4001 5800～0x4001 67FF	保留
		0x4001 5400～0x4001 57FF	SPI5
		0x4001 5000～0x4001 53FF	SPI4/I^2S4
		0x4001 4C00～0x4001 4FFF	保留
		0x4001 4800～0x4001 4BFF	TIMER10
		0x4001 4400～0x4001 47FF	TIMER9
		0x4001 4000～0x4001 43FF	TIMER8
		0x4001 3C00～0x4001 3FFF	EXTI
		0x4001 3800～0x4001 3BFF	SYSCFG
		0x4001 3400～0x4001 37FF	SPI3/I^2S3
		0x4001 3000～0x4001 33FF	SPI0/I^2S0
		0x4001 2C00～0x4001 2FFF	SDIO
		0x4001 2400～0x4001 2BFF	保留
		0x4001 2000～0x4001 23FF	ADC
		0x4001 1800～0x4001 1FFF	保留
		0x4001 1400～0x4001 17FF	USART5
		0x4001 1000～0x4001 13FF	USART0
		0x4001 0800～0x4001 0FFF	保留
		0x4001 0400～0x4001 07FF	TIMER7
		0x4001 0000～0x4001 03FF	TIMER0
	APB1	0x4000 C800～0x4000 FFFF	保留
		0x4000 C400～0x4000 C7FF	IREF
		0x4000 8000～0x4000 C3FF	保留
		0x4000 7C00～0x4000 7FFF	UART7
		0x4000 7800～0x4000 7BFF	UART6
		0x4000 7400～0x4000 77FF	DAC
		0x4000 7000～0x4000 73FF	PMU
		0x4000 6C00～0x4000 6FFF	CTC
		0x4000 6800～0x4000 6BFF	CAN1
		0x4000 6400～0x4000 67FF	CAN0
		0x4000 6000～0x4000 63FF	保留

续表 4 - 2

预定义的地址空间	总　线	地址范围	外设名称
外设	APB1	0x4000 5C00～0x4000 5FFF	I²C2
		0x4000 5800～0x4000 5BFF	I²C1
		0x4000 5400～0x4000 57FF	I²C0
		0x4000 5000～0x4000 53FF	UART4
		0x4000 4C00～0x4000 4FFF	UART3
		0x4000 4800～0x4000 4BFF	USART2
		0x4000 4400～0x4000 47FF	USART1
		0x4000 4000～0x4000 43FF	I²S2_add
		0x4000 3C00～0x4000 3FFF	SPI2/I²S2
		0x4000 3800～0x4000 3BFF	SPI1/I²S1
		0x4000 3400～0x4000 37FF	I²S1_add
		0x4000 3000～0x4000 33FF	FWDGT
		0x4000 2C00～0x4000 2FFF	WWDGT
		0x4000 2800～0x4000 2BFF	RTC
		0x4000 2400～0x4000 27FF	保留
		0x4000 2000～0x4000 23FF	TIMER13
		0x4000 1C00～0x4000 1FFF	TIMER12
		0x4000 1800～0x4000 1BFF	TIMER11
		0x4000 1400～0x4000 17FF	TIMER6
		0x4000 1000～0x4000 13FF	TIMER5
		0x4000 0C00～0x4000 0FFF	TIMER4
		0x4000 0800～0x4000 0BFF	TIMER3
		0x4000 0400～0x4000 07FF	TIMER2
		0x4000 0000～0x4000 03FF	TIMER1
SRAM	AHB 互联矩阵	0x200B 0000～0x3FFF FFFF	保留
		0x2003 0000～0x200A FFFF	ADDSRAM(512KB)
		0x2002 0000～0x2002 FFFF	SRAM2(64KB)
		0x2001 C000～0x2001 FFFF	SRAM1(16KB)
		0x2000 0000～0x2001 BFFF	SRAM0(112KB)
代码	AHB 互联矩阵	0x1FFF C010～0x1FFF FFFF	保留
		0x1FFF C000～0x1FFF C00F	Option bytes(Bank 0)
		0x1FFF 7A10～0x1FFF BFFF	保留
		0x1FFF 7800～0x1FFF 7A0F	OTP(528B)
		0x1FFF 0000～0x1FFF 77FF	Boot loader(30KB)
		0x1FFE C010～0x1FFE FFFF	保留
		0x1FFE C000～0x1FFE C00F	Option bytes(Bank 1)
		0x1001 0000～0x1FFE BFFF	保留
		0x1000 0000～0x1000 FFFF	TCMSRAM(64KB)
		0x0830 0000～0x0FFF FFFF	保留
		0x0800 0000～0x082F FFFF	Main Flash(3072KB)
		0x0000 0000～0x07FF FFFF	Aliased to the boot device

4.2.3 GPIO 功能框图

本节涉及部分 GPIO 寄存器的相关知识,关于 GD32F4xx 系列微控制器的 GPIO 相关寄存器可参见《GD32F4xx 用户手册》。

微控制器的 I/O 引脚可以通过寄存器配置为各种不同的功能,如输入或输出,因此被称为 GPIO(General Purpose Input Output,通用输入/输出)。下面以 GD32F4xx 系列微控制器为例进行介绍,GD32F4xx 系列微控制器最多可提供 140 个 GPIO,GPIO 又被分为 GPIOA、GPIOB、…、GPIOI 9 组,其中,对于 GPIOA~GPIOH,每组端口又包含 0~15 共 16 个不同的引脚,GPIOI 包含 0~11 共 12 个不同的引脚。对于不同型号的 GD32F4xx 系列微控制器,端口的组数和引脚数不完全相同,具体可参阅相应芯片的数据手册。

每个通用 I/O 端口都可以通过端口控制寄存器(GPIOx_CTL)配置为 GPIO 输入、GPIO 输出、备用功能或模拟模式。引脚的备用功能通过使能 AFIO(Alternate Function Input Output,复用输入/输出端口)功能实现。当端口配置为输出(GPIO 输出或 AFIO 输出)时,可以通过 GPIO 输出模式寄存器(GPIOx_OMODE)配置为推挽或开漏模式,输出端口的最大速度可以通过 GPIO 输出速度寄存器(GPIOx_OSPD)配置,每个端口可以通过 GPIO 上/下拉寄存器(GPIOx_PUD)配置为悬空(无上拉或下拉)、上拉或下拉模式。

图 4-3 所示的 GPIO 功能框图可便于分析本实验的原理,2 个 LED 引脚对应的 GPIO 配置为推挽输出模式。下面依次介绍输出相关寄存器、输出驱动、I/O 引脚、ESD 保护以及上拉/下拉电阻。

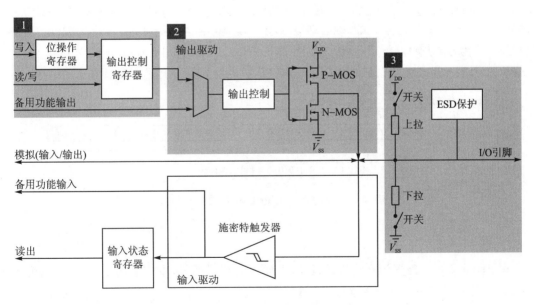

图 4-3 GPIO 功能框图

1. 输出相关寄存器

输出相关寄存器包括端口位操作寄存器(GPIOx_BOP)和端口输出控制寄存器(GPIOx_

OCTL)。可以通过更改 GPIOx_OCTL 中的值,达到更改 GPIO 引脚电平的目的。然而,写GPIOx_OCTL 的过程将一次性更改 16 个引脚的电平,这样就很容易把一些不需要更改的引脚电平更改为非预期值。为了准确地修改某一个或某几个引脚的电平,例如,将 GPIOx_OCTL[0]更改为 1,将 GPIOx_OCTL[14]更改为 0,可以先读取 GPIOx_OCTL 的值到一个临时变量(temp),然后再将 temp[0]更改为 1,将 temp[14]更改为 0,最后将 temp 写入 GPIOx_OCTL,如图 4-4 所示。

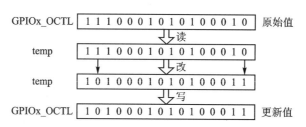

图 4-4 "读-改-写"方式修改 GPIOx_OCTL

这种"读-改-写"方式效率低,为了简化操作,可以通过修改端口位操作寄存器(GPIOx_BOP)的值实现,该寄存器由 16 位端口清除位(对应 16 个引脚,向某一位写入 1,即可设置 GPIOx_OCTL 的对应位为 0,向某一位写入 0,GPIOx_OCTL 的对应位不受影响)和 16 位端口设置位(对应 16 个引脚,向某一位写入 1,即可设置 GPIOx_OCTL 的对应位为 1,向某一位写入 0,GPIOx_OCTL 的对应位不受影响)组成。同样是将 GPIOx_OCTL 的值由1110001010100010 更改为 1010001010100011,实际上是将 GPIOx_OCTL[0]从 0 改为 1,将 GPIOx_OCTL[14]从 1 改为 0,有了 GPIOx_BOP,就只需要向 GPIOx_BOP 写入 0100000000000000000000000000001 即可。GPIOx_BOP[30]为 1,表示将 GPIOx_OCTL[14]从 1 改为 0;GPIOx_BOP[0]为 1,表示将 GPIOx_OCTL[0]从 0 改为 1;GPIOx_BOP 的其他位为 0,表示不需要更改其他 GPIOx_OCTL 对应位的值。上述过程如图 4-5 所示。

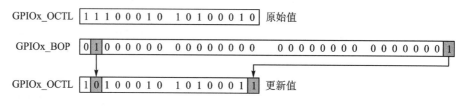

图 4-5 通过 GPIOx_BOP 修改 GPIOx_OCTL

2. 输出驱动

输出驱动既可以配置为推挽模式,也可以配置为开漏模式,本实验的 2 个 LED 均配置为推挽模式,推挽模式的工作原理如下。

输出驱动模块中包含 2 个 MOS 晶体管,上方连接 V_{DD} 的为 P-MOS 晶体管,下方连接 V_{SS} 的为 N-MOS 晶体管。这 2 个 MOS 晶体管组成 1 个 CMOS 反向器,当输出驱动模块的输出控制端为高电平时,上方的 P-MOS 晶体管截止,下方的 N-MOS 晶体管导通,I/O 引脚对外输出低电平;当输出控制端为低电平时,上方的 P-MOS 晶体管导通,下方的 N-MOS 晶体管截止,I/O 引脚对外输出高电平。当 I/O 引脚高、低电平切换时,2 个 MOS 晶体管轮流导通,P-MOS 晶体管负责灌电流,N-MOS 晶体管负责拉电流,使其负载能力和开关速度均比普通的方式有较大的提升。推挽输出的低电平约为 0 V,高电平约为 3.3 V。

3. I/O 引脚、ESD 保护及上拉/下拉电阻

进行 I/O 配置时,可以选择配置为上拉模式、下拉模式或悬空模式(无上拉和下拉),即通过控制上拉/下拉电阻的通断实现。上拉即是将引脚的默认电平设置为高电平(接近 V_{DD}),下拉即是将引脚的默认电平设置为低电平(接近 V_{SS}),悬空时,引脚的默认电平不定。

I/O 引脚上还集成了 ESD 保护模块,ESD 又称为静电放电,其显著特点是高电位和作用时间短,这不仅影响电子元器件的使用寿命,严重时甚至会导致元器件损坏。ESD 保护模块可有效防止静电放电对芯片产生不良影响。

本章实验例程中涉及 GPIO 的固件库函数,可用于配置 GPIO 参数,关于这些固件库函数的具体介绍可参见《GD32F4xx 固件库使用指南》。

4.2.4　GPIO 与流水灯实验程序架构

本实验的程序架构如图 4-6 所示,该图简要介绍了程序开始运行后各个函数的执行和调用流程,图中仅列出了与本实验相关的一部分函数。下面解释说明此程序架构图。

在 main 函数中调用 InitHardware 函数进行硬件相关模块初始化,包含 RCU、NVIC、Timer 和 LED 等模块,这里仅介绍 LED 模块初始化函数 InitLED。在 InitLED 函数中调用 ConfigLEDGPIO 函数对 LED 对应的 GPIO(PB5 和 PI8)进行配置。

调用 InitSoftware 函数进行软件相关模块初始化,本实验中,InitSoftware 函数为空。

调用 Proc2msTask 函数进行 2 ms 任务处理,在该函数中,调用 LEDFlicker 函数改变 LED 状态。

2 ms 任务之后再调用 Proc1SecTask 函数进行 1 s 任务处理,在该函数中,调用 printf 函数打印字符串,可以通过计算机上的串口助手查看。

Proc2msTask 和 Proc1SecTask 均在 while 循环中调用,因此,Proc1SecTask 函数执行完后将再次执行 Proc2msTask 函数。循环调用 LEDFlicker 函数,即可实现 LED 闪烁的功能。

在图 4-6 中,编号①、④、⑤和⑦的函数在 Main.c 文件中声明和实现;编号②和⑥的函数在 LED.h 文件中声明,在 LED.c 文件中实现;编号③的函数在 LED.c 文件中声明和实现。

本实验编程要点:

GPIO 配置,通过调用固件库函数使能对应的 GPIO 端口时钟和配置 GPIO 引脚的功能模式等。

通过调用 GPIO 相关固件库函数实现读/写引脚的电平。

LED 闪烁逻辑的实现,即在固定的时间间隔后同时改变 2 个 LED 的状态。

实现 LED 的点亮和熄灭,本质上为控制对应的 GPIO 输出高低电平,通过调用 GPIO 相关固件库函数即可。

在本实验中,初步介绍了 GPIO 部分寄存器和固件库函数的功能和用法,为后续实验奠定基础。GD32F4xx 系列微控制器有着丰富的外设资源,也包含一系列寄存器和固件库函数,篇幅所限,本书不再一一列举,读者可自行查阅数据手册等官方参考资料。查阅官方参考资料对程序开发人员十分重要,对初学者更是大有裨益。掌握各个外设的寄存器和固件库函数的功

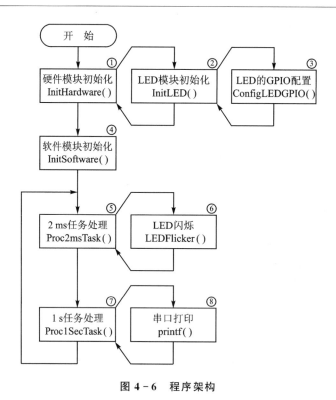

图 4-6　程序架构

能和用法,将使程序开发工作变得更加灵活简单。

4.3　实验代码解析

双击运行"D:\GD32F4KeilTest\03.GPIOLED\Project"文件夹中的 GD32KeilPrj. uvprojx,单击工具栏中的 📟 按钮,进行编译。当 Build Output 栏中出现 FromELF:creating hex file...时,表示已经成功生成.hex 文件,出现 0 Error(s),0 Warnning(s)时,表示编译成功。

下面简要介绍 GPIO 与流水灯实验例程中的部分代码。

4.3.1　LED 文件对

1. LED.h 文件

在 LED.h 文件的"API 函数声明"区,进行了如程序清单 4-1 所示的 API 函数声明。 InitLED 函数用于初始化 LED 模块,每个模块都有模块初始化函数,在使用前,要先在 Main.c 文件的 InitHardware 或 InitSoftware 函数中通过调用模块初始化函数的代码进行模块初始化,硬件相关的模块初始化在 InitHardware 函数中实现,软件相关的模块初始化在 InitSoftware 函数中实现。LEDFlicker 函数实现的是控制 GD32F4 蓝莓派开发板上 LED_1 和 LED_2 的电平翻转。

程序清单 4-1

```
void   InitLED(void);                              //初始化 LED 模块
void   LEDFlicker(unsigned short cnt);             //控制 LED 闪烁
```

2. LED.c 文件

在 LED.c 文件的"包含头文件"区的最后,包含了 gd32f470x_conf.h 头文件。gd32f470x_conf.h 为 GD32F470xx 系列微控制器的固件库头文件,LED 模块主要对 GPIO 相关的寄存器进行操作,因此,包含了 gd32f470x_conf.h,就可以使用 GPIO 的固件库函数,对 GPIO 相关的寄存器进行间接操作。

gd32f470x_conf.h 包含了各种固件库头文件,如 gd32f4xx_gpio.h,因此,也可以在 LED.c 文件的"包含头文件"区的最后,包含 gd32f4xx_gpio.h 头文件。

在 LED.c 文件的"内部函数声明"区,声明了内部函数 ConfigLEDGPIO,如程序清单 4-2 所示。本书规定,所有的内部函数都必须在"内部函数声明"区声明,且无论是内部函数的声明还是实现,都必须加 static 关键字,表示该函数只能在其所在文件的内部调用。

程序清单 4-2

```
static   void   ConfigLEDGPIO(void);              //配置 LED 的 GPIO
```

在"内部函数实现"区显示的是 ConfigLEDGPIO 函数的实现代码,如程序清单 4-3 所示。

(1) 第 4~5 行代码:GD32F4 蓝莓派开发板的 LED_1 和 LED_2 分别与 GD32F470IIH6 芯片的 PB5 和 PI8 相连接,因此,需要通过 rcu_periph_clock_enable 函数使能 GPIOB 和 GPIOI 时钟。该函数涉及 RCU_AHB1EN 的 PBEN 和 PIEN,可参见《GD32F4xx 用户手册》。

(2) 第 8~9 行和第 13~14 行代码:通过 gpio_mode_set 函数和 gpio_output_options_set 函数将 PB5 和 PI8 配置为上拉推挽输出模式,并将 2 个 I/O 的最大输出速度配置为 50 MHz。这 2 个函数涉及 GPIOx_CTL、GPIOx_OMODE、GPIOx_OSPD 和 GPIOx_PUD,可参见《GD32F4xx 用户手册》。

(3) 第 10 和第 15 行代码:通过 gpio_bit_set 函数和 gpio_bit_reset 函数将 PB5 和 PI8 的默认电平分别设置为高电平和低电平。这 2 个函数涉及 GPIOx_BOP 和 GPIOx_BC,通过 GPIOx_BOP 设置高电平,通过 GPIOx_BC 设置低电平。

程序清单 4-3

```
1.    static   void   ConfigLEDGPIO(void)
2.    {
3.        //使能 RCU 相关时钟
4.        rcu_periph_clock_enable(RCU_GPIOB);                    //使能 GPIOB 的时钟
5.        rcu_periph_clock_enable(RCU_GPIOI);                    //使能 GPIOI 的时钟
6.
7.        //配置 LED1
8.        gpio_mode_set(GPIOB, GPIO_MODE_OUTPUT, GPIO_PUPD_PULLUP, GPIO_PIN_5);         //上拉输出
9.        gpio_output_options_set(GPIOB, GPIO_OTYPE_PP, GPIO_OSPEED_50MHZ, GPIO_PIN_5); //推挽输出
10.       gpio_bit_set(GPIOB, GPIO_PIN_5);                       //点亮 LED₁
11.
```

```
12.        //配置 LED2
13.        gpio_mode_set(GPIOI, GPIO_MODE_OUTPUT, GPIO_PUPD_PULLUP, GPIO_PIN_8);        //上拉输出
14.        gpio_output_options_set(GPIOI, GPIO_OTYPE_PP, GPIO_OSPEED_50MHZ, GPIO_PIN_8);   //推挽输出
15.        gpio_bit_reset(GPIOI, GPIO_PIN_8);                                              //熄灭 LED2
16.    }
```

在"API 函数实现"区,实现了 InitLED 和 LEDFlicker 函数,如程序清单 4-4 所示。LED.c 文件的 API 函数只有 2 个,分别为 InitLED 和 LEDFlicker 函数。InitLED 函数作为 LED 模块的初始化函数,调用 ConfigLEDGPIO 函数实现对 LED 模块的初始化。LEDFlicker 作为 LED 的闪烁函数,通过改变 GPIO 引脚电平实现 LED 的闪烁,参数 cnt 用于控制闪烁的周期,例如,当 cnt 为 250 时,由于 LEDFlicker 函数每隔 2 ms 被调用 1 次,因此 LED 每 500 ms 点亮,500 ms 熄灭。

程序清单 4-4

```
1.    void InitLED(void)
2.    {
3.        ConfigLEDGPIO();                    //配置 LED 的 GPIO
4.    }
5.
6.    void LEDFlicker(unsigned short cnt)
7.    {
8.        static unsigned short s_iCnt;       //定义静态变量 s_iCnt 作为计数器
9.
10.       s_iCnt ++ ;                         //计数器的计数值加 1
11.       if(s_iCnt >= cnt)                   //计数器的计数值大于或等于 cnt
12.       {
13.         s_iCnt = 0;                       //重置计数器的计数值为 0
14.
15.         //LED1 状态取反,实现 LED1 闪烁
16.         gpio_bit_write(GPIOB, GPIO_PIN_5, (bit_status)(1 - gpio_output_bit_get(GPIOB, GPIO_PIN
        _5)));
17.
18.         //LED2 状态取反,实现 LED2 闪烁
19.         gpio_bit_write(GPIOI, GPIO_PIN_8, (bit_status)(1 - gpio_output_bit_get(GPIOI, GPIO_PIN
        _8)));
20.
21.       }
22.    }
```

4.3.2 Main.c 文件

在 Main.c 文件的"包含头文件"区的最后,包含了 LED.h 头文件。这样就可以在 Main.c 文件中调用 LED 模块的宏定义和 API 函数等,实现对 LED 模块的操作。

在 InitHardware 函数中,调用 InitLED 函数初始化 LED 模块,如程序清单 4-5 所示。

程序清单 4－5

```
1.    static  void  InitHardware(void)
2.    {
3.        SystemInit();              //系统初始化
4.        InitRCU();                 //初始化 RCU 模块
5.        InitNVIC();                //初始化 NVIC 模块
6.        InitUART0(115200);         //初始化 UART 模块
7.        InitTimer();               //初始化 Timer 模块
8.        InitSysTick();             //初始化 SysTick 模块
9.        InitLED();                 //初始化 LED 模块
10.   }
```

在 Proc2msTask 函数中,调用 LEDFlicker 函数实现 LED_1 和 LED_2 每 500 ms 交替闪烁一次的功能,如程序清单 4－6 所示。注意,LEDFlicker 函数必须置于 if 语句内,才能保证该函数每 2 ms 被调用 1 次。

程序清单 4－6

```
1.    static  void  Proc2 msTask(void)
2.    {
3.        if(Get2msFlag())           //判断 2 ms 标志位状态
4.        {
5.          LEDFlicker(250);         //调用闪烁函数
6.
7.          Clr2msFlag();            //清除 2 ms 标志位
8.        }
9.    }
```

4.3.3　实验结果

单击▦按钮,进行编译。编译结束后,Build Output 栏中出现 0 Error(s),0 Warning(s),表示编译成功。然后,通过 Keil μVision5 软件将 .axf 文件下载到 GD32F4 蓝莓派开发板。下载完成后,按下开发板上的 RST 按键进行复位,可以观察到开发板上的 LED_1 和 LED_2 交替闪烁,表示实验成功。

本章任务

基于 GD32F4 蓝莓派开发板,编写程序,实现 LED 编码计数功能。假设 LED 熄灭为 0,点亮为 1,初始状态的 LED_1 和 LED_2 均熄灭(00),第 2 状态的 LED_1 熄灭、LED_2 点亮(01),第 3 状态的 LED_1 点亮、LED_2 熄灭(10),第 4 状态的 LED_1 点亮、LED_2 点亮(11),按照"初始状态→第 2 状态→第 3 状态→第 4 状态→初始状态"循环执行,2 个相邻状态之间的时间间隔为 1 s。

任务提示:
(1) 可使用静态变量作为状态计数器,每个数值对应 LED 的一种状态。

（2）可仿照 LEDFlicker 函数编写 LEDCounter 函数，并在 Proc1SecTask 函数中调用 LEDCounter 函数实现 LED 编码计数功能。

本章习题

1. 简述 GPIO 有哪些工作模式。

2. GPIO 有哪些寄存器？CTL 和 OMODE 的功能分别是什么？

3. 计算 GPIO_BOP(GPIOA)的绝对地址。

4. gpio_mode_set 函数的作用是什么？该函数可操作哪些寄存器？

5. 如何通过固件库函数使能 GPIOC 端口时钟？

6. LEDFlicker 函数中通过 static 关键字定义了一个 s_iCnt 变量，这个关键字的作用是什么？

第 5 章 实验 4 GPIO 与独立按键输入

GD32F4xx 系列微控制器的 GPIO 既能作为输入使用,也能作为输出使用。第 4 章通过一个简单的 GPIO 与流水灯实验,介绍了 GPIO 的输出功能,本章将以一个简单的 GPIO 与独立按键输入实验为例,介绍 GPIO 的输入功能。

5.1 实验内容

通过学习独立按键电路原理图、GPIO 功能框图,以及按键去抖原理,基于 GD32F4 蓝莓派开发板设计一个独立按键程序。每次按下一个按键,通过串口助手输出按键按下的信息,比如 KEY$_1$ 按下时,输出 KEY1 PUSH DOWN;按键弹起时,输出按键弹起的信息,比如 KEY$_2$ 弹起时,输出 KEY$_2$ RELEASE。在进行独立按键程序设计时,需要对按键的抖动进行处理,即每次按下时,只能输出一次按键按下信息;每次弹起时,也只能输出一次按键弹起信息。

5.2 实验原理

5.2.1 独立按键电路原理图

独立按键硬件电路如图 5 - 1 所示。本实验涉及的硬件包括 3 个独立按键(KEY$_1$、KEY$_2$和 KEY$_3$),以及与独立按键串联的 10 kΩ 上拉电阻、与独立按键并联的 100 nF 滤波电容。KEY1 网络连接 GD32F470IIH6 芯片的 PA0 引脚,KEY$_2$ 网络连接 PH4 引脚,KEY$_3$ 网络连接 PG3 引脚。对于 KEY$_2$ 和 KEY$_3$ 按键,按键未按下时,输入到芯片引脚上的电平为高电平;按键按下时,输入到芯片引脚上的电平为低电平。KEY$_1$ 按键的电路与另外两个按键不同,连接 KEY$_1$ 网络的 PA0 引脚除了可以用作 GPIO,还可以通过配置备用功能实现芯片的唤醒。

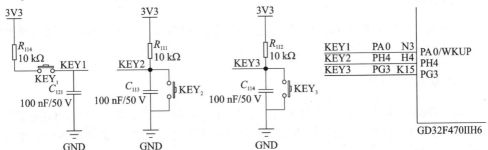

图 5 - 1 独立按键硬件电路

在本实验中,PA0 用作 GPIO,且被配置为下拉输入模式。因此,KEY$_1$ 按键未按下时,PA0 引脚为低电平,KEY$_1$ 按键按下时,PA0 引脚为高电平。

5.2.2 GPIO 功能框图

如图 5-2 为本实验所用到的 GPIO 功能框图。在本实验中,3 个独立按键引脚对应的 GPIO 配置为输入模式。下面依次介绍 I/O 引脚、ESD 保护和上拉/下拉电阻、施密特触发器和输入状态寄存器。

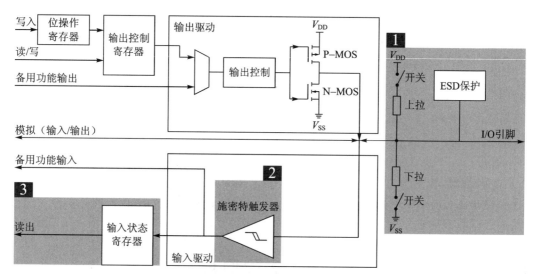

图 5-2　GPIO 功能框图

1. I/O 引脚、ESD 保护和上拉/下拉电阻

独立按键与 GD32F470IIH6 的 I/O 引脚相连接,由本书第 4 章可知,ESD 保护模块可有效防止静电对芯片产生的不良影响,I/O 引脚还可以配置为上拉/下拉输入模式。由于本实验中的 KEY$_2$ 和 KEY$_3$ 按键在电路中通过一个 10 kΩ 电阻连接 3.3V 电源,因此,为了保持电路的一致性,内部也需要通过寄存器配置为上拉输入模式。KEY$_1$ 按键则需要配置为下拉输入模式。

2. 施密特触发器

经过上拉或下拉电路的输入信号,依然是模拟信号,而本实验将独立按键的输入视为数字信号,因此,还需要通过施密特触发器将输入的模拟信号转换为数字信号。

3. 输入状态寄存器

经过施密特触发器转换之后的数字信号存储在端口输入状态寄存器(GPIOx_ISTAT)中,通过读取 GPIOx_ISTAT,即可获得 I/O 引脚的电平状态。关于该寄存器的具体描述可参见《GD32F4xx 用户手册》。

5.2.3　按键去抖原理

目前,市面上绝大多数按键都是机械式开关结构,而机械式开关的核心部件为弹性金属簧片,因此在开关切换的瞬间,在接触点会出现来回弹跳的现象,按键弹起时,也会出现类似的情况,这种情况被称为抖动。按键按下时产生前沿抖动,按键弹起时产生后沿抖动,如图 5-3 所示。不同类型的按键,其最长抖动时间也有差别,抖动时间的长短和按键的机械特性有关,一般为 5～10 ms,

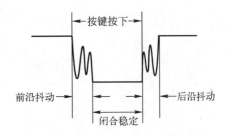

图 5-3　前沿抖动和后沿抖动

而通常手动按下按键持续的时间大于 100 ms。于是,可以基于 2 个时间的差异,取其中间值(如 80 ms)作为界限,将小于 80 ms 的信号视为抖动脉冲,大于 80 ms 的信号视为按键按下。

独立按键去抖原理图如图 5-4 所示,这里以 KEY_2 和 KEY_3 按键为例,按键未按下时为高电平,按键按下时为低电平,因此,对于理想按键,按键按下时就可以立刻检测到低电平,按键弹起时就可以立刻检测到高电平。但是,对于实际按键,未按下时为高电平,按键一旦按下,就会产生前沿抖动,抖动持续时间为 5～10 ms,接着,芯片引脚会检测到稳定的低电平;按键弹起时,会产生后沿抖动,抖动持续时间依然为 5～10 ms,接着,芯片引脚会检测到稳定的高电平。去抖实际上是每 10 ms 检测 1 次连接到按键的引脚电平,如果连续检测到 8 次低电平,即低电平持续时间超过 80 ms,则表示识别到按键按下。同理,按键按下后,如果连续检测到 8 次高电平,即高电平持续时间超过 80 ms,则表示识别到按键弹起。

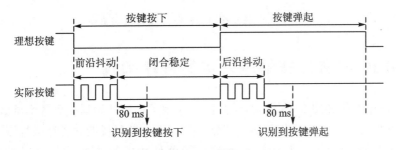

图 5-4　独立按键去抖原理图

独立按键去抖程序设计流程如图 5-5 所示,先启动一个 10 ms 定时器,然后每 10 ms 读取 1 次按键值。如果连续 8 次检测的电平均为按键按下电平(GD32F4 蓝莓派开发板的 KEY_1 按键按下电平为高电平,KEY_2 和 KEY_3 按键按下电平为低电平),且按键按下标志为 TRUE,则将按键按下标志置为 FALSE,同时处理按键按下函数,如果按键按下标志为 FALSE,表示按键按下事件已经得到处理,则继续检查定时器是否产生 10 ms 溢出。对于按键弹起也一样,如果当前为按键按下状态,且连续 8 次检测到的电平均为按键弹起电平(GD32F4 蓝莓派开发板的 KEY_1 按键弹起电平为低电平,KEY_2 和 KEY_3 按键弹起电平为高电平),且按键弹起标志为 FALSE,则将按键弹起标志置为 TRUE,同时处理按键弹起函数,如果按键弹起标志为 TRUE,表示按键弹起事件已经得到处理,则继续检查定时器是否产生 10 ms 溢出。

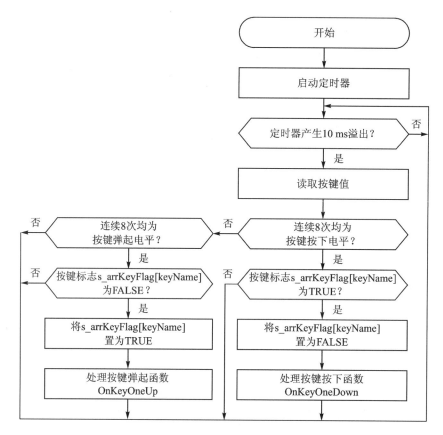

图 5 – 5   独立按键去抖程序设计流程图

5.2.4   GPIO 与独立按键输入实验程序架构

本实验的程序架构如图 5 – 6 所示,该图简要介绍了程序开始运行后各个函数的执行和调用流程,图中仅列出了与本实验相关的一部分函数。下面解释说明此程序架构图。

在 main 函数中调用 InitHardware 函数进行硬件相关模块初始化,包含 RCU、NVIC、Timer、KeyOne 和 ProcKeyOne 模块,这里仅介绍按键模块初始化函数 InitKeyOne。在 InitKeyOne 函数中调用 ConfigKeyOneGPIO 函数对 3 个按键对应的 GPIO(PA0、PH4 和 PG3)进行配置,并对表示按键按下的数组变量进行赋值。

调用 InitSoftware 函数进行软件相关模块初始化,在本实验中,InitSoftware 函数为空。

调用 Proc2msTask 函数进行 2 ms 任务处理,在该函数中,调用 ScanKeyOne 函数依次扫描 3 个按键的状态,经过去抖处理后,如果判断某一按键有效按下或弹起,且按键标志位正确,则调用对应按键的按下和弹起响应函数。

2 ms 任务之后再调用 Proc1SecTask 函数进行 1 s 任务处理,在本实验中,没有需要处理的 1 s 任务。

Proc2msTask 和 Proc1SecTask 均在 while 循环中调用,因此,Proc1SecTask 函数执行完后将再次执行 Proc2msTask 函数。循环调用 ScanKeyOne 函数进行按键扫描。

在图 5-6 中,编号①、⑤、⑥和⑨的函数在 Main.c 文件中声明和实现;编号②和⑦的函数在 KeyOne.h 文件中声明,在 KeyOne.c 文件中实现;编号③的函数在 KeyOne.c 文件中声明和实现;编号⑧中的按键按下和弹起响应函数在 ProcKeyOne.h 文件中声明,在 ProcKeyOne.c 文件中实现。

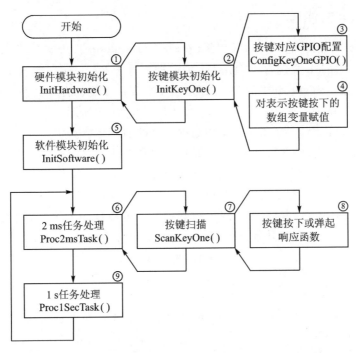

图 5-6 程序架构

本实验编程要点:

按键对应的 GPIO 配置,包括对应外设的时钟使能和配置 GPIO 的功能模式。

用 8 位无符号字节型变量表示按键按下和弹起的状态,对于 KEY_1,变量值为 0xFF 表示按键按下,为 0x00 表示按键弹起,KEY_2 和 KEY_3 则与 KEY_1 相反。将该变量初始化为按键按下状态对应的值后,通过对该变量进行取反即可表示按键弹起状态。

按键去抖原理的实现,每 10 ms 读取 1 次按键对应引脚的电平,通过移位操作将 8 次读取的电平依次存放于无符号字节型变量的 8 个位中。若变量值与按键按下或弹起对应的值相等,即表示检测按键的有效按下和弹起。

当检测某一按键的有效按下或弹起时,利用函数指针调用对应按键的按下或弹起响应函数。

以上要点均在 KeyOne.c 文件中实现,KeyOne.c 文件为按键驱动文件,向外提供了按键扫描的接口函数 ScanKeyOne。理解按键驱动的原理以及 ScanKeyOne 函数的实现过程和功能用法,即可掌握本实验的核心知识点。

5.3 实验代码解析

5.3.1 KeyOne 文件对

1. KeyOne.h 文件

在 KeyOne.h 文件的"包含头文件"区，包含了 DataType.h 头文件。KeyOne.c 包含了 KeyOne.h，而 KeyOne.h 又包含了 DataType.h，即相当于 KeyOne.c 包含了 DataType.h，在 KeyOne.c 中使用 DataType.h 中的宏定义等，就不需要再重复包含头文件 DataType.h。

DataType.h 文件中主要是一些宏定义，如程序清单 5-1 所示。

(1) 第 1~13 行代码：定义了一些常用数据类型的缩写替换。

(2) 第 15~25 行代码：进行字节、半字和字的组合以及拆分操作的宏定义，这些操作在代码编写过程中使用非常频繁，例如，求一个半字的高字节，正常操作是((BYTE)(((WORD)(hw) >> 8) & 0xFF))，而使用 HIBYTE(hw)就显得简洁明了。

(3) 第 27~30 行代码：进行布尔数据、空数据及无效数据的宏定义，例如，TRUE 实际上是 1，FALSE 实际上是 0，而无效数据 INVALID_DATA 实际上是-100。

程序清单 5-1

```
1.   typedef signed char          i8;
2.   typedef signed short         i16;
3.   typedef signed int           i32;
4.   typedef unsigned char        u8;
5.   typedef unsigned short       u16;
6.   typedef unsigned int         u32;
7.   typedef unsigned long long   u64;
8.
9.   typedef int                  BOOL;
10.  typedef unsigned char        BYTE;
11.  typedef unsigned short       HWORD;      //2字节组成一个半字
12.  typedef unsigned int         WORD;       //4字节组成一个字
13.  typedef long                 LONG;
14.
15.  #define LOHWORD(w)           ((HWORD)(w))                          //字的低半字
16.  #define HIHWORD(w)           ((HWORD)(((WORD)(w) >> 16) & 0xFFFF))//字的高半字
17.
18.  #define LOBYTE(hw)           ((BYTE)(hw) )                         //半字的低字节
19.  #define HIBYTE(hw)           ((BYTE)(((WORD)(hw) >> 8) & 0xFF))    //半字的高字节
20.
21.  //2字节组成一个半字
22.  #define MAKEHWORD(bH, bL)    ((HWORD)(((BYTE)(bL)) | ((HWORD)((BYTE)(bH))) << 8))
```

```
23.
24.  //两个半字组成一个字
25.  # define MAKEWORD(hwH, hwL)(((WORD)(((HWORD)(hwL)) |((WORD)((HWORD)(hwH))) << 16))
26.
27.  # define TRUE    1
28.  # define FALSE   0
29.  # define NULL        0
30.  # define INVALID_DATA  -100
```

在"宏定义"区,对按键按下电平进行宏定义,如程序清单 5 - 2 所示。

程序清单 5 - 2

```
1.  //各个按键按下的电平
2.  # define   KEY_DOWN_LEVEL_KEY1    0xFF    //0xFF 表示 KEY₁ 按下为高电平
3.  # define   KEY_DOWN_LEVEL_KEY2    0x00    //0x00 表示 KEY₂ 按下为低电平
4.  # define   KEY_DOWN_LEVEL_KEY3    0x00    //0x00 表示 KEY₃ 按下为低电平
```

在"枚举结构体"区,进行了如程序清单 5 - 3 所示的枚举声明。这些枚举主要是对按键名的定义,如 KEY_1 的按键名为 KEY_NAME_KEY1,对应值为 0;KEY_3 的按键名为 KEY_NAME_KEY3,对应值为 2。

程序清单 5 - 3

```
1.  typedef enum
2.  {
3.    KEY_NAME_KEY1 = 0,          //KEY₁
4.    KEY_NAME_KEY2,              //KEY₂
5.    KEY_NAME_KEY3,             //KEY₃
6.    KEY_NAME_MAX
7.  }EnumKeyOneName;
```

在"API 函数声明"区,为 API 函数的声明代码,如程序清单 5 - 4 所示。InitKeyOne 函数用于初始化 KeyOne 模块。ScanKeyOne 函数用于按键扫描,建议该函数每 10 ms 调用 1 次,即每 10 ms 读取 1 次按键电平。

程序清单 5 - 4

```
void   InitKeyOne(void);                //初始化 KeyOne 模块
void    ScanKeyOne(unsigned char keyName, void( * OnKeyOneUp)(void), void( * OnKeyOneDown)
(void));                               //每 10 ms 调用一次
```

2. KeyOne. c 文件

在 KeyOne. c 文件的"宏定义"区,为程序清单 5 - 5 所示的宏定义代码,用于定义读取 3 个按键电平状态。

程序清单 5 - 5

```
1.  //KEY1 为读取 PA0 引脚电平
2.  # define KEY1    (gpio_input_bit_get(GPIOA, GPIO_PIN_0))
3.  //KEY2 为读取 PH4 引脚电平
4.  # define KEY2(gpio_input_bit_get(GPIOH, GPIO_PIN_4))
5.  //KEY3 为读取 PG3 引脚电平
6.  # define KEY3    (gpio_input_bit_get(GPIOG, GPIO_PIN_3))
```

在"内部变量定义"区,为内部变量的定义代码,如程序清单 5-6 所示。

在"内部函数声明"区,为内部函数的声明代码,如程序清单 5-7 所示。

程序清单 5-6

```
//按键按下时的电压,0xFF 表示按下为高电平,0x00 表示按下为低电平
staticunsigned char   s_arrKeyDownLevel[KEY_NAME_MAX];        //使用前要在 InitKeyOne 函数中进行初始化
```

程序清单 5-7

```
static  void  ConfigKeyOneGPIO(void);              //配置按键的 GPIO
```

在"内部函数实现"区,为 ConfigKeyOneGPIO 函数的实现代码,如程序清单 5-8 所示。

(1) 第 4~6 行代码:GD32F4 蓝莓派开发板的 KEY$_1$、KEY$_2$ 和 KEY$_3$ 按键分别与 GD32F470IIH6 芯片的 PA0、PH4 和 PG3 相连接,因此,需要通过 rcu_periph_clock_enable 函数使能 GPIOA、GPIOH 和 GPIOG 时钟。

(2) 第 8~10 行代码:通过 gpio_mode_set 函数将 PA0 引脚配置为下拉输入模式,将 PH4 和 PG3 引脚配置为上拉输入模式。

程序清单 5-8

```
1.    static  void  ConfigKeyOneGPIO(void)
2.    {
3.      //使能 RCU 相关时钟
4.      rcu_periph_clock_enable(RCU_GPIOA);    //使能 GPIOA 的时钟
5.      rcu_periph_clock_enable(RCU_GPIOH);    //使能 GPIOH 的时钟
6.      rcu_periph_clock_enable(RCU_GPIOG);    //使能 GPIOG 的时钟
7.
8.      gpio_mode_set(GPIOA, GPIO_MODE_INPUT, GPIO_PUPD_PULLDOWN, GPIO_PIN_0);    //配置 PA0 为下拉输入
9.      gpio_mode_set(GPIOH, GPIO_MODE_INPUT, GPIO_PUPD_PULLUP  , GPIO_PIN_4);    //配置 PH4 为上拉输入
10.     gpio_mode_set(GPIOG, GPIO_MODE_INPUT, GPIO_PUPD_PULLUP  , GPIO_PIN_3);    //配置 PG3 为上拉输入
11.   }
```

在"API 函数实现"区显示的是 InitKeyOne 和 ScanKeyOne 函数的实现代码,如程序清单 5-9 所示。

(1) 第 1~8 行代码:InitKeyOne 函数作为 KeyOne 模块的初始化函数,调用 ConfigKeyOneGPIO 函数配置独立按键的 GPIO,然后,分别设置 3 个按键按下时的电平 (KEY$_1$ 为高电平,KEY$_2$ 和 KEY$_3$ 为低电平)。

(2) 第 10~45 行代码:ScanKeyOne 为按键扫描函数,每 10 ms 调用一次,该函数有 3 个参数,分别为 keyName、OnKeyOneUp 和 OnKeyOneDown。其中,keyName 为按键名称,取值为 KeyOne.h 文件中定义的枚举值;OnKeyOneUp 为按键弹起的响应函数名,由于函数名也是指向函数的指针,因此,OnKeyOneUp 也为指向 OnKeyOneUp 函数的指针;OnKeyOneDown 为按键按下的响应函数名,也为指向 OnKeyOneDown 函数的指针。(∗ OnKeyOneUp)() 为按键弹起的响应函数,(∗ OnKeyOneDown)() 为按键按下的响应函数。读者可参见图 5-5 所示的流程图理解代码。

程序清单 5 - 9

```
1.   void InitKeyOne(void)
2.   {
3.     ConfigKeyOneGPIO();                                              //配置按键的 GPIO
4.
5.     s_arrKeyDownLevel[KEY_NAME_KEY1] = KEY_DOWN_LEVEL_KEY1;      //按键 KEY1 按下时为高电平
6.     s_arrKeyDownLevel[KEY_NAME_KEY2] = KEY_DOWN_LEVEL_KEY2;      //按键 KEY2 按下时为低电平
7.     s_arrKeyDownLevel[KEY_NAME_KEY3] = KEY_DOWN_LEVEL_KEY3;      //按键 KEY3 按下时为低电平
8.   }
9.
10.  void ScanKeyOne(unsigned char keyName, void( * OnKeyOneUp)(void), void( * OnKeyOneDown)
(void))
11.  {
12.    static unsigned char   s_arrKeyVal[KEY_NAME_MAX];
                            //定义一个 unsigned char 类型的数组,用于存放按键的数值
13.    static unsigned char   s_arrKeyFlag[KEY_NAME_MAX];
                            //定义一个 unsigned char 类型的数组,用于存放按键的标志位
14.
15.    s_arrKeyVal[keyName] = s_arrKeyVal[keyName] << 1;         //左移一位
16.
17.    switch (keyName)
18.    {
19.      case KEY_NAME_KEY1:
20.        s_arrKeyVal[keyName] = s_arrKeyVal[keyName] | KEY1;   //按下/弹起时,KEY1 为 1/0
21.        break;
22.      case KEY_NAME_KEY2:
23.        s_arrKeyVal[keyName] = s_arrKeyVal[keyName] | KEY2;   //按下/弹起时,KEY2 为 0/1
24.        break;
25.      case KEY_NAME_KEY3:
26.        s_arrKeyVal[keyName] = s_arrKeyVal[keyName] | KEY3;   //按下/弹起时,KEY3 为 0/1
27.        break;
28.      default:
29.        break;
30.    }
31.
32.    //按键标志位的值为 TRUE 时,判断是否有按键有效按下
33.    if(s_arrKeyVal[keyName] == s_arrKeyDownLevel[keyName] && s_arrKeyFlag[keyName] == TRUE)
34.    {
35.      ( * OnKeyOneDown)();                                          //执行按键按下的响应函数
36.      s_arrKeyFlag[keyName] = FALSE;       //表示按键处于按下状态,按键标志位的值更改为 FALSE
37.    }
```

```
38.
39.    //按键标志位的值为 FALSE 时,判断是否有按键有效弹起
40.    else if(s_arrKeyVal[keyName] == (unsigned char)(~ s_arrKeyDownLevel[keyName]) && s_
arrKeyFlag[keyName] == FALSE)
41.    {
42.      (* OnKeyOneUp)();                      //执行按键弹起的响应函数
43.      s_arrKeyFlag[keyName] = TRUE;          //表示按键处于弹起状态,按键标志位的值更改为 TRUE
44.    }
45.  }
```

5.3.2　ProcKeyOne 文件对

1. ProcKeyOne.h 文件

在 ProcKeyOne.h 文件的"API 函数声明"区,声明了 7 个 API 函数,如程序清单 5-10 所示。

(1) 第 1 行代码:InitProcKeyOne 函数用于初始化 ProcKeyOne 模块。

(2) 第 3 行、第 5 行和第 7 行代码:ProcKeyDownKeyx 函数($x=1,2,3$)用于处理按键按下事件,在检测到按键有效按下时会调用该函数。

(3) 第 4 行、第 6 行、第 8 行代码:ProcKeyUpKeyx 函数($x=1,2,3$)用于处理按键弹起事件,在检测到按键有效弹起时会调用该函数。

程序清单 5-10

```
1.  void   InitProcKeyOne(void);        //初始化 ProcKeyOne 模块
2.
3.  void   ProcKeyDownKey1(void);       //处理 KEY₁ 按下的事件,即 KEY₁ 按键按下的响应函数
4.  void   ProcKeyUpKey1(void);         //处理 KEY₁ 弹起的事件,即 KEY₁ 按键弹起的响应函数
5.  void   ProcKeyDownKey2(void);       //处理 KEY₂ 按下的事件,即 KEY₂ 按键按下的响应函数
6.  void   ProcKeyUpKey2(void);         //处理 KEY₂ 弹起的事件,即 KEY₂ 按键弹起的响应函数
7.  void   ProcKeyDownKey3(void);       //处理 KEY₃ 按下的事件,即 KEY₃ 按键按下的响应函数
8.  void   ProcKeyUpKey3(void);         //处理 KEY₃ 弹起的事件,即 KEY₃ 按键弹起的响应函数
```

2. ProcKeyOne.c 文件

在 ProcKeyOne.c 文件的"包含头文件"区的最后,包含 UART0.h 头文件。ProcKeyOne 用于处理按键按下和弹起事件,这些事件是通过串口输出按键按下和弹起的信息,需要调用串口相关的 printf 函数,因此,除了包含 ProcKeyOne.h,还需要包含 UART0.h。

在"API 函数实现"区,为 API 函数的实现代码,如程序清单 5-11 所示。ProcKeyOne.c 文件的 API 函数有 7 个,分为 3 类,分别为 ProcKeyOne 模块初始化函数 InitProcKeyOne,按键弹起事件处理函数 ProcKeyUpKeyx,按键按下事件处理函数 ProKeyDownKeyx。注意,由于 3 个按键的按下和弹起事件处理函数类似,因此在程序清单 5-11 中只列出了 KEY₁ 按键的按下和弹起事件处理函数。

程序清单 5 - 11

```
1.    void InitProcKeyOne(void)
2.    {
3.
4.    }
5.
6.    void  ProcKeyDownKey1(void)
7.    {
8.      printf("KEY1 PUSH DOWN\r\n");         //打印按键状态
9.    }
10.
11.   void  ProcKeyUpKey1(void)
12.   {
13.     printf("KEY1 RELEASE\r\n");           //打印按键状态
14.   }
```

5.3.3　Main. c 文件

在 Main. c 文件的"包含头文件"区的最后,包含了 KeyOne. h 和 ProcKeyOne. h 头文件。这样就可以在 Main. c 文件中调用 KeyOne 和 ProcKeyOne 模块的宏定义和 API 函数等,实现对按键模块的操作。

在 InitHardware 函数中,调用 InitKeyOne 和 InitProcKeyOne 函数实现对按键模块的初始化,如程序清单 5 - 12 所示。

程序清单 5 - 12

```
1.    static  void  InitHardware(void)
2.    {
3.      SystemInit();                    //系统初始化
4.      InitRCU();                       //初始化 RCU 模块
5.      InitNVIC();                      //初始化 NVIC 模块
6.      InitUART0(115200);               //初始化 UART 模块
7.      InitTimer();                     //初始化 Timer 模块
8.      InitSysTick();                   //初始化 SysTick 模块
9.      InitLED();                       //初始化 LED 模块
10.     InitKeyOne();                    //初始化 KeyOne 模块
11.     InitProcKeyOne();                //初始化 ProcKeyOne 模块
12.   }
```

在 Proc2msTask 函数中,调用 ScanKeyOne 函数实现按键扫描,如程序清单 5 - 13 所示。

(1)第 3 行代码:定义一个静态变量 s_iCnt5 用于进行时间计数,每 2 ms 让 s_iCnt5 进行一次加 1 操作,即可通过 s_iCnt5 的值判断时间。

(2)第 9~20 行代码:ScanKeyOne 函数需要每 10 ms 调用一次,而 Proc2msTask 函数的 if 语句中的代码每 2 ms 执行一次,因此,需要通过设计一个计数器(变量 s_iCnt5)进行计数,当从 0 计数到 4,即经过 5 个 2 ms 时,执行一次 ScanKeyOne 函数,这样就实现了每 10 ms 进行一次按键扫描。注意,s_iCnt5 必须定义为静态变量,需要加 static 关键字,如果不加,则退出函数之后,s_iCnt5 分配的存储空间会自动释放。

程序清单 5-13

```
1.    static void Proc2msTask(void)
2.    {
3.      static signed short s_iCnt5 = 0;
4.
5.      if(Get2msFlag())                      //判断 2 ms 标志位状态
6.      {
7.        LEDFlicker(250);                     //调用 LED 闪烁函数
8.
9.        if(s_iCnt5 >= 4)
10.       {
11.         ScanKeyOne(KEY_NAME_KEY1, ProcKeyUpKey1, ProcKeyDownKey1);
12.         ScanKeyOne(KEY_NAME_KEY2, ProcKeyUpKey2, ProcKeyDownKey2);
13.         ScanKeyOne(KEY_NAME_KEY3, ProcKeyUpKey3, ProcKeyDownKey3);
14.
15.         s_iCnt5 = 0;
16.       }
17.       else
18.       {
19.         s_iCnt5 ++;
20.       }
21.
22.       Clr2msFlag();                        //清除 2ms 标志位
23.     }
24.   }
```

独立按键按下和弹起时,会通过串口输出提示信息,不需要每秒输出一次 This is the first GD32F470 Project,by Zhangsan,因此,还需要注释掉 Proc1SecTask 函数中的 printf 语句。

5.3.4 实验结果

代码编写完成并编译通过后,下载程序并进行复位。打开串口助手,依次按下 GD32F4 蓝莓派开发板上的 KEY$_1$、KEY$_2$ 和 KEY$_3$ 按键,可以看到串口助手中输出如图 5-7 所示的按键

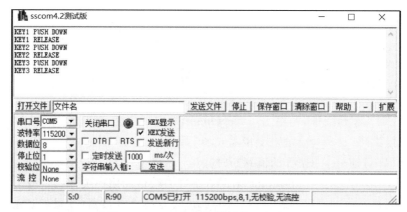

图 5-7 GPIO 与独立按键输入实验结果

按下和弹起的提示信息,同时,开发板上的 LED_1 和 LED_2 交替闪烁,表示实验成功。

本章任务

基于 GD32F4 蓝莓派开发板,编写程序实现通过按键切换 LED 编码计数方向。假设 LED 熄灭为 0,点亮为 1,初始状态为 LED_1 和 LED_2 均熄灭(00),第二状态为 LED_1 熄灭、LED_2 点亮(01),第三状态为 LED_1 点亮、LED_2 熄灭(10),第四状态为 LED_1 点亮、LED_2 点亮(11)。按下 KEY_1 按键,按照"初始状态→第 2 状态→第 3 状态→第 4 状态→初始状态"方向进行递增编码计数;按下 KEY_3 按键,按照"初始状态→第 4 状态→第 3 状态→第 2 状态→初始状态"方向进行递减编码计数。无论是递增编码计数,还是递减编码计数,2 个相邻状态之间的时间间隔均为 1 s。

任务提示:

(1) KeyOne 文件对为按键的驱动文件,在按键对应 GPIO 不变的情况下,编写完成后不需要再修改。在本章任务的程序中,按键的操作应添加在 ProcKeyOne.c 文件中,如按键按下的操作应添加在 ProcKeyDownKeyx 函数中,按键弹起的操作应添加在 ProcKeyUpKeyx 函数中。

(2) 定义一个变量表示按键按下标志,在 KEY_1 和 KEY_3 的按键按下响应函数中设置该标志为按键按下。然后仿照 LEDFlicker 函数编写 LEDCounter 函数,在该函数中先判断按键按下标志,如果有按键按下,则开始进行递增或递减编码。

(3) 分别单独观察 LED_1 和 LED_2 的状态变化情况:在递增编码时,LED_1 每 2 s 切换一次状态,在递减编码时,LED_1 第一次切换状态需要 1 s,随后每 2 s 切换一次状态。而 LED_2 无论在递增编码还是在递减编码时,均为 1 s 切换一次状态。因此,可分别定义 2 个变量对 LED_1 和 LED_2 计数,计数完成后,翻转引脚电平,实现切换 LED 状态。

本章习题

1. GPIO 的 ISTAT 的功能是什么?
2. 计算 GPIOA 的 ISTAT 的绝对地址。
3. gpio_input_bit_get 函数的作用是什么?该函数具体可操作哪些寄存器?
4. 如何通过寄存器操作读取 PA4 引脚的电平?
5. 如何通过固件库操作读取 PA4 引脚的电平?
6. 在函数内部定义一个变量,观察加与不加 static 关键字有什么区别?

第6章 实验5 串口通信

串口通信是设备之间十分常见的数据通信方式,由于占用的硬件资源极少、通信协议简单以及易于使用等优势,串口成为微控制器中使用较频繁的通信接口。通过串口,微控制器不仅可以与计算机进行数据通信,还可以进行程序调试,甚至可以连接蓝牙、Wi-Fi和传感器等外部硬件模块,从而拓展更多的功能。在芯片选型时,串口数量也是工程师参考的重要指标。因此,掌握串口的相关知识及其用法,是微控制器学习的一个重要环节。

本章将详细介绍 GD32F4xx 系列微控制器的串口功能框图、异常和中断、NVIC 寄存器和固件库,以及串口模块驱动设计。最后,通过一个实例介绍串口驱动的设计和应用。

6.1 实验内容

基于 GD32F4 蓝莓派开发板设计一个串口通信实验,每秒通过 printf 向计算机发送一条语句(ASCII 格式),如 This is the first GD32F470 Project, by Zhangsan,在计算机上通过串口助手显示。另外,计算机上的串口助手向开发板发送 1 字节数据(HEX 格式),开发板收到后,进行加 1 处理,再发送回计算机,通过串口助手显示出来。例如,计算机通过串口助手向开发板发送 0x15,开发板收到后,进行加 1 处理,向计算机发送 0x16。

6.2 实验原理

6.2.1 串口通信协议

串口在不同的物理层上可分为 UART 口、COM 口和 USB 口等,在电平标准上又分为 TTL、RS232 和 RS485 等,下面主要介绍基于 TTL 电平标准的 UART。

通用异步串行收发器(Universal Asynchronous Receiver/Transmitter,UART)是微控制器领域十分常用的通信设备,还有一种同步异步串行收发器(Universal Synchronous/Asynchronous Receiver/Transmitter,USART)。二者的区别是 USART 既可以进行同步通信,也可以进行异步通信,而 UART 只能进行异步通信。简单区分同步和异步通信的方式是根据通信过程中是否使用时钟信号,在同步通信中,收发设备之间会通过 1 根信号线表示时钟信号,在时钟信号的驱动下同步数据,而异步通信不需要时钟信号进行数据同步。

相比于 USART 的同步通信功能,其异步通信功能使用更为频繁。当使用 USART 进行异步通信时,其用法与 UART 没有区别,只需要 2 根信号线和 1 根共地线即可完成双向通信,本实验即使用 USART 的异步通信功能来实现。下面介绍异步通信,即 UART 通信协议及其通信原理。

1. UART 物理层

UART 采用异步串行全双工通信的方式,因此,UART 通信没有时钟线,通过 2 根数据线可实现双向同时传输。收发数据只能一位一位地在各自的数据线上传输,UART 最多只有 2 根数据线,1 根为发送数据线,1 根为接收数据线。数据线是高低逻辑电平传输,因此还必须有参照的地线。最简单的 UART 接口由发送数据线 TXD、接收数据线 RXD 和 GND 线组成。

一般 UART 采用 TTL 的逻辑电平标准表示数据,逻辑 1 用高电平表示,逻辑 0 用低电平表示。在 TTL 电平标准中,高/低电平为范围值,通常规定,引脚作为输出时,电压低于 0.4 V 稳定输出低电平,电压高于 2.4 V 稳定输出高电平;引脚作为输入时,电压低于 0.8 V 稳定输入低电平,电压高于 2 V 稳定输入高电平。微控制器通常也采用 TTL 电平标准,但其对引脚输入输出高低电平的电压范围有额外的规定,实际应用时需要参考数据手册。

2 个 UART 设备的连接非常简单,如图 6-1 所示,只需要将 UART 设备 A 的发送数据线 TXD 与 UART 设备 B 的接收数据线 RXD 相连接,将 UART 设备 A 的接收数据线 RXD 与 UART 设备 B 的发送数据线 TXD 相连接,此外,2 个 UART 设备必须共地,即将 2 个设备的 GND 连接起来。

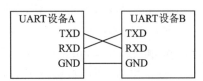

图 6-1　2 个 UART 设备连接方式

2. UART 数据格式

UART 数据按照一定的格式打包成帧,微控制器或计算机在物理层上是以帧为单位进行传输的。UART 的一帧数据由起始位、数据位、校验位、停止位和空闲位组成,如图 6-2 所示。注意,一个完整的 UART 数据帧必须有起始位、数据位和停止位,但不一定有校验位和空闲位。

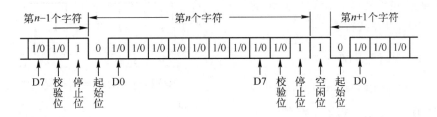

图 6-2　UART 数据帧格式

(1) 起始位的长度为 1 位,起始位的逻辑电平为低电平。由于 UART 空闲状态时的电平为高电平,因此,在每一个数据帧的开始,需要先发出一个逻辑 0,表示传输开始。

(2) 数据位的长度通常为 8 位,也可以为 9 位;每个数据位的值可以为逻辑 0,也可以为逻辑 1,而且传输采用的是小端方式,即最低位(D0)在前,最高位(D7)在后。

（3）校验位不是必须项，可以将 UART 配置为没有校验位，即不对数据位进行校验；也可以将 UART 配置为带奇偶校验位。如果配置为带奇偶校验位，则校验位的长度为 1 位，校验位的值可以为逻辑 0，也可以为逻辑 1。在奇校验方式下，如果数据位中有奇数个逻辑 1，则校验位为 0；如果数据位中有偶数个逻辑 1，则校验位为 1。在偶校验方式下，如果数据位中有奇数个逻辑 1，则校验位为 1；如果数据位中有偶数个逻辑 1，则校验位为 0。

（4）停止位的长度可以是 1 位、1.5 位或 2 位，通常情况下停止位是 1 位。停止位是一帧数据的结束标志，由于起始位是低电平，因此，停止位为高电平。

（5）空闲位是当数据传输完毕后，线路上保持逻辑 1 电平的位，表示当前线路上没有数据传输。

3. UART 传输速率

UART 传输速率用比特率表示。比特率是每秒传输的二进制位数，单位为 bps（bit per second）。波特率，即每秒传送码元的个数，单位为 baud。由于 UART 使用 NRZ（Non-Return to Zero，不归零）编码，因此，UART 的波特率和比特率在数值上是相同的。在实际应用中，常用的 UART 传输速率有 1 200 bps、2 400 bps、4 800 bps、9 600 bps、19 200 bps、38 400 bps、57 600 bps 和 115 200 bps。

如果数据位为 8 位，校验方式为奇校验，停止位为 1 位，波特率为 115 200 bps，计算每 2 ms 最多可以发送多少字节数据。首先，通过计算可知，一帧数据有 11 位（1 位起始位＋8 位数据位＋1 位校验位＋1 位停止位），其次，波特率为 115 200 bps，即每秒传输 115 200 bit，于是，每毫秒可以传输 115.2 bit，由于每帧数据有 11 位，因此每毫秒可以传输 10 字节数据，2 ms 就可以传输 20 字节数据。

综上所述，UART 是以帧为单位进行数据传输的。一个 UART 数据帧由 1 位起始位、5～9 位数据位、0 位/1 位校验位、1 位/1.5 位/2 位停止位组成。除了起始位，其他 3 部分必须在通信前由通信双方设定好，即通信前必须确定数据位和停止位的位数、校验方式，以及波特率。

4. UART 通信实例

由于 UART 采用异步串行通信，没有时钟线，只有数据线。那么，收到一个 UART 原始波形，如何确定一帧数据？如何知道传输的是什么数据？下面以一个 UART 波形为例说明，假设 UART 波特率为 115 200 bps，数据位为 8 位，无奇偶校验位，停止位为 1 位。

如图 6-3 所示，第 1 步，获取 UART 原始波形数据；第 2 步，按照波特率进行中

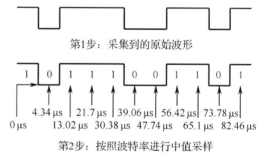

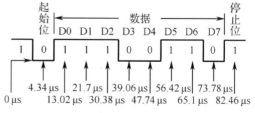

图 6-3 UART 通信实例时序图

值采样,每位的时间宽度为 $1/115\,200\text{ s}\approx 8.68\ \mu s$,将电平第一次由高到低的转换点作为基准点,即 $0\ \mu s$ 时刻,在 $4.34\ \mu s$ 时刻采样第 1 个点,在 $13.02\ \mu s$ 时刻采样第 2 个点,以此类推,然后判断第 10 个采样点是否为高电平,如果为高电平,表示完成一帧数据的采样;第 3 步,确定起始位、数据位和停止位,采样的第 1 个点即为起始位,且起始位为低电平,采样的第 2~9 个点为数据位,其中第 2 个点为数据最低位,第 9 个点为数据最高位,第 10 个点为停止位,且停止位为高电平。

6.2.2 串口电路原理图

串口硬件电路如图 6-4 所示,主要为 USB 转串口模块电路,包括 Type-C 型 USB 接口(编号为 USB_1)、USB 转串口芯片 CH340G(编号为 U_{104})和 12 MHz 晶振等。Type-C 接口的 UD1+和 UD1-网络为数据传输线(使用 USB 通信协议),这 2 根线各通过一个 22 Ω 电阻连接 CH340G 芯片的 UD+和 UD-引脚。CH340G 芯片可以实现 USB 通信协议和标准UART 串行通信协议的转换,因此,还需将 CH340G 芯片的一对串口连接 GD32F470IIH6 芯片的串口,这样即可实现 GD32F4 蓝莓派开发板通过 Type-C 接口与计算机进行数据通信。

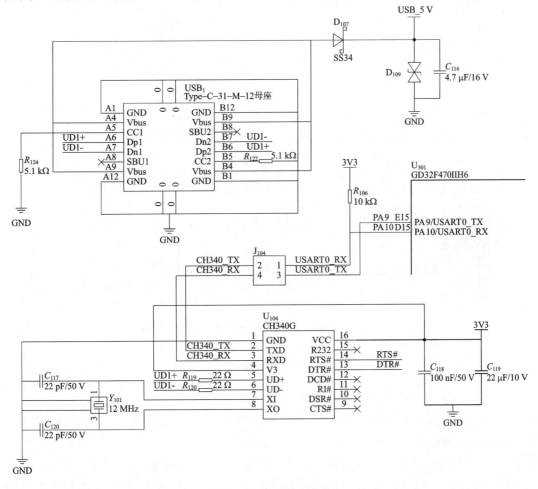

图 6-4 串口硬件电路

这里将 CH340G 芯片的 TXD 引脚通过 CH340_TX 网络连接 GD32F470IIH6 芯片的 PA10 引脚（USART0_RX），将 CH340G 芯片的 RXD 引脚通过 CH340_RX 网络连接 GD32F470IIH6 芯片的 PA9 引脚(USART0_TX)。此外,2 颗芯片还需要共地。

注意,在 CH340G 和 GD32F470IIH6 之间添加了一个 2×2 Pin 的排针,在进行串口通信实验之前,需要先使用 2 个跳线帽分别连接 2 号脚(CH340_TX)和 1 号脚(USART0_RX)、4 号脚(CH340_RX)和 3 号脚(USART0_TX)。

6.2.3 串口功能框图

如图 6-5 所示是 GD32F4xx 系列微控制器的串口功能框图,下面依次介绍串口的功能引脚、数据寄存器、控制器和波特率发生器。本节涉及的部分串口寄存器可参见《GD32F4xx 用户手册》。

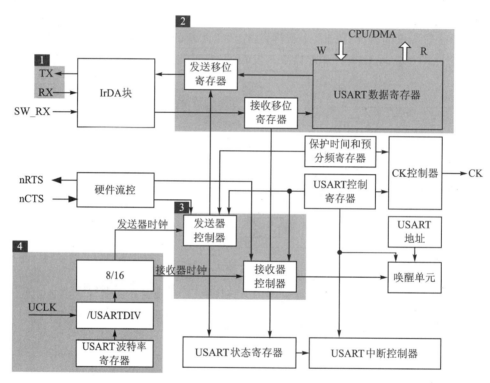

图 6-5 串口功能框图

1. 功能引脚

GD32F4xx 系列微控制器的串口功能引脚包括 TX、RX、SW_RX、nRTS、nCTS 和 CK。本书中有关串口的实验仅使用 TX 和 RX,TX 是发送数据输出引脚,RX 是接收数据输入引脚。TX 和 RX 的引脚信息可参见《GD32F470 数据手册》。

GD32F470IIH6 芯片包含 8 个串口,4 路 UART 串口,分别为 USART0~USART2 和 USART5,UART3~UART4 和 UART6~UART7。其中,USART0 和 USART5 的时钟来源于 APB2 总线时钟,APB2 总线时钟最大频率为 120 MHz；USART1、USART2、UART3、

UART4、UART6 和 UART7 的时钟来源于 APB1 总线时钟，APB1 总线时钟最大频率为 60 MHz。

2．数据寄存器

USART 的数据寄存器只有低 9 位有效。在图 6-5 中，串口执行发送操作（写操作），即向 USART 数据寄存器（USART_DATA）写数据；串口执行接收操作（读操作），即读取 USART_DATA 中的数据。

数据写入 USART_DATA 后，USART 会将数据转移到发送移位寄存器，然后由发送移位寄存器通过 TX 引脚逐位发送出去。通过 RX 引脚接收的数据，按照顺序保存在接收移位寄存器中，USART 会将数据转移到 USART_DATA 中。

3．控制器

串口的控制器包括发送器控制器、接收器控制器、唤醒单元、校验控制和中断控制等控制器，这里重点介绍发送器控制器和接收器控制器。使用串口之前，需要向 USART_CTL0 的 UEN 位写入 1，使能串口，通过向 USART_CTL0 的 WL 位写入 0 或 1，可以将串口传输数据的长度设置为 8 位或 9 位，通过 USART_CTL1 的 STB[1:0] 位，可以将串口的停止位配置为 0.5 个、1 个、1.5 个或 2 个。

（1）发送器控制器

向 USART_CTL0 的 TEN 位写入 1，即可使能数据发送，发送移位寄存器的数据会按照一帧数据格式（起始位＋数据帧＋可选的奇偶校验位＋停止位）通过 TX 引脚逐位输出，一帧数据的最后一位发送完成且 TBE 位为 1 时，USART_STAT0 的 TC 位将由硬件置 1，表示数据传输完成，此时，如果 USART_CTL0 寄存器的 TCIE 位为 1，则产生中断。在发送过程中，除了发送完成（TC＝1）可以产生中断，发送寄存器为空（TBE＝1）也可以产生中断，即 USART_DATA 寄存器中的数据被硬件转移到发送移位寄存器，TBE 位将被硬件置 1，此时，如果 USART_CTL0 的 TBEIE 位为 1 时，则产生中断。

（2）接收器控制器

向 USART_CTL0 的 REN 位写入 1，即可使能数据接收，当串口控制器在 RX 引脚侦测到起始位时，就会按照配置的波特率，将 RX 引脚上读取的高/低电平（对应逻辑 1 或 0）依次存放在接收移位寄存器中。当接收一帧数据的最后一位（即停止位）时，接收移位寄存器中的数据将会被转移到 USART_DATA 中，USART_STAT0 的 RBNE 位将由硬件置 1，表示数据接收完成，此时，如果 USART_CTL0 的 RBNEIE 位为 1，则产生中断。

4．波特率发生器

接收器和发送器的波特率由波特率发生器控制，用户只需要向波特率寄存器（USART_BAUD）写入不同的值，就可以控制波特率发生器输出不同的波特率。USART_BAUD 由整数部分 INTDIV[11:0] 和小数部分 FRADIV[3:0] 组成，如图 6-6 所示。

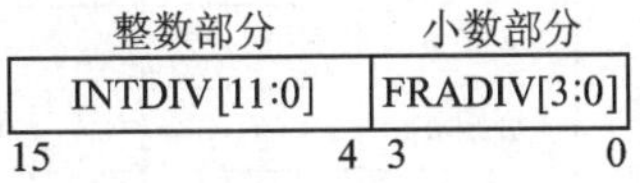

INTDIV[11:0] 是波特率分频系数（USARTDIV）的整

整数部分	小数部分
INTDIV[11:0]	FRADIV[3:0]
15　　　　　4	3　　　　　0

图 6-6　USART_BAUD 结构

数部分,FRADIV[3:0]是 USARTDIV 的小数部分,接收器和发送器的波特率计算公式如下:

$$Baud\ Rate = UCLK / (USARTDIV \times (8 \times (2 - OVSMOD)))$$

式中,UCLK 是外设的时钟(USART0、USART5 的时钟来源于 PCLK2,USART1、USART2、UART3、UART4、UART6 和 UART7 的时钟来源于 PCLK1)。USARTDIV 是一个 16 位无符号定点数,其值可在 USART_BAUD 中设置。OVSMOD 为 USART 控制寄存器 0(USART0_CTL0)的过采样模式设置位,该位为 0 时,过采样率为 16,该位为 1 时,过采样率为 8。

向 USART_BAUD 写入数据后,波特率计数器会被 USART_BAUD 中的新值替换。因此,不能在通信进行中改变 USART_BAUD 中的数值。

如何根据 USART_BAUD 计算 USARTDIV,以及根据 USARTDIV 计算 USART_BAUD?下面以 2 个实例进行说明。

例如,当过采样为 16 时:

(1) 由 USART_BAUD 寄存器的值得到 USARTDIV:

假设 USART_BAUD=0x21D,分别用 INTDIV 和 FRADIV 表示 USARTDIV 的整数部分和小数部分,则 INTDIV=33(0x21),FRADIV=13(0xD)。

USARTDIV 的整数部分=INTDIV=33,USARTDIV 的小数部分=FRADIV/16=13/16=0.81。因此,USARTDIV=33.81。

(2) 由 USARTDIV 得到 USART_BAUD 寄存器的值:

假设 USARTDIV=30.37,分别用 INTDIV 和 FRADIV 表示 USARTDIV 的整数部分和小数部分,则 INTDIV=30(0x1E),FRADIV=16×0.37=5.92≈6(0x6)。

因此,USART_BAUD=0x1E6。

注意,若取整后 FRADIV=16(溢出),则进位必须加到整数部分。

在串口通信过程中,常用的波特率理论值有 2.4 kbps、9.6 kbps、19.2 kbps、57.6 kbps、115.2 kbps 等,但由于微控制器的主频较低,导致在传输过程中的波特率实际值与理论值有偏差,微控制器的主频不同,波特率的误差范围也存在差异,如表 6-1 所列。

表 6-1 波特率误差

序号	波特率理论值/kbps	$f_{PCLK} = 60$ MHz			$f_{PCLK} = 120$ MHz		
		实际值/kbps	置于波特率寄存器中的值	误差率/%	实际值/kbps	置于波特率寄存器中的值	误差率(%)
1	2.4	2.4	1 562.5	0	2.4	3 125	0
2	9.6	9.6	390.625	0	9.6	781.25	0
3	19.2	19.2	195.312 5	0	19.2	390.625	0
4	57.6	57.637	65.062 5	0.064	57.609	130.187 5	0.016
5	115.2	115.385	32.5	0.16	115.274	65.062 5	0.064
6	230.4	230.769	16.25	0.16	230.769	32.5	0.16
7	460.8	461.538	8.125	0.16	461.538	16.25	0.16
8	921.6	923.077	4.062 5	0.16	923.077	8.125	0.16
9	2 250	2 307.692	1.625	2.56	2 264.151	3.312 5	0.629
10	4 500	4 615.385	0.812 5	2.56	4 615.384	1.625	2.56

6.2.4　异常和中断

GD32F4xx 系列微控制器的内核是 Cortex－M4，由于 GD32F4xx 系列微控制器的异常和中断继承了 Cortex－M4 的异常响应系统，因此，要理解 GD32F4xx 系列微控制器的异常和中断，首先要知道什么是中断和异常，还要知道什么是线程模式和处理模式，以及什么是 Cortex－M4 的异常和中断。

1．中断和异常

中断是主机与外设进行数据通信的重要机制，它负责处理处理器外部的异常事件。异常实质上也是一种中断，主要负责处理处理器内部事件。

2．线程模式和处理模式

处理器复位或异常退出时为线程模式，出现中断或异常时会进入处理模式，处理模式下所有代码为特权访问。

3．Cortex－M4 的异常和中断

Cortex－M4 在内核水平上搭载了一个异常响应系统，支持为数众多的系统异常和外部中断。其中，编号为 1~15 的对应系统异常，如表 6－2 所列，编号大于 16 的对应外部中断，如表 6－3 所列。除了个别异常的优先级不能被修改，其他异常优先级都可以通过编程进行修改。

表 6－2　Cortex－M4 系统异常清单

编　号	类　型	优先级	简　介
1	复位	－3（最高）	复位
2	NMI	－2	不可屏蔽中断（外部 NMI 输入）
3	硬件错误	－1	所有的错误都可能会引发，前提是相应的错误处理未使能
4	MemManage 错误	可编程	存储器管理错误，存储器管理单元（MPU）冲突或访问非法位置
5	总线错误	可编程	总线错误。当高级高性能总线（AHB）接口收到从总线的错误响应时产生（若为取指也被称作预取终止，数据访问则为数据终止）
6	使用错误	可编程	程序错误或试图访问协处理器导致的错误（Cortex－M4 不支持协处理器）
7~10	保留	N/A	N/A
11	SVC	可编程	请求管理调用。一般用于 OS 环境且允许应用任务访问系统服务
12	调试监视器	可编程	调试监控。在使用基于软件的调试方案时，断点和监视点等调试事件的异常
13	保留	N/A	N/A
14	PendSV	可编程	可挂起的服务调用。OS 一般用该异常进行上下文切换
15	SysTick	可编程	系统节拍定时器。当其在处理器中存在时，由定时器外设产生。可用于 OS 或简单的定时器外设

表 6 - 3　Cortex - M4 外部中断清单

编　号	类　型	优先级	简　介
16	IRQ ♯0	可编程	外部中断♯0
17	IRQ ♯1	可编程	外部中断♯1
⋮	⋮	⋮	⋮
255	IRQ ♯239	可编程	外部中断♯239

4. 异常和中断

芯片设计厂商可以修改 Cortex - M4 的硬件描述源代码,因此,可以根据产品定位,对表 6 - 2 和表 6 - 3 进行调整。例如,GD32F4xx 系列产品将中断号从 -15~-1 的向量定义为系统异常,将中断号为 0~90 的向量定义为外部中断,如表 6 - 4 所列。其中,优先级为 -3、-2 和 -1 的系统异常,如复位(Reset)、不可屏蔽中断(NMI)和硬件失效(HardFault),优先级是固定的,其他异常和中断的优先级可以通过编程修改。表 6 - 4 所列为 GD32F4xx 系列微控制器的中断向量表,向量表中的异常和中断的中断服务函数名可参见启动文件 startup_gd32f450_470.s。

表 6 - 4　GD32F4xx 系列微控制器的中断向量表

中断号	优先级	名　称	中断名	说　明	地　址
—	—	—	—	保留	0x0000 0000
-15	-3	Reset	—	复位	0x0000 0004
-14	-2	NMI	NonMaskableInt_IRQn	不可屏蔽中断 RCU 时钟安全系统(CSS) 联接到 NMI 向量	0x0000 0008
-13	-1	硬件失效 (HardFault)		所有类型的失效	0x0000 000C
-12	可设置	存储管理 (MemManage)	MemoryManagement_IRQn	存储器管理	0x0000 0010
-11	可设置	总线错误 (BusFault)	BusFault_IRQn	预取指失败,存储器访问失败	0x0000 0014
-10	可设置	错误应用 (UsageFault)	UsageFault_IRQn	未定义的指令或非法状态	0x0000 0018
—	—	—	—	保留	0x0000 001C ~ 0x0000 002B
-5	可设置	SVCall	SVCall_IRQn	通过 SWI 指令的系统服务调用	0x0000 002C
-4	可设置	调试监控 (DebugMonitor)	DebugMonitor_IRQn	调试监控器	0x0000 0030

中断号	优先级	名　称	中断名	说　明	地　址
—	—			保留	0x0000 0034
−2	可设置	PendSV	PendSV_IRQn	可挂起的系统服务	0x0000 0038
−1	可设置	SysTick	SysTick_IRQn	系统嘀嗒定时器	0x0000 003C
0	可设置	WWDGT	WWDGT_IRQn	窗口看门狗中断	0x0000 0040
1	可设置	LVD	LVD_IRQn	连接到 EXTI 线的 LVD 中断	0x0000 0044
2	可设置	TAMPER_ STAMP	TAMPER_STAMP_IRQn	连接到 EXTI 线的 RTC 侵入 和时间戳中断	0x0000 0048
3	可设置	RTC_WKUP	RTC_WKUP_IRQn	连接到 EXTI 线的 RTC 唤醒中断	0x0000 004C
4	可设置	FMC	FMC_IRQn	FMC 全局中断	0x0000 0050
5	可设置	RCU_CTC	RCU_CTC_IRQn	RCU 和 CTC 中断	0x0000 0054
6	可设置	EXTI0	EXTI0_IRQn	EXTI 线 0 中断	0x0000 0058
7	可设置	EXTI1	EXTI1_IRQn	EXTI 线 1 中断	0x0000 005C
8	可设置	EXTI2	EXTI2_IRQn	EXTI 线 2 中断	0x0000 0060
9	可设置	EXTI3	EXTI3_IRQn	EXTI 线 3 中断	0x0000 0064
10	可设置	EXTI4	EXTI4_IRQn	EXTI 线 4 中断	0x0000 0068
11	可设置	DMA0_Channel0	DMA0_Channel0_IRQn	DMA0 通道 0 全局中断	0x0000 006C
12	可设置	DMA0_Channel1	DMA0_Channel1_IRQn	DMA0 通道 1 全局中断	0x0000 0070
13	可设置	DMA0_Channel2	DMA0_Channel2_IRQn	DMA0 通道 2 全局中断	0x0000 0074
14	可设置	DMA0_Channel3	DMA0_Channel3_IRQn	DMA0 通道 3 全局中断	0x0000 0078
15	可设置	DMA0_Channel4	DMA0_Channel4_IRQn	DMA0 通道 4 全局中断	0x0000 007C
16	可设置	DMA0_Channel5	DMA0_Channel5_IRQn	DMA0 通道 5 全局中断	0x0000 0080
17	可设置	DMA0_Channel6	DMA0_Channel6_IRQn	DMA0 通道 6 全局中断	0x0000 0084
18	可设置	ADC	ADC_IRQn	ADC 全局中断	0x0000 0088
19	可设置	CAN0_TX	CAN0_TX_IRQn	CAN0 发送中断	0x0000 008C
20	可设置	CAN0_RX0	CAN0_RX0_IRQn	CAN0 接收 0 中断	0x0000 0090
21	可设置	CAN0_RX1	CAN0_RX1_IRQn	CAN0 接收 1 中断	0x0000 0094
22	可设置	CAN0_EWMC	CAN0_EWMC_IRQn	CAN0 EWMC 中断	0x0000 0098
23	可设置	EXTI5_9	EXTI5_9_IRQn	EXTI 线[9:5]中断	0x0000 009C
24	可设置	TIMER0_BRK _TIMER8	TIMER0_BRK _TIMER8_IRQn	TIMER0 中止中断和 TIMER8 全局中断	0x0000 00A0
25	可设置	TIMER0_UP_ TIMER9	TIMER0_UP_ TIMER9_IRQn	TIMER0 更新中断和 TIMER9 全局中断	0x0000 00A4

中断号	优先级	名 称	中断名	说 明	地 址
26	可设置	TIMER0_TRG_CMT_TIMER10	TIMER0_TRG_CMT_TIMER10_IRQn	TIMER0 触发与通道换相中断和 TIMER10 全局中断	0x0000 00A8
27	可设置	TIMER0_Channel	TIMER0_Channel_IRQn	TIMER0 通道捕获比较中断	0x0000 00AC
28	可设置	TIMER1	TIMER1_IRQn	TIMER1 全局中断	0x0000 00B0
29	可设置	TIMER2	TIMER2_IRQn	TIMER2 全局中断	0x0000 00B4
30	可设置	TIMER3	TIMER3_IRQn	TIMER3 全局中断	0x0000 00B8
31	可设置	I2C0_EV	I2C0_EV_IRQn	I2C0 事件中断	0x0000 00BC
32	可设置	I2C0_ER	I2C0_ER_IRQn	I2C0 错误中断	0x0000 00C0
33	可设置	I2C1_EV	I2C1_EV_IRQn	I2C1 事件中断	0x0000 00C4
34	可设置	I2C1_ER	I2C1_ER_IRQn	I2C1 错误中断	0x0000 00C8
35	可设置	SPI0	SPI0_IRQn	SPI0 全局中断	0x0000 00CC
36	可设置	SPI1	SPI1_IRQn	SPI1 全局中断	0x0000 00D0
37	可设置	USART0	USART0_IRQn	USART0 全局中断	0x0000 00D4
38	可设置	USART1	USART1_IRQn	USART1 全局中断	0x0000 00D8
39	可设置	USART2	USART2_IRQn	USART2 全局中断	0x0000 00DC
40	可设置	EXTI10_15	EXTI10_15_IRQn	EXTI 线[15:10]中断	0x0000 00E0
41	可设置	RTC_Alarm	RTC_Alarm_IRQn	连接 EXTI 线的 RTC 闹钟中断	0x0000 00E4
42	可设置	USBFS_WKUP	USBFS_WKUP_IRQn	连接 EXTI 线的 USBFS 唤醒中断	0x0000 00E8
43	可设置	TIMER7_BRK_TIMER11	TIMER7_BRK_TIMER11_IRQn	TIMER7 中止中断和 TIMER11 全局中断	0x0000 00EC
44	可设置	TIMER7_UP_TIMER12	TIMER7_UP_TIMER12_IRQn	TIMER7 更新中断和 TIMER12 全局中断	0x0000 00F0
45	可设置	TIMER7_TRG_CMT_TIMER13	TIMER7_TRG_CMT_TIMER13_IRQn	TIMER7 触发与通道换相中断和 TIMER13 全局中断	0x0000 00F4
46	可设置	TIMER7_Channel	TIMER7_Channel_IRQn	TIMER7 通道捕获比较中断	0x0000 00F8
47	可设置	DMA0_Channel7	DMA0_Channel7_IRQn	DMA0 通道 7 全局中断	0x0000 00FC
48	可设置	EXMC	EXMC_IRQn	EXMC 全局中断	0x0000 0100
49	可设置	SDIO	SDIO_IRQn	SDIO 全局中断	0x0000 0104
50	可设置	TIMER4	TIMER4_IRQn	TIMER4 全局中断	0x0000 0108
51	可设置	SPI2	SPI2_IRQn	SPI2 全局中断	0x0000 010C
52	可设置	UART3	UART3_IRQn	UART3 全局中断	0x0000 0110
53	可设置	UART4	UART4_IRQn	UART4 全局中断	0x0000 0114

中断号	优先级	名　称	中断名	说　明	地　址
54	可设置	TIMER5_DAC	TIMER5_DAC_IRQn	TIMER5 全局中断 DAC0，DAC1 下溢错误中断	0x0000 0118
55	可设置	TIMER6	TIMER6_IRQn	TIMER6 全局中断	0x0000 011C
56	可设置	DMA1_Channel0	DMA1_Channel0_IRQn	DMA1 通道 0 全局中断	0x0000 0120
57	可设置	DMA1_Channel1	DMA1_Channel1_IRQn	DMA1 通道 1 全局中断	0x0000 0124
58	可设置	DMA1_Channel2	DMA1_Channel2_IRQn	DMA1 通道 2 全局中断	,0x0000 0128
59	可设置	DMA1_Channel3	DMA1_Channel3_IRQn	DMA1 通道 3 全局中断	0x0000 012C
60	可设置	DMA1_Channel4	DMA1_Channel4_IRQn	DMA1 通道 4 全局中断	0x0000 0130
61	可设置	ENET	ENET_IRQn	以太网全局中断	0x0000 0134
62	可设置	ENET_WKUP	ENET_WKUP_IRQn	连接到 EXTI 线的以 太网唤醒中断	0x0000 0138
63	可设置	CAN1_TX	CAN1_TX_IRQn	CAN1 发送中断	0x0000 013C
64	可设置	CAN1_RX0	CAN1_RX0_IRQn	CAN1 接收 0 中断	0x0000 0140
65	可设置	CAN1_RX1	CAN1_RX1_IRQn	CAN1 接收 1 中断	0x0000 0144
66	可设置	CAN1_EWMC	CAN1_EWMC_IRQn	CAN1 EWMC 中断	0x0000 0148
67	可设置	USBFS	USBFS_IRQn	USBFS 全局中断	0x0000 014C
68	可设置	DMA1_Channel5	DMA1_Channel5_IRQn	DMA1 通道 5 全局中断	0x0000 0150
69	可设置	DMA1_Channel6	DMA1_Channel6_IRQn	DMA1 通道 6 全局中断	0x0000 0154
70	可设置	DMA1_Channel7	DMA1_Channel7_IRQn	DMA1 通道 7 全局中断	0x0000 0158
71	可设置	USART5	USART5_IRQn	USART5 全局中断	0x0000 015C
72	可设置	I2C2_EV	I2C2_EV_IRQn	I2C2 事件中断	0x0000 0160
73	可设置	I2C2_ER	I2C2_ER_IRQn	I2C2 错误中断	0x0000 0164
74	可设置	USBHS_EP1_Out	USBHS_EP1_Out_IRQn	USBHS 端点 1 输出中断	0x0000 0168
75	可设置	USBHS_EP1_In	USBHS_EP1_In_IRQn	USBHS 端点 1 输入中断	0x0000 016C
76	可设置	USBHS_WKUP	USBHS_WKUP_IRQn	连接到 EXTI 线的 USBHS 唤醒中断	0x0000 0170
77	可设置	USBHS	USBHS_IRQn	USBHS 全局中断	0x0000 0174
78	可设置	DCI	DCI_IRQn	DCI 全局中断	0x0000 0178
79	可设置	—	—	保留	0x0000 017C
80	可设置	TRNG	TRNG_IRQn	TRNG 全局中断	0x0000 0180
81	可设置	FPU	FPU_IRQn	FPU 全局中断	0x0000 0184
82	可设置	UART6	UART6_IRQn	UART6 全局中断	0x0000 0188
83	可设置	UART7	UART7_IRQn	UART7 全局中断	0x0000 018C

续表 6 - 4

中断号	优先级	名　称	中断名	说　明	地　址
84	可设置	SPI3	SPI3_IRQn	SPI3 全局中断	0x0000 0190
85	可设置	SPI4	SPI4_IRQn	SPI4 全局中断	0x0000 0194
86	可设置	SPI5	SPI5_IRQn	SPI5 全局中断	0x0000 0198
87	可设置	—	—	保留	0x0000 019C
88	可设置	TLI	TLI_IRQn	TLI 全局中断	0x0000 01A0
89	可设置	TLI_ER	TLI_ER_IRQn	TLI 错误中断	0x0000 01A4
90	可设置	IPA	IPA_IRQn	IPA 全局中断	0x0000 01A8

6.2.5　NVIC 中断控制器

通过表 6-4 可以看到,GD32F4xx 系列微控制器的系统异常多达 10 个,外部中断多达 91 个,如何管理这么多的异常和中断? ARM 公司专门设计了一个功能强大的中断控制器——NVIC(Nested Vectored Interrupt Controller)。NVIC 是嵌套向量中断控制器,控制着整个微控制器中断相关的功能,NVIC 与 CPU 紧密耦合,是内核里面的一个外设,它包含若干系统控制寄存器。NVIC 采用了向量中断的机制,在中断发生时,会自动取出对应的服务例程入口地址,并且直接调用,无须软件判定中断源,从而可以大大缩短中断延时。

6.2.6　NVIC 部分寄存器

ARM 公司在设计 NVIC 时,给每个寄存器都预设了很多位,但是各微控制器厂商在设计芯片时,会对 Cortex - M4 内核里面的 NVIC 进行裁剪,把不需要的部分去掉,所以 GD32F4xx 系列微控制器的 NVIC 是 Cortex - M4 的 NVIC 的一个子集。

GD32F4xx 系列微控制器的 NVIC 最常用的寄存器包括中断的使能寄存器(ISER)、中断的禁止寄存器(ICER)、中断的挂起寄存器(ISPR)、中断的挂起清除寄存器(ICPR)、优先级寄存器(IPR)、活动状态寄存器(IABR),下面分别介绍这些寄存器。

1. 中断的使能与禁止寄存器(NVIC→ISER/NVIC→ICER)

中断的使能与禁止分别由各自的寄存器控制,这与传统的、使用单一位的 2 个状态表达使能与禁止截然不同。Cortex - M4 中可以有 240 对使能位/禁止位,每个中断拥有一对,这 240 对分布在 8 对 32 位寄存器中(最后一对只用了一半)。GD32F4xx 系列微控制器尽管没有 240 个中断,但是在固件库设计中,依然预留了 8 对 32 位寄存器(最后一对只用了一半),分别是 8 个 32 位中断使能寄存器(NVIC→ISER[0]~NVIC→ISER[7])和 8 个 32 位中断禁止寄存器(NVIC→ICER[0]~NVIC→ICER[7]),如表 6-5 所列。

表 6-5　中断的使能与禁止寄存器（NVIC→ISER/NVIC→ICER）

地　　址	名　　称	类　型	复位值	描　　述
0xE000E100	NVIC→ISER[0]	R/W	0	设置外部中断 ♯0～31 的使能（异常 ♯16～47）。 bit 0 用于外部中断 ♯0（异常 ♯16）； bit 1 用于外部中断 ♯1（异常 ♯17）； ⋮ bit 31 用于外部中断 ♯31（异常 ♯47）。 写 1 使能外部中断，写 0 无效。 读出值表示当前使能状态
0xE000E104	NVIC→ISER[1]	R/W	0	设置外部中断 ♯32～63 的使能（异常 ♯48～79）
⋮	⋮	⋮	⋮	⋮
0xE000E11C	NVIC→ISER[7]	R/W	0	设置外部中断 ♯224～239 的使能（异常 ♯240～255）
0xE000E180	NVIC→ICER[0]	R/W	0	清零外部中断 ♯0～31 的使能（异常 ♯16～47）。 bit 0 用于外部中断 ♯0（异常 ♯16）； bit 1 用于外部中断 ♯1（异常 ♯17）； ⋮ bit 31 用于外部中断 ♯31（异常 ♯47）。 写 1 清除中断，写 0 无效。 读出值表示当前使能状态
0xE000E184	NVIC→ICER[1]	R/W	0	清零外部中断 ♯32～63 的使能（异常 ♯48～79）
⋮	⋮	⋮	⋮	⋮
0xE000E19C	NVIC→ICER[7]	R/W	0	清零外部中断 ♯224～239 的使能（异常 ♯240～255）

使能一个中断，需要写 1 到 NVIC→ISER 的对应位；禁止一个中断，需要写 1 到 NVIC→ICER 的对应位。如果向 NVIC→ISER 或 NVIC→ICER 中写 0，则不会有任何效果。写 0 无效是个非常关键的设计理念，通过这种方式，使能/禁止中断时只需将位置对应 1，其他位全部为 0，从而实现每个中断都可以分别设置而互不影响，用户只需单一地写指令，不再需要"读-改-写"三部曲。

基于 Cortex-M4 内核的微控制器并非都有 240 个中断，因此，只有该微控制器实现的中断，其对应的寄存器的相应位才有意义。

2. 中断的挂起与清除寄存器（NVIC→ISPR/NVIC→ICPR）

如果中断发生时，正在处理同级或高优先级的异常，或被掩蔽，则中断不能立即得到响应，此时中断被挂起。中断的挂起状态可以通过中断的挂起寄存器（ISPR）和清除寄存器（ICPR）来读取，还可以通过写 ISPR 手动挂起中断。GD32F4xx 系列微控制器的固件库同样预留了 8 对 32 位寄存器，分别是 8 个 32 位中断的挂起寄存器（NVIC→ISPR[0]～NVIC→ISPR[7]）和 8 个 32 位中断的清除寄存器（NVIC→ICPR[0]～NVIC→ICPR[7]），如表 6-6 所列。

表 6 - 6　中断的挂起与清除寄存器(NVIC→ISPR/NVIC→ICPR)

地　　址	名　　称	类　型	复位值	描　　述
0xE000E200	NVIC→ISPR[0]	R/W	0	设置外部中断♯0~31 的挂起(异常♯16~47)。 bit 0 用于外部中断♯0(异常♯16); bit 1 用于外部中断♯1(异常♯17); ⋮ bit 31 用于外部中断♯31(异常♯47)。 写 1 挂起外部中断,写 0 无效。 读出值表示当前挂起状态
0xE000E204	NVIC→ISPR[1]	R/W	0	设置外部中断♯32~63 的挂起(异常♯48~79)
⋮	⋮	⋮	⋮	⋮
0xE000E21C	NVIC→ISPR[7]	R/W	0	设置外部中断♯224~239 的挂起(异常♯240~255)
0xE000E280	NVIC→ICPR[0]	R/W	0	清零外部中断♯0~31 的挂起(异常♯16~47)。 bit 0 用于外部中断♯0(异常♯16); bit 1 用于外部中断♯1(异常♯17); ⋮ bit 31 用于外部中断♯31(异常♯47)。 写 1 清零外部中断挂起,写 0 无效。 读出值表示当前挂起状态
0xE000E284	NVIC→ICPR[1]	R/W	0	清零外部中断♯32~63 的挂起(异常♯48~79)
⋮	⋮	⋮	⋮	⋮
0xE000E29C	NVIC→ICPR[7]	R/W	0	清零外部中断♯224~239 的挂起(异常♯240~255)

3. 中断优先级寄存器(NVIC→IPR)

　　每个外部中断都有一个对应的优先级寄存器,每个优先级寄存器占用 8 位,但是 Cortex - M4 仅使用 8 位中的高 4 位用于配置中断的优先级。4 个相邻的优先级寄存器组成一个 32 位中断优先级寄存器。根据优先级组的设置,优先级可被分为高、低 2 个位段,分别是抢占优先级和子优先级。优先级寄存器既可以按字节访问,也可以按半字/字来访问。GD32F4xx 系列微控制器的固件库预留了 60 个 32 位中断优先级寄存器(NVIC→IPR[0]~NVIC→IPR[59]),如表 6 - 7 所列。

表 6 - 7　中断优先级寄存器(NVIC→IPR)

地　　址	名　　称	类　型	复位值	描　　述
0xE000E400	NVIC→IPR[0]	R/W	0(32 位)	外部中断♯0~3 的优先级。 [31:28]中断♯3 的优先级; [23:20]中断♯2 的优先级; [15:12]中断♯1 的优先级; [7:4]中断♯0 的优先级

续表 6-7

地　址	名　称	类型	复位值	描　述
0xE000E404	NVIC→IPR[1]	R/W	0(32 位)	外部中断♯4～7 的优先级。 [31:28]中断♯7 的优先级； [23:20]中断♯6 的优先级； [15:12]中断♯5 的优先级； [7:4]中断♯4 的优先级
⋮	⋮	⋮	⋮	⋮
0xE000E4EC	NVIC→IPR[59]	R/W	0(32 位)	外部中断♯236～239 的优先级。 [31:28]中断♯239 的优先级； [23:20]中断♯238 的优先级； [15:12]中断♯237 的优先级； [7:4]中断♯236 的优先级

中断优先级寄存器 NVIC→IPR[0]～NVIC→IPR[59]控制着 240 个外部中断的优先级，每个中断优先级寄存器 NVIC→IPR[x]有 32 位，由 4 个 8 位的优先级寄存器组成，每个 8 位优先级寄存器用于设置一个外部中断的优先级。每个 8 位优先级寄存器都由高 4 位和低 4 位组成，高 4 位用于设置优先级，低 4 位未使用，如表 6-8 所列。

表 6-8　8 位优先级寄存器的高 4 位和低 4 位

用于设置优先级				未使用			
bit 7	bit 6	bit 5	bit 4	bit 3	bit 2	bit 1	bit 0

为了解释抢占优先级和子优先级，这里用一个简单的例子来说明。假设一个科技公司设有 1 个总经理、1 个部门经理和 1 个项目组长，同时，又设有 3 个副总经理、3 个部门副经理和 3 个项目副组长，如图 6-7 所示。总经理的权力高于部门经理的，部门经理的权力高于项目组长的，正职之间的权重相当于抢占优先级。尽管副职对外是平等的，但是实际上，1 号副职的权力略高于 2 号副职的，2 号副职的权力略高于 3 号的，副职之间的权重相当于子优先级。

项目组长正在给项目组成员开会(项目组长的中断服务函数)，总经理可以打断会议，向项目组长分配任务(总经理的中断服务函数)。但是，如果 2 号部门副经理正在给部门成员开会(2 号部门副经理的中断服务函数)，即使 1 号部门副经理的权重高，他也不能打断会议，必须等到会议结束(2 号部门副经理的中断服务函数执行完毕)才能向其交代任务(1 号部门副经理的中断服务函数)。

如图 6-8 所示，用于设置优先级的高 4 位可以根据优先级分组情况分为 5 类：①优先级分组为 NVIC_PRIGROUP_PRE0_SUB4 时，每个 8 位优先级寄存器的 bit 7～bit 4 用于设置抢占优先级，在这种情况下，只有 0～15 级抢占优先级分级；②优先级分组为 NVIC_PRIGROUP_PRE0_SUB3 时，8 位优先级寄存器的 bit 7～bit 5 用于设

图 6-7　科技公司职位示意图

置抢占优先级,bit 4 用于设置子优先级,在这种情况下,共有 0～7 级抢占优先级分级和 0～1 级子优先级分级;③优先级分组为 NVIC_PRIGROUP_PRE0_SUB2 时,8 位优先级寄存器的 bit 7～bit 6 用于设置抢占优先级,bit 5～bit 4 用于设置子优先级,在这种情况下,共有 0～4 级抢占优先级分级和 0～4 级子优先级分级;④优先级分组 NVIC_PRIGROUP_PRE0_SUB1 时,8 位优先级寄存器的 bit 7 用于设置抢占优先级,bit 6～bit 4 用于设置子优先级,在这种情况下,共有 0～1 级抢占优先级分级和 0～7 级子优先级分级;⑤优先级分组为 NVIC_PRIGROUP_PRE0_SUB0 时,8 位优先级寄存器的 bit 7～bit 4 用于设置子优先级,在这种情况下,只有 0～15 级子优先级分级。

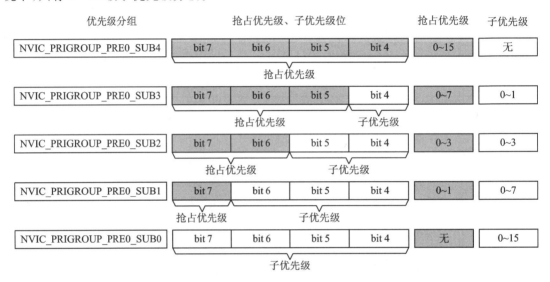

图 6-8 优先级分组

4. 活动状态寄存器(NVIC→IABR)

每个外部中断都有一个活动状态位。在处理器执行了其中断服务函数的第 1 条指令后,其活动位就被置 1,并且直到中断服务函数返回时才由硬件清零。由于支持嵌套,允许高优先级异常抢占某个中断。即使中断被抢占,其活动状态仍为 1。活动状态寄存器的定义与前面介绍的使能/禁止和挂起/清除寄存器的相同,只是不再成对出现。活动状态寄存器也是按字访问的,是只读的。GD32F4xx 系列微控制器的固件库预留了 8 个 32 位中断活动状态寄存器 (NVIC→IABR[0]～NVIC→IABR[7]),如表 6-9 所列。

表 6-9 中断活动状态寄存器(NVIC→IABR)

地　址	名　称	类　型	复位值	描　述
0xE000E300	NVIC→IABR[0]	R	0	外部中断 #0～31 的活动状态。 bit 0 用于外部中断 #0(异常 #16); bit 1 用于外部中断 #1(异常 #17); ⋮ bit 31 用于外部中断 #31(异常 #47)
0xE000E304	NVIC→IABR[1]	R	0	外部中断 #32～63 的活动状态(异常 #48～79)

续表 6 - 9

地　址	名　称	类　型	复位值	描　述
⋮	⋮	⋮	⋮	⋮
0xE000E31C	NVIC→IABR[7]	R	0	外部中断♯224～239 的活动状态(异常♯240～255)

6.2.7　NVIC 部分固件库函数

本实验涉及的 NVIC 固件库函数包括 nvic_irq_enable 和 NVIC_ClearPendingIRQ。nvic_irq_enable 在 gd32f4xx_misc.h 文件中声明,在 gd32f4xx_misc.c 文件中实现,NVIC_ClearPendingIRQ 在 core_cm4.h 文件中以内联函数形式声明和实现。

1. nvic_irq_enable

nvic_irq_enable 函数用于使能 NVIC 的中断,并设置中断优先级,通过向 NVIC→ISER、NVIC→IPR 写入参数来实现。具体描述如表 6 - 10 所列。

表 6 - 10　nvic_irq_enable 函数的描述

函数名	nvic_irq_enable
函数原型	void nvic_irq_enable(uint8_t nvic_irq, uint8_t nvic_irq_pre_priority, uint8_t nvic_irq_sub_priority)
功能描述	使能中断,配置中断的优先级
输入参数	nvic_irq:指定外设的 IRQ 通道,取值范围参考枚举类型 IRQn_Type
输出参数	无
返回值	void

IRQn_Type 为枚举类型,在 gd32f4xx.h 文件中定义,其成员变量即为参数 nvic_irq 的取值范围。参数 nvic_irq 用于指定使能的 IRQ 通道,可取值可参见表 6 - 4 中的"中断名"一列。

例如,使能 USART0 的中断,且配置抢占优先级为 0 和子优先级为 1,代码如下:

```
nvic_irq_enable(USART0_IRQn, 0, 1);
```

2. NVIC_ClearPendingIRQ

NVIC_ClearPendingIRQ 函数用于清除中断的挂起,通过向 NVIC→ICPR 写入参数实现。具体描述如表 6 - 11 所列。

表 6 - 11　NVIC_ClearPendingIRQ 函数的描述

函数名	NVIC_ClearPendingIRQ
函数原型	__STATIC_INLINE void __NVIC_ClearPendingIRQ(IRQn_Type IRQn)
功能描述	清除指定的 IRQ 通道中断的挂起
输入参数	IRQn:待清除的 IRQ 通道
输出参数	无
返回值	void

参数 IRQn 是待清除的 IRQ 通道,可取值参见表 6 - 4 中的"中断名"一列。例如,清除 USART0 中断的挂起,代码如下:

```
NVIC_ClearPendingIRQ(USART0_IRQn);
```

6.2.8 串口模块驱动设计

串口模块驱动设计是本实验的核心,下面按照队列与循环队列、循环队列 Queue 模块函数、串口数据接收和数据发送路径,以及 printf 实现过程的顺序对串口模块进行介绍。

1. 队列与循环队列

队列是一种先入先出(FIFO)的线性表,它只允许在表的一端插入元素,在另一端取出元素,即最先进入队列的元素最先离开。在队列中,允许插入的一端称为队尾(rear),允许取出的一端称为队头(front)。

有时为了方便,将顺序队列臆造为一个环状的空间,称之为循环队列。下面举一个简单的例子。假设指针变量 pQue 指向一个队列,该队列为结构体变量,队列的容量为 8,如图 6 - 9 所示。(1)起初,队列为空,队头 pQue→front 和队尾 pQue→rear 均指向地址 0,队列中的元素数量为 0;(2)插入 J0,J1,…,J5 这 6 个元素后,队头 pQue→front 依然指向地址 0,队尾 pQue→rear 指向地址 6,队列中的元素数量为 6;(3)取出 J0,J1,J2,J3 这 4 个元素后,队头 pQue→front 指向地址 4,队尾 pQue→rear 指向地址 6,队列中的元素数量为 2;(4)继续插入 J6,J7,…,J11 这 6 个元素后,队头 pQue→front 指向地址 4,队尾 pQue→rear 也指向地址 4,队列中的元素数量为 8,此时队列为满。

2. 循环队列 Queue 模块函数

本实验使用到 Queue 模块,该模块有 6 个 API 函数,分别为 InitQueue、ClearQueue、QueueEmpty、QueueLength、EnQueue 和 DeQueue。

(1) InitQueue

InitQueue 函数用于初始化 Queue 模块,具体描述如表 6 - 12 所列。该函数将 pQue→front、pQue→rear、pQue→elemNum 赋值为 0,将参数 len 赋值给 pQue→bufLen,将参数 pBuf 赋值给 pQue→pBuffer,最后,将指针变量 pQue→pBuffer 指向的元素全部赋初值 0。

表 6 - 12　InitQueue 函数的描述

函数名	InitQueue
函数原型	void InitQueue(StructCirQue * pQue, DATA_TYPE * pBuf, signed short len)
功能描述	初始化 Queue
输入参数	pQue:结构指针,即指向队列结构体的地址,pBuf—队列的元素存储区地址,len—队列的容量
输出参数	pQue:结构指针,即指向队列结构体的地址
返回值	void

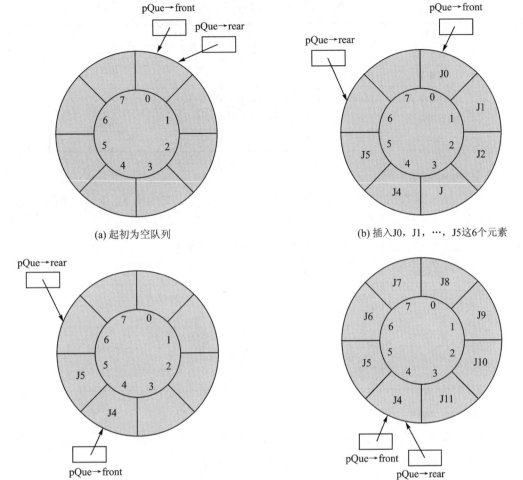

(a) 起初为空队列　　　　　　　　　(b) 插入J0，J1，…，J5这6个元素

(c) 取出J0，J1，J2和J3　　　　　　(d) 插入J6，J7，…，J11这6个元素

图 6 - 9　循环队列操作

StructCirQue 结构体定义在 Queue.h 文件中，内容如下：

```
typedef struct
{
    signed short    front;           //头指针,队非空时指向队头元素
    signed short    rear;            //尾指针,队非空时指向队尾元素的下一个位置
    signed short    bufLen;          //队列的总容量
    signed short    elemNum;         //当前队列中的元素的数量
    DATA_TYPE * pBuffer;
}StructCirQue;
```

（2）ClearQueue

ClearQueue 函数用于清除队列,具体描述如表 6 - 13 所列。该函数将 pQue→front、pQue→rear、pQue→elemNum 赋值为 0。

表 6 - 13   ClearQueue 函数的描述

函数名	ClearQueue
函数原型	void ClearQueue(StructCirQue * pQue)
功能描述	清除队列
输入参数	pQue:结构体指针,即指向队列结构体的地址
输出参数	pQue:结构体指针,即指向队列结构体的地址
返回值	void

（3）QueueEmpty

QueueEmpty 函数用于判断队列是否为空,具体描述如表 6 - 14 所列。如果 pQue→elemNum 为 0,表示队列为空;pQue→elemNum 不为 0,表示队列不为空。

表 6 - 14   QueueEmpty 函数的描述

函数名	QueueEmpty
函数原型	unsigned char QueueEmpty(StructCirQue * pQue)
功能描述	判断队列是否为空
输入参数	pQue:结构体指针,即指向队列结构体的地址
输出参数	pQue:结构体指针,即指向队列结构体的地址
返回值	返回队列是否为空,1 为空,0 为非空

（4）QueueLength

QueueLength 函数用于获取列队长度,具体描述如表 6 - 15 所列。该函数的返回值为 pQue→elemNum,即队列中元素的个数。

表 6 - 15   QueueLength 函数的描述

函数名	QueueLength
函数原型	signed short QueueLength(StructCirQue * pQue)
功能描述	获取列队长度
输入参数	pQue:结构体指针,即指向队列结构体的地址
输出参数	pQue:结构体指针,即指向队列结构体的地址
返回值	队列中元素的个数

（5）EnQueue

EnQueue 函数用于插入 len 个元素(存放在起始地址为 pInput 的存储区中)到队列中,具体描述如表 6 - 16 所列。每次插入一个元素,pQue→rear 自增,当 pQue→rear 的值大于或等于数据缓冲区的长度 pQue→bufLen 时,pQue→rear 赋值为 0。注意,当数据缓冲区中的元素数量加上新写入的元素数量超过缓冲区的长度时,缓冲区只能接收缓冲区中已有的元素数量加上新写入的元素数量,再减去缓冲区的容量,即 EnQueue 函数对于超出的元素不处理。

表 6 - 16　EnQueue 函数的描述

函数名	EnQueue
函数原型	signed short EnQueue(StructCirQue * pQue, DATA_TYPE * pInput, signed short len)
功能描述	插入 len 个元素(存放在起始地址为 pInput 的存储区中)到队列中
输入参数	pQue:结构体指针,即指向队列结构体的地址,pInput 为待入队数组的地址,len 为期望入队元素的数量
输出参数	pQue:结构体指针,即指向队列结构体的地址
返回值	成功入队的元素的数量

(6) DeQueue

DeQueue 函数用于从队列中取出 len 个元素,放入起始地址为 pOutput 的存储区中,具体描述如表 6 - 17 所列。每次取出一个元素,pQue→front 自增,当 pQue→front 的值大于或等于数据缓冲区的长度 pQue→bufLen 时,pQue→front 赋值为 0。注意,从队列中提取元素的前提是队列中至少需要有一个元素,当期望取出的元素数量 len 小于或等于队列中元素的数量时,可以按期望取出 len 个元素;否则,只能取出队列中已有的所有元素。

表 6 - 17　DeQueue 函数的描述

函数名	DeQueue
函数原型	signed short DeQueue(StructCirQue * pQue, DATA_TYPE * pOutput, signed short len)
功能描述	从队列中取出 len 个元素,放入起始地址为 pOutput 的存储区中
输入参数	pQue:结构体指针,即指向队列结构体的地址,pOutput 为出队元素存放的数组的地址,len 为预期出队元素的数量
输出参数	pQue:结构体指针,即指向队列结构体的地址,pOutput 为出队元素存放的数组的地址
返回值	成功出队的元素的数量

3. 串口数据接收和数据发送路径

在快递柜出现以前,寄送快递的流程大致如下:①打电话给快递员,并等待快递员上门取件;②快递员到寄方取快递,并将快递寄送出去。同理,收快递也类似:①快递员通过快递公司拿到快递;②快递员打电话给收方,并约定派送时间;③快递员在约定时间将快递派送给收方。显然,这种传统的方式效率很低,因此,快递柜应运而生,快递柜相当于一个缓冲区,可以将寄件的快递柜称为寄件缓冲区,将取件的快递柜称为取件缓冲区,当然,在现实生活中,寄件和取件缓冲区是共用的。因此,新的寄送快递流程就变为:①寄方将快递投放到快递柜;②快递员在一个固定的时间从快递柜中取出每个寄方的快递,并将其通过快递公司寄送出去。同样,新的收快递流程为:①快递员从快递公司拿到快递;②统一将这些快递投放到各个快递柜中;③收方随时都可以取件。本书中的串口数据接收和数据发送过程与基于快递柜的快递收发流程十分相似。

本实验中的串口模块包含串口发送缓冲区和串口接收缓冲区,二者均为结构体,串口的数据接收和发送过程如图 6-10 所示。数据发送过程(写串口)分为 3 步:①调用 WriteUART0 函数将待发送的数据通过 EnQueue 函数写入发送缓冲区,同时开启中断使能;②当数据发送寄存器为空时,产生中断,在串口模块的 USART0_IRQHandler 中断服务函数中,通过 ReadSendBuf 函数调用 DeQueue 函数,取出发送缓冲区中的数据,再通过 usart_data_transmit 函数将待发送的数据写入 USART 数据寄存器(USART_DATA);③微控制器的硬件会将 USART_DATA 中的数据写入发送移位寄存器,然后按位将发送移位寄存器中的数据通过 TX 端口发送出去。数据接收过程(读串口)与写串口过程相反:①当微控制器的接收移位寄存器接收到一帧数据时,会由硬件将接收移位寄存器的数据发送到 USART 数据寄存器(USART_DATA),同时产生中断;②在串口模块的 USART0_IRQHandler 中断服务函数中,通过 usart_data_receive 函数读取 USART_DATA,并通过 WriteReceiveBuf 函数调用 EnQueue 函数,将接收到的数据写入接收缓冲区;③调用 ReadUART0 函数读取接收到的数据。

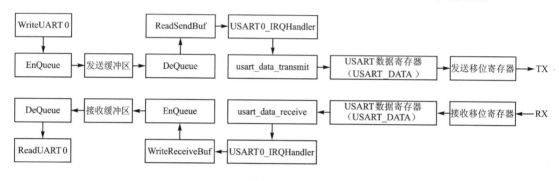

图 6-10　UART0 数据接收和数据发送路径

4. printf 实现过程

串口在微控制器领域,除了用于数据传输,还可以对微控制器系统进行调试。C 语言中的标准库函数 printf 可用于在控制台输出各种调试信息。GD32 微控制器的集成开发环境,如 Keil、IAR 等也支持标准库函数。本书基于 Keil 集成开发环境,实验 1 已经涉及 printf 函数,而且 printf 函数输出的内容通过串口发送到计算机上的串口助手显示。

printf 函数如何通过串口输出信息?fputc 函数是 printf 函数的底层函数,因此,只需要对 fputc 函数进行改写即可。在串口模块中,fputc 函数调用 usart_data_transmit 函数,如程序清单 6-1 所示。

程序清单 6-1

```
1.   int fputc(int ch, FILE * f)
2.   {
3.     //等待上次发送完成
4.     while(RESET == usart_flag_get(USART0, USART_FLAG_TBE));
5.
6.     //发送数据
7.     usart_data_transmit(USART0, (uint8_t) ch);
```

```
8.
9.       //返回 ch
10.      return ch;
11.    }
```

fputc 函数实现之后,还需要在 Keil 集成开发环境的菜单栏中单击🔧按钮,然后在 Target 选项卡中选中"Use MicroLIB"选项,即启用微库(MicroLIB)。因此,不仅要重写 fputc 函数,还要启用微库,才能使用 printf 输出调试信息。

6.2.9　串口通信实验程序架构

串口通信实验的程序架构如图 6-11 所示。该图简要介绍了程序开始运行后各个函数的执行和调用流程,图中仅列出了与本实验相关的一部分函数。下面解释说明此程序架构图。

在 main 函数中调用 InitHardware 函数进行硬件相关模块初始化,包含 RCU、NVIC、UART 和 LED 等模块,这里仅介绍串口模块初始化函数 InitUART0。在 InitUART0 函数中先调用 InitUARTBuf 函数初始化串口缓冲区,再调用 ConfigUART 函数进行串口配置。

调用 InitSoftware 函数进行软件相关模块初始化,本实验中,InitSoftware 函数为空。

调用 Proc2 msTask 函数进行 2 ms 任务处理,在该函数中,调用 ReadUART0 函数读取串口接收缓冲区中的数据,对数据进行处理(加 1 操作)后,再通过调用 WriteUART0 函数将数据写入串口发送缓冲区。

2 ms 任务之后再调用 Proc1SecTask 函数进行 1 s 任务处理,在该函数中,调用 printf 函数打印字符串,而重定向函数 fputc 为 printf 的底层函数,其功能是实现基于串口的信息输出。

Proc2msTask 和 Proc1SecTask 均在 while 循环中调用,因此,Proc1SecTask 函数执行完后将再次执行 Proc2msTask 函数。

在图 6-11 中,编号①、⑤、⑥和⑨的函数在 Main. c 文件中声明和实现;编号②、⑦和⑧的函数在 UART0. h 文件中声明,在 UART0. c 文件中实现;编号③和④的函数在 UART0. c 文件中声明和实现。串口的数据收发还涉及 UART0. c 文件中的 WriteReceiveBuf、ReadSendBuf 和 USART0_IRQHandler 等函数,未在图 6-11 中体现,具体的调用流程参考图 6-10。USART0_IRQHandler 为 USART0 的中断服务函数,当 USART0 产生中断时会自动调用该函数,该函数的函数名可在 ARM 分组下的 startup_gd32f450_470. s 启动文件中查找到,启动文件中列出了 GD32F450 和 GD32F470 系列微控制器的所有中断服务函数名,后续实验使用到的其他中断服务函数的函数名也可以在该文件中查找。

本实验编程要点:

串口配置,包括时钟使能、GPIO 配置、USART0 配置和中断配置。

数据收发,包括串口缓冲区和 4 个读写串口缓冲区函数之间的数据流向与处理。

USART0 中断服务函数的编写,包括中断标志的获取和清除,数据寄存器的读写等。

串口通信的核心为数据收发,掌握以上编程要点即可快速完成本实验。

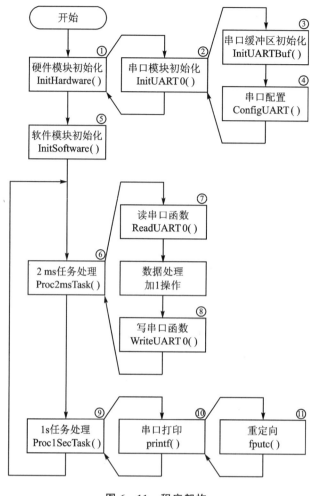

图 6-11   程序架构

6.3   实验代码解析

6.3.1   UART0 文件对

1. UART0.h 文件

在 UART0.h 文件的"宏定义"区,为缓冲区大小的宏定义代码,如程序清单 6-2 所示。

程序清单 6-2

```
#define UART0_BUF_SIZE 512                //设置缓冲区的大小
```

在"API 函数声明"区,为 API 函数的声明代码,如程序清单 6-3 所示。其中,InitUART0 函数用于初始化 UART0 模块;WriteUART0 函数用于写串口,可以写若干字节;ReadUART0 函数用于读串口,可以读若干字节。

程序清单 6 – 3

```
void   InitUART0(unsigned int bound);                       //初始化 UART0 模块
unsigned char   WriteUART0(unsigned char * pBuf, unsigned char len);
                                                 //写串口,返回已写入数据的个数
unsigned char   ReadUART0(unsigned char * pBuf, unsigned char len);
                                                 //读串口,返回读到数据的个数
```

2. UART0.c 文件

在 UART0.c 文件的"枚举结构体"区,进行了如程序清单 6 – 4 所示的枚举声明代码。枚举 EnumUARTState 中的 UART_STATE_OFF 表示串口关闭,对应的值为 0;UART_STATE_ON 表示串口打开,对应的值为 1。

程序清单 6 – 4

```
1.   //串口发送状态
2.   typedef enum
3.   {
4.     UART_STATE_OFF,              //串口未发送数据
5.     UART_STATE_ON,               //串口正在发送数据
6.     UART_STATE_MAX
7.   }EnumUARTState;
```

在"内部变量定义"区,为内部变量的定义代码,如程序清单 6 – 5 所示。其中,s_structUARTSendCirQue 是串口发送缓冲区,s_structUARTRecCirQue 是串口接收缓冲区,s_arrSendBuf 是发送缓冲区的数组,s_arrRecBuf 是接收缓冲区的数组,s_iUARTTxSts 是串口发送状态位,该位为 1 表示串口正在发送数据,为 0 表示串口数据发送完成。

程序清单 6 – 5

```
1.   static   StructCirQue s_structUARTSendCirQue;       //发送串口循环队列
2.   static   StructCirQue s_structUARTRecCirQue;        //接收串口循环队列
3.   static   unsigned char   s_arrSendBuf[UART0_BUF_SIZE];   //发送串口循环队列的缓冲区
4.   static   unsigned char   s_arrRecBuf[UART0_BUF_SIZE];    //接收串口循环队列的缓冲区
5.
6.   static   unsigned char   s_iUARTTxSts;              //串口发送数据状态
```

在"内部函数声明"区,为内部函数的声明代码,如程序清单 6 – 6 所示。其中,InitUARTBuf 函数用于初始化串口缓冲区,WriteReceiveBuf 函数用于将接收到的数据写入接收缓冲区,ReadSendBuf 函数用于读取发送缓冲区中的数据,ConfigUART 函数用于配置 UART,EnableUARTTx 函数用于使能串口发送。

程序清单 6 – 6

```
1.   static   void   InitUARTBuf(void);          //初始化串口缓冲区,包括发送缓冲区和接收缓冲区
2.   static   unsigned char   WriteReceiveBuf(unsigned char d);  //将接收到的数据写入接收缓冲区
3.   static   unsigned char   ReadSendBuf(unsigned char * p);         //读取发送缓冲区中的数据
4.
5.   static   void   ConfigUART(unsigned int bound);
                                 //配置串口相关的参数,包括 GPIO、RCU、USART 和 NVIC
6.   static   void   EnableUARTTx(void);
                                 //使能串口发送,WriteUARTx 中调用,每次发送数据之后需要调用
```

在"内部函数实现"区，首先实现了 InitUARTBuf 函数，如程序清单 6-7 所示。InitUARTBuf 函数主要对发送缓冲区 s_structUARTSendCirQue 和接收缓冲区 s_structUARTRecCirQue 进行初始化，将发送缓冲区中的 s_arrSendBuf 数组和接收缓冲区中的 s_arrRecBuf 数组全部清零，同时将 2 个缓冲区的容量均配置为宏定义 UART0_BUF_SIZE。

程序清单 6-7

```
1.   static  void  InitUARTBuf(void)
2.   {
3.     signed short i;
4.
5.     for(i = 0; i < UART0_BUF_SIZE; i++)
6.     {
7.       s_arrSendBuf[i] = 0;
8.       s_arrRecBuf[i]  = 0;
9.     }
10.
11.    InitQueue(&s_structUARTSendCirQue,s_arrSendBuf, UART0_BUF_SIZE);
12.    InitQueue(&s_structUARTRecCirQue,  s_arrRecBuf,  UART0_BUF_SIZE);
13.  }
```

在 InitUARTBuf 函数实现区后，为 WriteReceiveBuf 和 ReadSendBuf 函数的实现代码，如程序清单 6-8 所示。其中，WriteReceiveBuf 函数调用 EnQueue 函数，将数据写入接收缓冲区 s_structUARTRecCirQue；ReadSendBuf 函数调用 DeQueue 函数，读取发送缓冲区 s_structUARTSendCirQue 中的数据。

程序清单 6-8

```
1.   static  unsigned char  WriteReceiveBuf(unsigned char d)
2.   {
3.     unsigned char ok = 0;  //写入数据成功标志,0-不成功,1-成功
4.
5.     ok = EnQueue(&s_structUARTRecCirQue, &d, 1);
6.
7.     return ok;  //返回写入数据成功标志,0-不成功,1-成功
8.   }
9.
10.  static  unsigned char  ReadSendBuf(unsigned char * p)
11.  {
12.    unsigned char ok = 0;  //读取数据成功标志,0-不成功,1-成功
13.
14.    ok = DeQueue(&s_structUARTSendCirQue, p, 1);
15.
16.    return ok;  //返回读取数据成功标志,0-不成功,1-成功
17.  }
```

在 ReadSendBuf 函数实现区后，为 ConfigUART 函数的实现代码，如程序清单 6-9

所示。

(1) 第 3～4 行代码：USART0 通过 PA9 引脚发送数据，通过 PA10 引脚接收数据。因此，需要通过 rcu_periph_clock_enable 函数使能 GPIOA 和 USART0 的时钟。

(2) 第 6～14 行代码：PA9 引脚是 USART0 的发送端，PA10 引脚是 USART0 的接收端，因此，需要通过 GPIO 相关固件库函数将 PA9 和 PA10 配置为复用推挽输出模式，最大输出速度配置为 50 MHz。

(3) 第 17～23 行代码：通过 usart_deinit 函数复位 USART0 外设，再通过 usart_baudrate_set、usart_stop_bit_set、usart_word_length_set 和 usart_parity_config 函数配置串口参数，波特率由 ConfigUART 函数的输入参数决定，这里将停止位设置为 1，数据位长度设置为 8，并将校验方式设置为无校验。通过 usart_receive_config 和 usart_transmit_config 函数使能串口的接收和发送。

(4) 第 25～27 行代码：通过 usart_interrupt_enable 函数使能接收缓冲区非空中断，实际上是向 USART_CTL0 的 RBNEIE 写入 1，另外，usart_interrupt_enable 函数还使能了发送缓冲区空中断，即向 USART_CTL0 的 TBEIE 写入 1。通过 usart_enable 函数使能 USART0，该函数涉及 USART_CTL0 的 UEN。

(5) 第 29 行代码：通过 nvic_irq_enable 函数使能 USART0 的中断，同时设置抢占优先级为 0，子优先级为 0。该函数涉及中断使能寄存器（NVIC→ISER[x]）和中断优先级寄存器（NVIC→IPR[x]），由于 GD32F4xx 系列微控制器的 USART0_IRQn 中断号是 37，该中断号可以在 gd32f4xx.h 文件中查找到，也可参见表 6-4，因此，nvic_irq_enable 函数实际上是通过向 NVIC→ISER[1] 的 bit 5 写入 1 使能 USART0 中断，并将优先级写入 NVIC→IPR[9] 的 [15:12] 位，可参见表 6-5 和表 6-7。

程序清单 6-9

```
1.   static  voidConfigUART(unsigned int bound)
2.   {
3.     rcu_periph_clock_enable(RCU_GPIOA);              //使能 GPIOA 时钟
4.     rcu_periph_clock_enable(RCU_USART0);            //使能串口时钟
5.
6.     //配置 TX 的 GPIO
7.     gpio_af_set(GPIOA, GPIO_AF_7, GPIO_PIN_9);
8.     gpio_mode_set(GPIOA, GPIO_MODE_AF, GPIO_PUPD_PULLUP,GPIO_PIN_9);
9.     gpio_output_options_set(GPIOA, GPIO_OTYPE_PP, GPIO_OSPEED_50MHZ,GPIO_PIN_9);
10.
11.    //配置 RX 的 GPIO
12.    gpio_af_set(GPIOA, GPIO_AF_7, GPIO_PIN_10);
13.    gpio_mode_set(GPIOA, GPIO_MODE_AF, GPIO_PUPD_NONE,GPIO_PIN_10);
14.    gpio_output_options_set(GPIOA, GPIO_OTYPE_PP, GPIO_OSPEED_50MHZ,GPIO_PIN_10);
15.
16.    //配置 USART 的参数
17.    usart_deinit(USART0);                           //RCU 配置恢复默认值
18.    usart_baudrate_set(USART0, bound);              //设置波特率
19.    usart_stop_bit_set(USART0,USART_STB_1BIT);      //设置停止位
```

```
20.     usart_word_length_set(USART0,USART_WL_8BIT);           //设置数据字长度
21.     usart_parity_config(USART0,USART_PM_NONE);             //设置奇偶校验位
22.     usart_receive_config(USART0, USART_RECEIVE_ENABLE);    //使能接收
23.     usart_transmit_config(USART0, USART_TRANSMIT_ENABLE);  //使能发送
24.
25.     usart_interrupt_enable(USART0, USART_INT_RBNE);        //使能接收缓冲区非空中断
26.     usart_interrupt_enable(USART0, USART_INT_TBE);         //使能发送缓冲区空中断
27.     usart_enable(USART0);                                  //使能串口
28.
29.     nvic_irq_enable(USART0_IRQn, 0, 0);                    //使能串口中断,设置优先级
30.
31.     s_iUARTTxSts = UART_STATE_OFF;                         //串口发送数据状态设置为未发送数据
32.   }
```

在 ConfigUART 函数实现区后,为 EnableUARTTx 函数的实现代码,如程序清单 6 - 10 所示。EnableUARTTx 函数实际上是将 s_iUARTTxSts 变量赋值为 UART_STATE_ON,并调用 usart_interrupt_enable 函数使能发送缓冲区空中断,该函数在 WriteUART0 函数中调用,即每次发送数据之后,调用该函数使能发送缓冲区空中断。

程序清单 6 - 10

```
1.   static  void  EnableUARTTx(void)
2.   {
3.     s_iUARTTxSts = UART_STATE_ON;               //串口发送数据状态设置为正在发送数据
4.
5.     usart_interrupt_enable(USART0, USART_INT_TBE);
6.   }
```

在 EnableUARTTx 函数实现区后,为 USART0_IRQHandler 中断服务函数的实现代码,如程序清单 6 - 11 所示。

(1)第 5 行代码:通过 usart_interrupt_flag_get 函数获取 USART0 接收缓冲区非空中断标志(USART_INT_FLAG_RBNE),该函数涉及 USART_CTL0 的 RBNEIE 和 USART_STAT0 的 RBNE。

(2)第 7 行代码:当 USART0 的接收移位寄存器中的数据被转移到 USART_DATA 时,RBNE 被硬件置位,读取 USART_DATA 可以将该位清零,也可以通过向 RBNE 写入 0 来清除。这里通过 usart_interrupt_flag_clear 函数清除 USART0 接收缓冲区非空中断标志,即向 RBNE 写入 0。

(3)第 8~10 行代码:通过 usart_data_receive 函数读取 USART0 的 USART_DATA,再通过 WriteReceiveBuf 函数将读取到的数据写入接收缓冲区。

(4)第 13~16 行代码:若 USART_STAT0 的 RBNE 为 1,在接收移位寄存器中的数据需要传送至 USART_DATA 时,硬件会将 USART_STAT0 的 ORERR 置为 1,当 ORERR 为 1 时,USART_DATA 中的数据不会丢失,但是接收移位寄存器中的数据会被覆盖。为了避免数据被覆盖,还需要通过 usart_interrupt_flag_get 函数获取溢出错误标志(USART_INT_FLAG_ERR_ORERR),然后,再通过 usart_data_receive 函数读取 USART_DATA。

(5)第 18 行代码:通过 usart_interrupt_flag_get 函数获取 USART0 发送缓冲区空中断

标志(USART_INT_FLAG_TBE),该函数涉及 USART_CTL0 的 TBEIE 和 USART_STAT0 的 TBE。当 USART0 的 USART_DATA 中的数据被硬件转移到发送移位寄存器时,TBE 被硬件置 1,向 USART_DATA 写数据可以将该位清零。

(6)第 21 行代码:向中断挂起清除寄存器 NVIC→ICPR[x]对应位写入 1 清除中断挂起。由于 GD32F4xx 系列微控制器的 USART0_IRQn 中断号是 37,该中断号可以在 gd32f4xx.h 文件中查找到,也可参见表 6-4,该中断对应 NVIC→ICPR[1]的 bit 5,向该位写入 1 即可实现 USART0 中断挂起清除,NVIC→ICPR 可参见表 6-6。

(7) 第 23~25 行代码:通过 ReadSendBuf 函数读取发送缓冲区中的数据,然后再通过 usart_data_transmit 函数将发送缓冲区中的数据写入 USART_DATA。

(8) 第 27~31 行代码:通过 QueueEmpty 函数判断发送缓冲区是否为空,如果为空,需要通过向 s_iUARTTxSts 标志写入 UART_STATE_OFF(实际上是 0),将串口发送状态标志位设置为关闭,同时通过 usart_interrupt_disable 函数关闭串口发送中断,实际上是向 USART_CTL0 的 TBEIE 写入 0。

程序清单 6-11

```
1.    void USART0_IRQHandler(void)
2.    {
3.      unsigned char  uData = 0;
4.
5.      if(usart_interrupt_flag_get(USART0, USART_INT_FLAG_RBNE)! = RESET)     //接收缓冲区非空中断
6.      {
7.        usart_interrupt_flag_clear(USART0, USART_INT_FLAG_RBNE);   //清除 USART0 中断挂起
8.        uData = usart_data_receive(USART0);                        //将 USART0 接收到的数据保存到 uData
9.
10.       WriteReceiveBuf(uData);                                    //将接收到的数据写入接收缓冲区
11.     }
12.
13.     if(usart_interrupt_flag_get(USART0, USART_INT_FLAG_ERR_ORERR) == SET)    //溢出错误标志为 1
14.     {
15.       usart_data_receive(USART0);                                //读取 USART_DR
16.     }
17.
18.     if(usart_interrupt_flag_get(USART0, USART_INT_FLAG_TBE)! = RESET)
                                                                     //发送缓冲区空中断
19.     {
20.       usart_interrupt_flag_clear(USART0, USART_INT_FLAG_TBE);    //清除发送中断标志
21.       __NVIC_ClearPendingIRQ(USART0_IRQn);
22.
23.       ReadSendBuf(&uData);                                       //读取发送缓冲区的数据到 uData
24.
```

```
25.        usart_data_transmit(USART0, uData);                    //将 uData 写入 USART_DR
26.
27.        if(QueueEmpty(&s_structUARTSendCirQue))                //当发送缓冲区为空时
28.        {
29.          s_iUARTTxSts = UART_STATE_OFF;                       //串口发送数据状态设置为未发送数据
30.          usart_interrupt_disable(USART0, USART_INT_TBE);      //关闭串口发送缓冲区空中断
31.        }
32.      }
33.    }
```

在"API 函数实现"区,首先实现了 InitUART0 函数,如程序清单 6 - 12 所示。其中,
InitUARTBuf 函数用于初始化串口缓冲区,包括发送缓冲区和接收缓冲区;ConfigUART 函
数用于配置 UART 的参数,包括 GPIO、RCU、USART0 的常规参数和 NVIC。

程序清单 6 - 12

```
1.    void InitUART0(unsigned int bound)
2.    {
3.      InitUARTBuf();               //初始化串口缓冲区,包括发送缓冲区和接收缓冲区
4.
5.      ConfigUART(bound);           //配置串口相关的参数
6.    }
```

在 InitUART0 函数实现区后,为 WriteUART0 和 ReadUART0 函数的实现代码,如程序
清单 6 - 13 所示。

(1) 第 1～16 行代码:WriteUART0 函数将存放在 pBuf 中的待发送数据通过 EnQueue
函数写入发送缓冲区 s_structUARTSendCirQue,同时通过 EnableUARTTx 函数开启中断
使能。

(2) 第 18～25 行代码:ReadUART0 函数将存放在接收缓冲区 s_structUARTRecCirQue
中的数据通过 DeQueue 函数读出,并存放于 pBuf 指向的存储空间。

程序清单 6 - 13

```
1.    unsigned int  WriteUART0(unsigned char * pBuf, unsigned int len)
2.    {
3.      unsigned int wLen = 0;               //实际写入数据的个数
4.
5.      wLen = EnQueue(&s_structUARTSendCirQue, pBuf, len);
6.
7.      if(wLen < UART0_BUF_SIZE)
8.      {
9.        if(s_iUARTTxSts == UART_STATE_OFF)
10.       {
11.          EnableUARTTx();
12.       }
13.     }
14.
```

```
15.        return wLen;                    //返回实际写入数据的个数
16.    }
17.
18.    unsigned int   ReadUART0(unsigned char * pBuf, unsigned int len)
19.    {
20.        unsigned int rLen = 0;           //实际读取数据长度
21.
22.        rLen = DeQueue(&s_structUARTRecCirQue, pBuf, len);
23.
24.        return rLen;                     //返回实际读取数据的长度
25.    }
```

在 ReadUART0 函数实现区后显示的是 fputc 函数的实现代码,如程序清单 6-14 所示。

程序清单 6-14

```
1.    int fputc(int ch, FILE * f)
2.    {
3.        //等待上次发送完成
4.        while(RESET == usart_flag_get(USART0, USART_FLAG_TBE));
5.
6.        //发送数据
7.        usart_data_transmit(USART0, (uint8_t) ch);
8.
9.        //返回 ch
10.       return ch;
11.   }
```

6.3.2　Main.c 文件

Main.c 文件"包含头文件"区的最后包含了 UART0.h 头文件。这样就可以在 Main.c 文件中调用 UART0 模块的宏定义和 API 函数,实现对 UART0 模块的操作。

在 InitHardware 函数中,调用 InitUART0 函数实现对 UART0 模块的初始化,如程序清单 6-15 所示。

程序清单 6-15

```
1.    static  void  InitHardware(void)
2.    {
3.        SystemInit();            //系统初始化
4.        InitRCU();               //初始化 RCU 模块
5.        InitNVIC();              //初始化 NVIC 模块
6.        InitTimer();             //初始化 Timer 模块
7.        InitSysTick();           //初始化 SysTick 模块
8.        InitLED();               //初始化 LED 模块
9.        InitUART0(115200);       //初始化 UART 模块
10.   }
```

在 Proc2msTask 函数中,调用 ReadUART0 和 WriteUART0 函数处理串口数据,如程序

清单 6 - 16 所示。GD32F4 蓝莓派开发板每 2 ms 通过 ReadUART0 函数读取 UART0 接收缓冲区 s_structUARTRecCirQue 中的数据,然后对接收到的数据进行加 1 操作,最后通过 WriteUART0 函数将经过加 1 操作的数据发送出去。这样做是为了通过计算机上的串口助手验证 ReadUART0 和 WriteUART02 个函数,例如,当通过计算机上的串口助手向 GD32F4 蓝莓派开发板发送 0x15 时,开发板收到 0x15 之后会向计算机回发 0x16。

程序清单 6 - 16

```
1.    static  void  Proc2msTask(void)
2.    {
3.       unsigned char recData;
4.
5.       if(Get2msFlag())                    //判断 2ms 标志位状态
6.       {
7.         LEDFlicker(250);                  //调用闪烁函数
8.
9.         while(ReadUART0(&recData, 1))
10.        {
11.          recData ++ ;
12.
13.          WriteUART0(&recData, 1);
14.        }
15.
16.        Clr2msFlag();                     //清除 2ms 标志位
17.      }
18.   }
```

在 Proc1SecTask 函数中,调用 printf 函数输出字符串,如程序清单 6 - 17 所示。GD32F4 蓝莓派开发板每秒通过 printf 输出一次 This is the first GD32F470 Project, by Zhangsan,这些信息会通过计算机上的串口助手显示出来,这样做是为了验证 printf。

程序清单 6 - 17

```
1.    static  void  Proc1SecTask(void)
2.    {
3.      if(Get1SecFlag()) //判断 1 s 标志位状态
4.      {
5.        printf("This is the first GD32F470 Project, by Zhangsan\r\n");
6.
7.        Clr1SecFlag();   //清除 1 s 标志位
8.      }
9.    }
```

6.3.3 实验结果

代码编写完成并编译通过后,下载程序并进行复位。打开串口助手,可以看到串口助手中输出如图 6 - 12 所示的信息,表示串口模块的 printf 函数功能验证成功,同时开发板上的

LED$_1$ 和 LED$_2$ 交替闪烁。

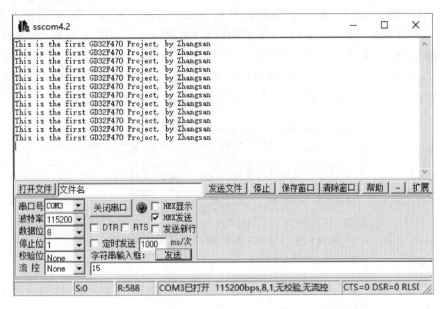

图 6 - 12　串口通信实验结果 1

为了验证串口模块的 WriteUART0 和 ReadUART0 函数，在 Proc1SecTask 函数中注释掉 printf 语句，然后重新编译、下载程序并进行复位。打开串口助手，选中"HEX 显示"和"HEX 发送"项，在"字符串输入框"中输入一个数据，如 15，单击"发送"按钮，可以看到串口助手中输出 16，如图 6 - 13 所示。同时，可以看到开发板上的 LED$_1$ 和 LED$_2$ 交替闪烁，表示串口模块的 WriteUART0 和 ReadUART0 函数功能验证成功。

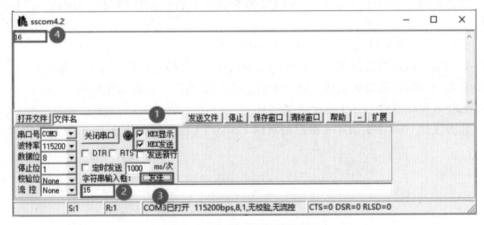

图 6 - 13　串口通信实验结果 2

本章任务

在本实验基础上增加以下功能：①添加 UART1 模块，UART1 模块的波特率配置为 9 600 bps，数据长度、停止位、奇偶校验位等均与 UART0 相同，且 API 函数分别为 InitUART1、

WriteUART1 和 ReadUART1,UART1 模块中不需要实现 fputc 函数;②在 Main 模块中的
Proc2msTask 函数中,将 UART0 读取到的内容(通过 ReadUART0 函数)发送到 UART1(通
过 WriteUART1 函数),将 UART1 读取到的内容(通过 ReadUART1 函数)发送到 UART0
(通过 WriteUART0 函数);③将 USART1_TX(PA2)引脚通过杜邦线连接 USART1_RX
(PA3)引脚;④将 UART0 通过 USB 转串口模块及 Type-C 型 USB 线与计算机相连;⑤通过
计算机上的串口助手工具发送数据,查看是否能够正常接收到发送的数据。

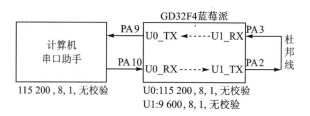

图 6-14 UART0 和 UART1 通信硬件连接图

任务提示:

(1) 参考 UART0 文件对编写 UART1 文件对,然后将 UART1.c 文件添加到 HW 分组
并包含 UART1.h 头文件路径。

(2) 进行程序验证时,要使用杜邦线连接 PA2 和 PA3 引脚,否则 USART1_RX(PA3)无
法收到 USART1_TX(PA2)发出的数据,导致实验结果异常。

本章习题

1. 如何通过 USART_CTL0 设置串口的奇偶校验位?如何通过 USART_CTL0 使能
串口?

2. 如何通过 USART_CTL1 设置串口的停止位?

3. 如果某一串口的波特率为 9 600 bps,应该向 USART_BAUD 写入什么?

4. 串口的一帧数据发送完成后,USART_STAT0 的哪个位会发生变化?

5. 为什么可以通过 printf 输出调试信息?

6. 能否使用 GD32F470IIH6 微控制器的 USART1 输出调试信息?如果可以,怎样实现?

第7章 实验6 定时器中断

GD32F4xx 系列微控制器的定时器系统非常强大,包含 2 个基本定时器 TIMER5 和 TIMER6,10 个通用定时器 TIMER1~TIMER4 和 TIMER8~TIMER13,以及 2 个高级定时器 TIMER0 和 TIMER7。本章将详细介绍通用定时器(TIMER1 和 TIMER4),包括功能框图以及本章实验例程的程序架构等。然后以设计一个定时器为例,介绍 Timer 模块的驱动设计过程和使用方法,包括定时器的配置、定时器中断服务函数的设计、2 ms 和 1 s 标志位的产生和清除,以及 2 ms 和 1 s 任务的创建。

7.1 实验内容

基于 GD32F4 蓝莓派开发板设计一个定时器,其功能包括:①将 TIMER1 和 TIMER4 配置为每 1 ms 进入一次的中断服务函数;②在 TIMER1 的中断服务函数中,将 2 ms 标志位置为 1;③在 TIMER4 的中断服务函数中,将 1 s 标志位置为 1;④在 Main 模块中,基于 2 ms 和 1 s 标志,分别创建 2 ms 任务和 1 s 任务;⑤在 2 ms 任务中,调用 LED 模块的 LEDFlicker 函数实现 LED_1 和 LED_2 交替闪烁;⑥在 1 s 任务中,调用 UART0 模块的 printf 函数,每秒输出一次"This is the first GD32F470 Project,by Zhangsan"。

7.2 实验原理

7.2.1 通用定时器 L0 结构框图

GD32F4xx 系列微控制器的基本定时器(TIMER5、TIMER6)功能最简单,其次是通用定时器(TIMER1~TIMER4、TIMER8~TIMER13),最复杂的是高级定时器(TIMER0、TIMER7)。其中,通用定时器又分为 3 种:L0(TIMER1~TIMER4)、L1(TIMER8、TIMER11)和 L2(TIMER9、TIMER10、TIMER12 和 TIMER13)。通用定时器 L0 可分为 2 类:TIMER1 和 TIMER4 为 32 位定时器,TIMER2 和 TIMER3 为 16 位定时器。关于基本定时器、通用定时器 L0、L1 和 L2、高级定时器之间的区别,可参见《GD32F4xx 用户手册》。本实验只用到基本定时器,其结构框图如图 7-1 所示。

1. 定时器时钟源

通用定时器 L0 可以由内部时钟源或由 SMC(TIMERx_SMCFG 寄存器位[2:0])控制的复用时钟源驱动。本章实验使用的 TIMER1 和 TIMER4 由内部时钟源驱动,内部时钟源即

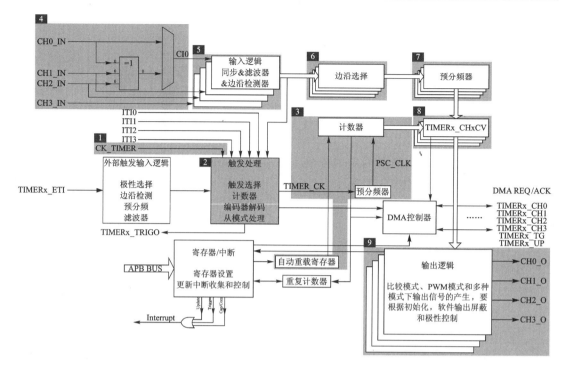

图 7-1 通用定时器 L0 功能框图

连接到 RCU 模块的 CK_TIMER。该 CK_TIMER 时钟由 APB1 时钟分频而来,除了为通用定时器 L0(TIMER1~TIMER4)提供时钟,还为基本定时器(TIMER5 和 TIMER6)和其他通用定时器(TIMER11~TIMER13)提供时钟。由于本书所有实验的 APB1 预分频器的分频系数均配置为 4,APB1 时钟频率为 60 MHz,因此,TIMER1 ~ TIMER6 和 TIMER11 ~ TIMER13 的时钟频率为 240 MHz。关于 GD32F4xx 系列微控制器的时钟系统将在本书第 9 章详细介绍。

2. 触发控制器

触发控制器的基本功能包括设置定时器的计数方式(递增/递减计数),以及将通用定时器设置为其他定时器或 DAC/ADC 的触发源等。由触发控制器输出的 TIMER_CK 时钟等于来自 RCU 模块的 CK_TIMER 时钟。

3. 时基单元

时基单元对计数器控制器输出的 TIMER_CK 时钟进行预分频得到 PSC_CLK 时钟,然后计数器对经过分频后的 PSC_CLK 时钟进行计数,当计数器的计数值与自动重载寄存器(TIMERx_CAR)的值相等时,产生事件。时基单元包括 3 个寄存器,分别为计数器寄存器(TIMERx_CNT)、预分频寄存器(TIMERx_PSC)和自动重载寄存器(TIMERx_CAR)。

TIMERx_PSC 带有缓冲器,可以在运行时向 TIMERx_PSC 写入新值,新的预分频数值将在下一个更新事件产生后被应用,然后分频得到的 PSC_CLK 时钟才会发生改变。

TIMERx_CAR 有一个影子寄存器,这表示在物理上这个寄存器对应 2 个寄存器:一个是可以写入或读出的寄存器,称为预装载寄存器;另一个是无法对其进行读/写操作的,但在使用时真正起作用的寄存器,称为影子寄存器。可以通过 TIMERx_CTL0 的 ARSE 位使能或禁止 TIMERx_CAR 的影子寄存器。如果 ARSE 为 1,则影子寄存器被使能,要等到更新事件产生时才把写入 TIMERx_CAR 预装载寄存器中的新值更新到影子寄存器;如果 ARSE 为 0,则影子寄存器被禁止,向 TIMERx_CAR 写入新值之后,TIMERx_CAR 立即更新。

通过前面的分析可以得知,定时器事件产生时间由 TIMERx_PSC 和 TIMERx_CAR 两个寄存器决定。计算分为两步:①根据公式 $f_{\mathrm{PSC\_CLK}} = f_{\mathrm{TIMER\_CK}}/(\mathrm{TIMERx\_PSC}+1)$,计算 PSC_CLK 时钟频率;②根据公式"定时器事件产生时间 $=(1/f_{\mathrm{PSC\_CLK}})\times(\mathrm{TIMERx\_CAR}+1)$",计算定时器事件产生时间。

假设 TIMER2 的时钟频率 $f_{\mathrm{TIMER\_CK}}$ 为 240 MHz,对 TIMER2 进行初始化配置,向 TIMER2_PSC 写入 239,向 TIMER2_CAR 写入 999,计算定时器事件产生时间。

分两步进行计算:①计算 PSC_CLK 时钟频率 $f_{\mathrm{PSC\_CLK}} = f_{\mathrm{TIMER\_CK}}/(\mathrm{TIMER2\_PSC}+1) =$ 240 MHz$/(239+1) = 1$ MHz,因此,PSC_CLK 的时钟周期为 1 μs。②计数器的计数值与自动重载寄存器的值相等时,产生事件,TIMER2_CAR 为 999,因此,定时器事件产生时间 $=(1/f_{\mathrm{PSC\_CLK}})\times(\mathrm{TIMER2\_CAR}+1) = 1\ \mu\mathrm{s}\times1\ 000 = 1$ ms。

4. 输入通道

通用定时器 L0 有 4 个输入通道:分别为 CI0、CI1、CI2 和 CI3,CI1、CI2 和 CI3 这 3 个通道分别对应于 CH1_IN、CH2_IN 和 CH3_IN,即对应 TIMERx_CH1、TIMERx_CH2 和 TIMERx_CH3 引脚。CI0 通道可以将 CH0_IN(即 TIMERx_CH0)作为信号源,也可以将 CH0_IN、CH1_IN 和 CH2_IN 的异或结果作为信号源。定时器对这 4 个输入通道对应引脚输入信号的上升沿或下降沿进行捕获。

5. 滤波器和边沿检测器

滤波器首先对输入信号 CIx 进行滤波处理,滤波器的参数由控制寄存器 0(TIMERx_CTL0)的 CKDIV[1:0]、通道控制寄存器 0(TIMERx_CHCTL0)和通道控制寄存器 1(TIMERx_CHCTL1)的 CHxCAPFLT[3:0]决定。其中,输入滤波器使用的采样频率 f_{DTS} 可以与 TIMER_CK 时钟频率 $f_{\mathrm{TIMER\_CK}}$ 相等,也可以是 $f_{\mathrm{TIMER\_CK}}$ 的 2 分频或 4 分频,这个由 CKDIV[1:0]决定。

边沿检测器实际上是一个事件计数器,该计数器对经过滤波后的输入信号的边沿事件进行检测,当检测到 N 个事件后会产生一个输出的跳变,其中 N 由 CHxCAPFLT[3:0]决定。

6. 边沿选择器

边沿选择器用于选择对输入信号的上升沿或下降沿进行捕获,由通道控制寄存器 2(TIMERx_CHCTL2)的 CHxNP 和 CHxP 决定。当 CHxNP 和 CHxP 均为 0 时,捕获发生在输入信号的上升沿;当 CHxNP 为 0,CHxP 为 1 时,捕获发生在输入信号的下降沿;当 CHxNP 和 CHxP 均为 1 时,捕获发生在输入信号的上升沿和下降沿。

7. 预分频器

如果边沿选择器输出的信号直接输入到通道捕获/比较寄存器(TIMERx_CHxCV),则只能连续捕获每个边沿,而无法实现边沿的间隔捕获,例如,每 4 个边沿捕获一次。兆易创新公司在设计通用定时器和高级定时器时,增加了一个预分频器,边沿选择器输出的信号经过预分频器后才会输入到 TIMERx_CHxCV,这样就不仅可以实现边沿的连续捕获,还可以实现边沿的间隔捕获。具体多少个边沿捕获一次,由通道控制寄存器 0(TIMERx_CHCTL0)的CHxCAPPSC[1:0]决定,如果希望连续捕获每个事件,则将 CHxCAPPSC[1:0]配置为 00;如果希望每 4 个事件触发一次捕获,则将 CHxCAPPSC[1:0]配置为 10。

8. 通道捕获/比较寄存器

通道捕获和比较寄存器(TIMERx_CHxCV)既是捕获输入的寄存器,又是比较输出的寄存器。TIMERx_CHxCV 有影子寄存器,可以通过 TIMERx_CHCTL0 的 CHxCOMSEN 位使能或禁止影子寄存器。将 CHxCOMSEN 设置为 1,使能影子寄存器,则写该寄存器要等到更新事件产生时,才将 TIMERx_CHxCV 预装载寄存器的值传送至影子寄存器,读取该寄存器实际上是读取 TIMERx_CHxCV 预装载寄存器的值。将 CHxCOMSEN 设置为 0,禁止影子寄存器,则只有一个寄存器,不存在预装载寄存器和影子寄存器的概念,因此,读/写该寄存器实际上就是读/写 TIMERx_CHxCV。

TIMERx_CHCTL2 的 CHxEN 决定禁止或使能捕获/比较功能。在通道配置为输入的情况下,当 CHxEN 为 0 时,禁止捕获,当 CHxEN 为 1 时,使能捕获。在通道配置为输出的情况下,当 CHxEN 为 0 时,禁止输出,当 CHxEN 为 1 时,输出信号输出到对应的引脚。下面分别对输入捕获和输出比较的工作流程进行介绍。

(1) 输入捕获

预分频器的输出信号作为捕获输入的输入信号,当第 1 次捕获到边沿事件时,计数器中的值会被锁存到 TIMERx_CHxCV,同时中断标志寄存器(TIMERx_INTF)的中断标志 CHxIF会被置为 1,如果 DMA 和中断使能寄存器(TIMERx_DMAINTEN)的 CHxIE 为 1,则产生中断。当第 2 次捕获到边沿事件(CHxIF 依然为 1)时,TIMERx_INTF 的捕获溢出标志 CHxOF 会被置为 1。CHxIF 和 CHxOF 标志均由硬件置 1,软件清零。

(2) 输出比较

输出比较有 8 种模式,分别为时基、匹配时设置为高、匹配时设置为低、匹配时翻转、强制为低、强制为高、PWM 模式 0 和 PWM 模式 1,通过 TIMERx_CHCTL0 的 CHxCOMCTL[2:0]选择输出比较模式。

本书第 12 章将介绍 TIMER 与 PWM 输出实验,因此,这里只介绍 PWM 模式 0 和 PWM模式 1。①当输出比较配置为 PWM 模式 0,在递增计数时,如果计数器值小于 TIMERx_CHxCV,则输出的参考信号 OxCPRE 为有效电平;在递减计数时,如果计数器的值大于TIMERx_CHxCV,则输出的参考信号 OxCPRE 为无效电平。②当输出比较配置为 PWM 模式 1,在递增计数时,如果计数器值小于 TIMERx_CHxCV,则输出的参考信号 OxCPRE 为无效电平;在递减计数时,如果计数器值大于 TIMERx_CHxCV,则输出的参考信号 OxCPRE 为有效电平。当 TIMERx_CHCTL2 的 CHxP 为 0 时,OxCPRE 高电平有效;当 CHxP 为 1 时,OxCPRE 低电平有效。

9. 输出控制和输出引脚

参考信号 OxCPRE 经过输出控制之后产生的最终输出信号,将通过通用定时器 L0 的外部引脚输出,外部引脚包括 TIMERx_CH0、TIMERx_CH1、TIMERx_CH2 和 TIMERx_CH3。

7.2.2 定时器中断实验程序架构

定时器中断实验的程序架构如图 7-2 所示,该图简要介绍了程序开始运行后各个函数的执行和调用流程,图中仅列出了与本实验相关的一部分函数。下面解释说明此程序架构图。

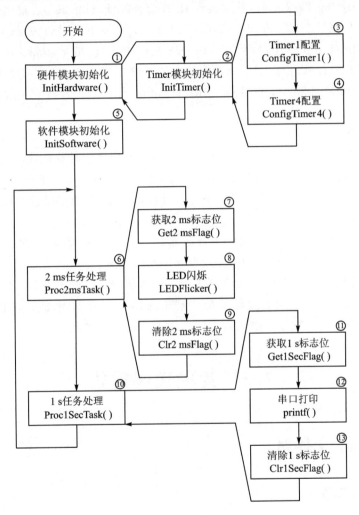

图 7-2 程序架构

在 main 函数中调用 InitHardware 函数进行硬件相关模块初始化,包含 RCU、NVIC、UART 和 Timer 等模块,这里仅介绍 Timer 模块初始化函数 InitTimer。在 InitTimer 函数中先调用 ConfigTimer1 函数配置 TIMER1,包括 TIMER 时钟使能、TIMER 初始化、TIMER 更新中断使能、TIMER 中断使能和 TIMER 使能,再调用 ConfigTimer4 函数配置 TIMER4。

调用 InitSoftware 函数进行软件相关模块初始化,在本实验中,InitSoftware 函数为空。

调用 Proc2msTask 函数进行 2 ms 任务处理,在该函数中,先通过 Get2msFlag 函数获取 2 ms 标志位,若标志位为 1,则调用 LEDFlicker 函数实现 LED 电平翻转,随后通过 Clr2msFlag 函数清除 2 ms 标志位。

2 ms 任务之后再调用 Proc1SecTask 函数进行 1 s 任务处理,在该函数中,先通过 Get1SecFlag 函数获取 1 s 标志位,若标志位为 1,则通过 printf 函数打印输出信息,随后通过 Clr1SecFlag 函数清除 1 s 标志位。

Proc2msTask 和 Proc1SecTask 均在 while 循环中调用,因此,Proc1SecTask 函数执行完后将再次执行 Proc2msTask 函数,从而实现 LED 交替闪烁,且串口每秒输出一次字符串。

在图 7-2 中,编号①、③、⑥和⑩的函数在 Main.c 文件中声明和实现;编号②、⑦、⑨、⑪和⑬的函数在 Timer.h 文件中声明,在 Timer.c 文件中实现;编号③和④的函数在 Timer.c 文件中声明和实现。此外,定时器中断功能的实现还涉及 Timer.c 文件中的定时器中断服务函数 TIMER1_IRQHandler 和 TIMER4_IRQHandler,每当定时器完成一次计时都将自动调用对应的中断服务函数。

本实验编程要点:

TIMER 配置,通过设置预分频器值和自动重装载值配置定时器事件产生时间。

定时器中断服务函数的编写,包括定时器更新中断标志的获取和清除,以及通过定义一个变量作为计数器,对定时器产生事件的次数进行计数,这样即可通过设置计数器的上限值来实现计时指定的时间。

计时标志的处理,中断服务函数中的计数器达到计数上限时,将计时标志设置为 1。此外,还需要声明和实现 2 个函数分别用于获取和清除计时标志。

本实验中,需要配置 TIMER1 和 TIMER4 两个定时器,二者的配置参数基本一致,仅在中断服务函数中对计数器上限值的设置存在差异,TIMER1 的计数器上限值为 2,用于实现 2 ms 计时,TIMER4 的计数器上限值为 1 000,用于实现 1 s 计时。

7.3　实验代码解析

7.3.1　Timer 文件对

1. Timer.h 文件

在 Timer.h 文件的"API 函数声明"区,为 API 函数的声明代码,如程序清单 7-1 所示。

(1) 第 1 行代码:InitTimer 函数用于初始化 Timer 模块。

(2) 第 2~3 行代码:Get2msFlag 和 Clr2msFlag 函数用于获取和清除 2 ms 标志位,Main.c 文件中的 Proc2msTask 函数通过调用这 2 个函数实现 2 ms 任务功能。

(3) 第 4~5 行代码:Get1SecFlag 和 Clr1SecFlag 函数用于获取和清除 1 s 标志位,Main.c 文件中的 Proc1SecTask 函数通过调用这两个函数实现 1 s 任务功能。

程序清单 7-1

1.	void	InitTimer(void);	//初始化 Timer 模块
2.	unsigned char	Get2msFlag(void);	//获取 2 ms 标志位的值
3.	void	Clr2msFlag(void);	//清除 2 ms 标志位
4.	unsigned char	Get1SecFlag(void);	//获取 1 s 标志位的值
5.	void	Clr1SecFlag(void);	//清除 1 s 标志位

2. Timer. c 文件

在 Timer.c 文件的"内部变量定义"区,定义了 2 个内部变量,如程序清单 7-2 所示。其中,s_i2msFlag 是 2 ms 标志位,s_i1secFlag 是 1 s 标志位,这 2 个变量在定义时,需要初始化为 FALSE。

在"内部函数声明"区,声明了 2 个内部函数,如程序清单 7-3 所示。ConfigTimer1 函数用于配置 TIMER1,ConfigTimer4 函数用于配置 TIMER4。

程序清单 7-2

```
static unsigned char   s_i2msFlag  = FALSE;      //将 2 ms 标志位的值设置为 FALSE
static unsigned char   s_i1secFlag = FALSE;      //将 1 s 标志位的值设置为 FALSE
```

程序清单 7-3

```
static void ConfigTimer1(unsigned short arr, unsigned short psc);      //配置 TIMER1
static void ConfigTimer4(unsigned short arr, unsigned short psc);      //配置 TIMER4
```

在"内部函数实现"区,首先实现了 ConfigTimer1 和 ConfigTimer4 函数,如程序清单 7-4 所示。这 2 个函数的功能类似,下面仅对 ConfigTimer1 函数中的语句进行解释说明。

(1)第 6 行代码:在使用 TIMER1 之前,需要通过 rcu_periph_clock_enable 函数使能 TIMER1 的时钟。

(2)第 8~9 行代码:先通过 timer_deinit 函数复位外设 TIMER1,再通过 timer_struct_para_init 函数初始化用于设置定时器参数的结构体 timer_initpara。

(3)第 12~16 行代码:通过 timer_init 函数对 TIMER1 进行配置,该函数涉及 TIMER1_CTL0 的 CKDIV[1:0],TIMER1_CAR,TIMER1_PSC,以及 TIMER1_SWEVG 的 UPG。CKDIV[1:0]用于设置时钟分频系数。本实验中,时钟分频系数为 1,即不分频。TIMER1_CAR 和 TIMER1_PSC 用于设置计数器的自动重载值和计数器时钟预分频值,本实验中,这 2 个值通过 ConfigTimer1 函数的输入参数 arr 和 psc 确定。UPG 用于产生更新事件,本实验中将该值设置为 1,用于重新初始化计数器,并产生一个更新事件。

(4)第 18 行代码:通过 timer_interrupt_enable 函数使能 TIMER1 的更新中断,该函数涉及 TIMER1_DMAINTEN 的 UPIE。UPIE 用于禁止和使能更新中断。

(5)第 19 行代码:通过 nvic_irq_enable 函数使能 TIMER1 的中断,同时设置抢占优先级为 1,子优先级为 0。

(6)第 21 行代码:通过 timer_enable 函数使能 TIMER1,该函数涉及 TIMER1_CTL0 的 CEN。

程序清单 7 - 4

```
1.    static   void ConfigTimer1(unsigned short arr, unsigned short psc)
2.    {
3.      timer_parameter_struct timer_initpara;                //timer_initpara 用于存放定时器的参数
4.
5.      //使能 RCU 相关时钟
6.      rcu_periph_clock_enable(RCU_TIMER1);                  //使能 TIMER1 的时钟
7.
8.      timer_deinit(TIMER1);                                 //设置 TIMER1 参数恢复默认值
9.      timer_struct_para_init(&timer_initpara);              //初始化 timer_initpara
10.
11.     //配置 TIMER1
12.     timer_initpara.prescaler          = psc;             //设置预分频器值
13.     timer_initpara.counterdirection   = TIMER_COUNTER_UP; //设置递增计数模式
14.     timer_initpara.period             = arr;             //设置自动重装载值
15.     timer_initpara.clockdivision      = TIMER_CKDIV_DIV1; //设置时钟分割
16.     timer_init(TIMER1, &timer_initpara);                  //根据参数初始化定时器
17.
18.     timer_interrupt_enable(TIMER1, TIMER_INT_UP);         //使能定时器的更新中断
19.     nvic_irq_enable(TIMER1_IRQn, 1, 0);                   //配置 NVIC 设置优先级
20.
21.     timer_enable(TIMER1);                                 //使能定时器
22.   }
23.
24.   static   void ConfigTimer4(unsigned short arr, unsigned short psc)
25.   {
26.     timer_parameter_struct timer_initpara;                //timer_initpara 用于存放定时器的参数
27.
28.     //使能 RCU 相关时钟
29.     rcu_periph_clock_enable(RCU_TIMER4);                  //使能 TIMER4 的时钟
30.
31.     timer_deinit(TIMER4);                                 //设置 TIMER4 参数恢复默认值
32.     timer_struct_para_init(&timer_initpara);              //初始化 timer_initpara
33.
34.     //配置 TIMER4
35.     timer_initpara.prescaler          = psc;             //设置预分频器值
36.     timer_initpara.counterdirection   = TIMER_COUNTER_UP; //设置递增计数模式
37.     timer_initpara.period             = arr;             //设置自动重装载值
38.     timer_initpara.clockdivision      = TIMER_CKDIV_DIV1; //设置时钟分割
39.     timer_init(TIMER4, &timer_initpara);                  //根据参数初始化定时器
40.
41.     timer_interrupt_enable(TIMER4, TIMER_INT_UP);         //使能定时器的更新中断
42.     nvic_irq_enable(TIMER4_IRQn, 1, 0);                   //配置 NVIC 设置优先级
43.
44.     timer_enable(TIMER4);                                 //使能定时器
45.   }
```

在 ConfigTimer4 函数实现区后,为 TIMER1_IRQHandler 和 TIMER4_IRQHandler 中断服务函数的实现代码,如程序清单 7 - 5 所示。Timer.c 文件中的 ConfigTimer1 函数使能 TIMER1 的更新中断,因此,当 TIMER1 递增计数产生溢出时,会执行 TIMER1_IRQHandler 函数,TIMER4 同理。这两个中断服务函数的功能类似,下面仅对 TIMER1_IRQHandler 函数中的语句进行解释说明。

（1）第 5～8 行代码:通过 timer_interrupt_flag_get 函数获取 TIMER1 更新中断标志,该函数涉及 TIMER1_DMAINTEN 的 UPIE 和 TIMER1_INTF 的 UPIF。本实验中,UPIE 为 1,表示使能更新中断,当 TIMER1 递增计数产生溢出时,UPIF 由硬件置 1,并产生更新中断,执行 TIMER1_IRQHandler 函数。因此,在 TIMER1_IRQHandler 函数中还需要通过 timer_interrupt_flag_clear 函数将 UPIF 清零。

（2）第 10～16 行代码:变量 s_i2msFlag 是 2 ms 标志位,而 TIMER1_IRQHandler 函数每 1 ms 执行一次,因此,还需要一个计数器（s_iCnt2）,TIMER1_IRQHandler 函数每执行一次,计数器 s_iCnt2 就执行一次加 1 操作,当 s_iCnt2 等于 2 时,将 s_i2msFlag 置 1,并将 s_iCnt2 清零。

程序清单 7 - 5

```
1.   void TIMER1_IRQHandler(void)
2.   {
3.     static  unsigned short s_iCnt2 = 0;              //定义一个静态变量 s_iCnt2 作为 2ms 计数器
4.
5.     if (timer_interrupt_flag_get(TIMER1, TIMER_INT_FLAG_UP) == SET)   //判断定时器更新中断是否发生
6.     {
7.       timer_interrupt_flag_clear(TIMER1, TIMER_INT_FLAG_UP);         //清除定时器更新中断标志
8.     }
9.
10.    s_iCnt2 ++ ;                        //2 ms 计数器的计数值加 1
11.
12.    if(s_iCnt2 >= 2)                     //2 ms 计数器的计数值大于或等于 2
13.    {
14.      s_iCnt2 = 0;                       //重置 2 ms 计数器的计数值为 0
15.      s_i2msFlag = TRUE;                 //将 2 ms 标志位的值设置为 TRUE
16.    }
17.  }
18.
19.  void TIMER4_IRQHandler(void)
20.  {
21.    static  signed short s_iCnt1 000  = 0; //定义一个静态变量 s_iCnt1000 作为 1 s 计数器
22.
23.    if (timer_interrupt_flag_get(TIMER4, TIMER_INT_FLAG_UP) == SET)    //判断定时器更新中断是否发生
```

```
24.   {
25.       timer_interrupt_flag_clear(TIMER4, TIMER_INT_FLAG_UP);      //清除定时器更新中断标志
26.   }
27.
28.   s_iCnt1000 ++;              //1 000 ms 计数器的计数值加 1
29.
30.   if(s_iCnt1000 >= 1000)     //1 000 ms 计数器的计数值大于或等于 1 000
31.   {
32.     s_iCnt1000 = 0;          //重置 1 000 ms 计数器的计数值为 0
33.     s_i1secFlag = TRUE;      //将 1 s 标志位的值设置为 TRUE
34.   }
35. }
```

在"API 函数实现"区,为 API 函数的实现代码,如程序清单 7-6 所示。Timer.c 文件的 API 函数有 5 个。

(1)第 1~5 行代码:InitTimer 函数调用 ConfigTimer1 和 ConfigTimer4 对 TIMER1 和 TIMER4 进行初始化,由于 TIMER1 和 TIMER4 的时钟源均为 APB1 时钟,APB1 时钟频率为 60 MHz,而 APB1 预分频器的分频系数为 4,因此,TIMER1 和 TIMER4 的时钟频率等于 APB1 时钟频率的 4 倍,即 240 MHz。ConfigTimer1 和 ConfigTimer4 函数的参数 arr 和 psc 分别是 999 和 239,TIMER1 和 TIMER4 每 1 ms 产生一次更新事件,计算过程可参见本书 7.2.1 节。

(2)第 7~15 行代码:Get2msFlag 函数用于获取 s_i2msFlag 的值,Clr2msFlag 函数用于将 s_i2msFlag 清零。

(3)第 17~25 行代码:Get1SecFlag 函数用于获取 s_i1SecFlag 的值,Clr1SecFlag 函数用于将 s_i1SecFlag 清零。

程序清单 7-6

```
1.   void InitTimer(void)
2.   {
3.     ConfigTimer1(999, 239);     //240 MHz/(239 + 1) = 1 MHz,由 0 计数到 999 为 1 ms
4.     ConfigTimer4(999, 239);     //240 MHz/(239 + 1) = 1 MHz,由 0 计数到 999 为 1 ms
5.   }
6.
7.   unsigned char  Get2msFlag(void)
8.   {
9.     return(s_i2msFlag);         //返回 2 ms 标志位的值
10.  }
11.
12.  void  Clr2msFlag(void)
13.  {
14.    s_i2msFlag = FALSE;         //将 2 ms 标志位的值设置为 FALSE
15.  }
16.
```

```
17.    unsigned char  Get1SecFlag(void)
18.    {
19.      return(s_i1secFlag);                //返回 1 s 标志位的值
20.    }
21.
22.    void  Clr1SecFlag(void)
23.    {
24.      s_i1secFlag = FALSE;                //将 1 s 标志位的值设置为 FALSE
25.    }
```

7.3.2　Main.c 文件

在 Main.c 文件的"包含头文件"区的最后,包含了 Timer.h 头文件,这样就可以在 Main.c 文件中调用 Timer 模块的 API 函数等,实现对 Timer 模块的操作。

在 InitHardware 函数中,调用 InitTimer 函数实现对 Timer 模块的初始化,如程序清单 7-7 所示。

程序清单 7-7

```
1.    static  void  InitHardware(void)
2.    {
3.      SystemInit();                //系统初始化
4.      InitRCU();                   //初始化 RCU 模块
5.      InitNVIC();                  //初始化 NVIC 模块
6.      InitUART0(115200);           //初始化 UART 模块
7.      InitSysTick();               //初始化 SysTick 模块
8.      InitLED();                   //初始化 LED 模块
9.      InitTimer();                 //初始化 Timer 模块
10.   }
```

在 Proc2msTask 函数中,调用 Get2msFlag 和 Clr2msFlag 函数实现 2 ms 任务,如程序清单 7-8 所示。Proc2msTask 函数在主函数的 while 语句中调用,因此,当 Get2msFlag 函数返回 1,即检测到 Timer 模块的 TIMER1 计数到 2 ms(TIMER1 计数到 2 ms 时,2 ms 标志位会被置为 1)时,if 语句中的代码才会执行。最后,要通过 Clr2msFlag 函数清除 2 ms 标志位,if 语句中的代码才会每 2 ms 执行 1 次。这里还在 if 语句中调用 LEDFlicker 函数,该函数每 2 ms 执行 1 次,参数为 250,因此,2 个 LED 每 500 ms 交替闪烁 1 次。

程序清单 7-8

```
1.    static  void  Proc2msTask(void)
2.    {
3.      if(Get2msFlag())             //判断 2 ms 标志位状态
4.      {
5.        LEDFlicker(250);           //调用闪烁函数
6.
7.        Clr2msFlag();              //清除 2 ms 标志位
8.      }
9.    }
```

在 Proc1SecTask 函数中,调用 Get1SecFlag 和 Clr1SecFlag 函数实现 1 s 任务,如程序清单 7-9 所示。Proc1SecTask 也在主函数的 while 语句中调用,因此当 Get1SecFlag 函数返回 1,即检测到 Timer 模块的 TIMER4 计数到 1 s(TIMER4 计数到 1 s 时,1 s 标志位会被置 1) 时,if 语句中的代码才会执行。这里还在 if 语句中调用 printf 函数,printf 函数每秒执行一次, 即每秒通过串口输出 printf 中的字符串。

程序清单 7-9

```
1.    static  void  Proc1SecTask(void)
2.    {
3.        if(Get1SecFlag())              //判断 1 s 标志位状态
4.        {
5.            printf("This is the first GD32F470 Project, by Zhangsan\r\n");
6.
7.            Clr1SecFlag();             //清除 1 s 标志位
8.        }
9.    }
```

7.3.3 实验结果

代码编写完成并编译通过后,下载程序并进行复位。打开串口助手,取消"HEX 显示"选 项,可以看到串口助手中输出如图 7-3 所示信息,同时,GD32F4 蓝莓派开发板上的 2 个 LED 交替闪烁,表示实验成功。

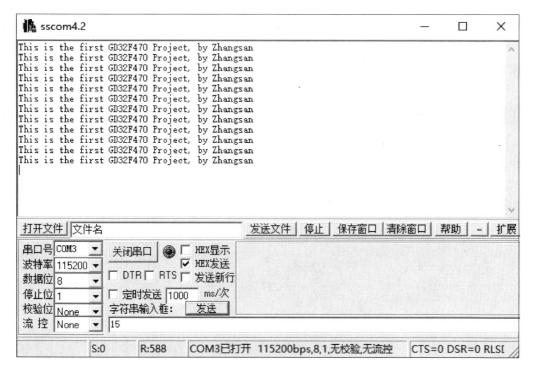

图 7-3　定时器中断实验结果

本章任务

基于"04. GPIOKEY"工程,将 TIMER3 配置成每 10 ms 进入一次中断服务函数,并在 TIMER3 的中断服务函数中产生 10 ms 标志位,在 Main 模块中基于 10 ms 标志,创建 10 ms 任务函数 Proc10msTask,将 ScanKeyOne 函数放在 Proc10msTask 函数中调用,验证独立按键是否能够正常工作。

任务提示:

(1) TIMER3 的时钟频率为 240 MHz,配置和初始化过程可参考 TIMER1 完成。

(2) 10 ms 任务函数 Proc10msTask 的实现代码可参考 Proc2msTask 或 Proc1SecTask 函数完成,该函数需要在 main 函数中循环调用。

本章习题

1. 如何通过 TIMERx_CTL0 设置时钟分频系数?

2. 如何通过 TIMERx_CTL0 使能定时器?

3. 如何通过 TIMERx_DMAINTEN 使能或禁止更新中断?

4. 如果某通用计数器设置为递增计数,当产生溢出时,TIMERx_INTF 的哪个位会发生变化?

5. 如何通过 TIMERx_INTF 读取更新中断标志?

6. TIMERx_CNT、TIMERx_PSC 和 TIMERx_CAR 的作用分别是什么?

7. 通过设置计数器时钟预分频值和计数器自动重载值,可以将 TIMER1 配置为 2 ms 进入一次中断,从而设置标志位。本书实验中采用计数器对 1 ms 进行计数,然后设置标志,请思考这样设计的意义。

第8章 实验7 SysTick

系统节拍时钟(SysTick)是一个简单的系统时钟节拍计数器,与其他计数/定时器不同,SysTick 主要用于操作系统(如 μC/OS、FreeRTOS)的系统节拍定时。ARM 公司在设计 Cortex - M4 内核时,将 SysTick 设计在嵌套向量中断控制器(NVIC)中,因此,SysTick 是内核的一个模块,任何授权厂家的 Cortex - M4 产品都具有该模块。操作 SysTick 寄存器的 API 函数也由 ARM 公司提供(参见 core_cm4.h 和 core_cm4.c 文件),便于代码移植。一般而言,只有复杂的嵌入式系统设计才会考虑选择操作系统,本书的实验相对较为基础,因此,直接将 SysTick 作为普通的定时器使用,而且在 SysTick 模块中实现了毫秒延时函数 DelayNms 和微秒延时函数 DelayNus。

8.1 实验内容

基于 GD32F4 蓝莓派开发板设计的 SysTick 实验内容有:①新增 SysTick 模块,该模块应包括 3 个 API 函数,分别是初始化 SysTick 模块函数 InitSysTick、微秒延时函数 DelayNus 和毫秒延时函数 DelayNms;②在 InitSysTick 函数中,可以调用 SysTick_Config 函数对 SysTick 的中断间隔进行调整;③微秒延时函数 DelayNus 和毫秒延时函数 DelayNms 至少有一个需要通过 SysTick_Handler 中断服务函数实现;④在 Main 模块中,调用 InitSysTick 函数对 SysTick 模块进行初始化,调用 DelayNms 函数和 DelayNus 函数控制 LED_1 和 LED_2 交替闪烁,验证 2 个函数是否正确。

8.2 实验原理

8.2.1 SysTick 功能框图

图 8-1 所示是 SysTick 功能框图,下面依次介绍 SysTick 时钟、当前计数值寄存器和重装载数值寄存器。

1. SysTick 时钟

AHB 时钟或经过 8 分频的 AHB 时钟作为 Cortex 系统时钟,该时钟同时也是 SysTick 的时钟源。由于本书中所有实验的 AHB 时钟

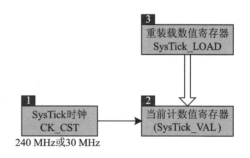

图 8-1 SysTick 功能框图

频率均配置为 240 MHz,因此,SysTick 时钟频率同样也是 240 MHz,或 240 MHz 的 8 分频,即 30 MHz。本书中所有实验的 Cortex 系统时钟频率为 240 MHz,同样,SysTick 时钟频率也为 240 MHz。

2. 当前计数值寄存器

SysTick 时钟(CK_CST)作为 SysTick 计数器的时钟输入,SysTick 计数器是一个 24 位的递减计数器,对 SysTick 时钟进行计数,每次计数的时间为 1/CK_CST,计数值保存于当前计数值寄存器(SysTick_VAL)中。本书实验中,由于 CK_CST 的频率为 240 MHz,因此,SysTick 计数器每一次的计数时间为 $1/240\ \mu s$。当 SysTick_VAL 计数至 0 时,SysTick_CTRL 的 COUNTFLAG 被置 1,如果 SysTick_CTRL 的 TICKINT 为 1,则产生 SysTick 异常请求;相反,如果 SysTick_CTRL 的 TICKINT 为 0,则不产生 SysTick 异常请求。

3. 重装载数值寄存器

SysTick 计数器对 CK_CST 时钟进行递减计数,由重装载值 SysTick_LOAD 开始计数,当 SysTick 计数器计数到 0 时,由硬件自动将 SysTick_LOAD 中的值加载到 SysTick_VAL 中,重新启动递减计数。本实验的 SysTick_LOAD 为 240 000 000/1 000,因此,产生 SysTick 异常请求间隔为 $(1/240\mu s)\times(240\ 000\ 000/1\ 000)=1\ 000\ \mu s$,即 1 ms 产生一次 SysTick 异常请求。

8.2.2　SysTick 实验流程图分析

图 8-2 所示是 SysTick 模块初始化与中断服务函数流程图。首先,通过 InitSysTick 函数初始化 SysTick,包括更新 SysTick 重装载数值寄存器、清除 SysTick 计数器、选择 AHB 时钟作为 SysTick 时钟、使能异常请求,并使能 SysTick,这些操作都在 SysTick_Config 函数中完成。其次,判断 SysTick 计数器是否计数到 0,如果不为 0,继续判断;如果计数到 0,则产生 SysTick 异常请求,并执行 SysTick_Handler 中断服务函数,SysTick_Handler 函数主要判断 s_iTimDelayCnt 是否为 0,如果为 0,则退出 SysTick_Handler 函数;否则,s_iTimDelayCnt 执行递减操作。

图 8-3 是 DelayNms 函数流程图。首先,DelayNms 函数将参数 nms 赋值给 s_iTimDelayCnt,由于 s_iTimDelayCnt 是 SysTick 模块的内部变量,该变量在 SysTick_Handler 中断服务函数中执行递减操作(s_iTimDelayCnt 每 1 ms 执行一次减 1 操作)。其次,判断 s_iTimDelayCnt 是否为 0,如果为 0,则退出 DelayNms 函数;否则,继

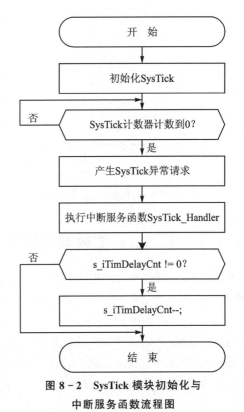

图 8-2　SysTick 模块初始化与中断服务函数流程图

续判断。这样,s_iTimDelayCnt 就从 nms 递减到 0,如果 nms 为 5,就可以实现 5 ms 延时。

图 8 - 4 是 DelayNus 函数流程图。微秒级的延时与毫秒级的延时的实现不同,微秒级的延时通过一个 while 循环语句内嵌一个 for 循环语句和一个 s_iTimCnt 变量递减语句实现,for 循环语句和 s_iTimCnt 变量递减语句执行时间约为 1 μs。参数 nus 一开始就赋值给 s_iTimCnt 变量,然后在 while 表达式中判断 s_iTimCnt 变量是否为 0,如果不为 0,则执行 for 循环语句和 s_iTimCnt 变量递减语句;否则,退出 DelayNus 函数。for 循环语句执行完之后,s_iTimCnt 变量执行一次减 1 操作,接着继续判断 s_iTimCnt 是否为 0。如果 nus 为 5,则可以实现 5 μs 延时。DelayNus 函数实现的微秒级延时的误差较大,DelayNms 函数实现的毫秒级延时误差较小。

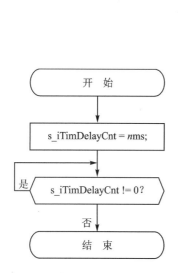

图 8 - 3　DelayNms 函数流程图

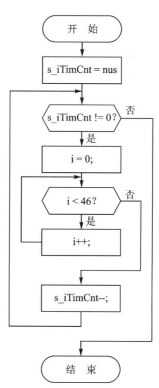

图 8 - 4　DelayNus 函数流程图

8.2.3　SysTick 实验程序架构

SysTick 实验的程序架构如图 8 - 5 所示。该图简要介绍了程序开始运行后各个函数的执行和调用流程,图中仅列出了与本实验相关的一部分函数。下面解释说明此程序架构图。

在 main 函数中调用 InitHardware 函数进行硬件相关模块初始化,包含 RCU、NVIC、UART 和 SysTick 等模块,这里仅介绍 SysTick 模块初始化函数 InitSysTick。在 InitSysTick 函数中调用 SysTick_Config 函数配置 SysTick,包括设置 SysTick 重装载数值寄存器、初始化 SysTick 计数器、使能异常请求及 SysTick。

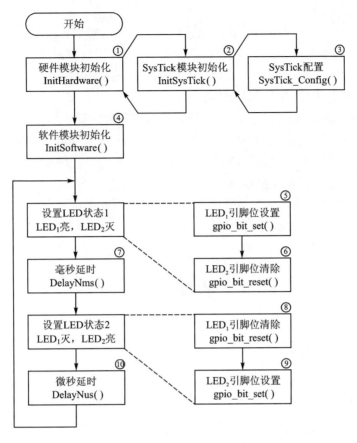

图 8-5　程序架构

调用 InitSoftware 函数进行软件相关模块初始化,本实验中,InitSoftware 函数为空。

调用 GPIO 固件库函数 gpio_bit_set 和 gpio_bit_reset 分别设置 LED_1 和 LED_2 的状态为点亮和熄灭,然后调用毫秒延时函数 DelayNms 进行延时(程序中延时 1 s),使 LED_1 和 LED_2 的当前状态持续 1 s。

DelayNms 函数延时结束后,再次通过 gpio_bit_reset 和 gpio_bit_set 函数分别将 LED_1 和 LED_2 的状态设置为熄灭和点亮,然后调用微秒延时函数 DelayNus 进行延时(程序中延时 1 s),使 LED_1 和 LED_2 的当前状态持续 1 s。

设置 LED 状态和延时的函数均在 while 循环中调用,因此,DelayNus 函数延时结束后,将再次设置 LED_1 和 LED_2 为点亮和熄灭。循环往复,以实现通过延时函数使 LED_1 和 LED_2 交替闪烁的目的。

在图 8-5 中,编号①和④的函数在 Main.c 文件中声明和实现;编号②、⑦和⑩的函数在 SysTick.h 文件中声明,在 SysTick.c 文件中实现;编号③、⑤、⑥、⑧和⑨的函数均为固件库函数。

另外,DelayNms 函数延时功能的实现还涉及 SysTick.c 文件中的 SysTick 中断服务函数 SysTick_Handler 和延时计数函数 TimDelayDec,每当 SysTick 计数器计数到 0 都将自动调用 SysTick_Handler 函数,在 SysTick_Handler 函数中调用 TimDelayDec 函数使延时计数值进行减 1 操作。

本实验编程要点：

SysTick 配置，通过 SysTick_Config 函数配置 SysTick 每 1 ms 进入一次中断。

DelayNms 函数延时功能的实现。该函数的输入参数指定延时时间，将输入参数赋值于一个用于进行延时计数的静态变量，在 SysTick 中断服务函数中使该静态变量执行减 1 操作。当静态变量的值减至 0 时，退出 DelayNms 函数。

DelayNus 函数延时功能的实现。该函数的输入参数指定延时时间，将输入参数赋值于一个用于进行延时计数的变量，在 while 循环中通过 for 语句进行延时，延时时间约为 1 μs，延时结束后使计数的变量减 1。当变量的值减至 0 时，退出 DelayNus 函数。

本实验中，DelayNms 和 DelayNus 函数均用于延时，但二者实现延时的原理不同。掌握 SysTick 定时器的配置方法和 2 个延时函数的实现原理即可快速完成本实验，另外，通过包含 SysTick.c 文件，可以根据需要在其他模块中调用延时函数实现延时功能，DelayNms 较为精确，DelayNus 误差略大。

8.3　实验代码解析

8.3.1　SysTick 文件对

1. SysTick.h 文件

在 SysTick.h 文件的"API 函数声明"区，为 API 函数的声明代码，如程序清单 8-1 所示。其中，InitSysTick 函数用于初始化 SysTick 模块；DelayNus 函数用于微秒延时；DelayNms 函数用于毫秒延时。DelayNus 和 DelayNms 函数均使用到了关键字 __IO，__IO 定义在 core_cm4.h 文件中，gd32f4xx.h 文件包含了 core_cm4.h 文件，因此，SysTick.h 包含了 gd32f4xx.h 文件，就相当于包含了 core_cm4.h 文件。

程序清单 8-1

```
void   InitSysTick(void);                    //初始化 SysTick 模块
void   DelayNus(__IO unsigned int nus);      //微秒级延时函数
void   DelayNms(__IO unsigned int nms);      //毫秒级延时函数
```

2. SysTick.c 文件

SysTick 模块涉及的 SysTick_Config 函数在 core_cm4.h 文件中声明，因此，原则上需要包含 core_cm4.h。但是，SysTick.c 包含了 SysTick.h，而 SysTick.h 包含了 gd32f4xx.h，gd32f4xx.h 又包含了 core_cm4.h，既然 SysTick.c 已经包含了 SysTick.h，因此，就不需要在 SysTick.c 中再次包含 gd32f4xx.h 或 core_cm4.h。

在 SysTick.c 文件的"内部变量定义"区，为内部变量的定义代码，如程序清单 8-2 所示。s_iTimDelayCnt 是延时计数器，该变量每 1 ms 执行一次减 1 操作，初值由 DelayNms 函数的参数 nms 赋予。__IO 等效于 volatile，在变量前添加 volatile 之后，编译器就不会对该变量的代码进行优化。

在"内部函数声明"区,声明了内部函数 TimDelayDec,如程序清单 8-3 所示。

程序清单 8-2

```
static  __IO  unsigned int s_iTimDelayCnt = 0;
```

程序清单 8-3

```
static  void TimDelayDec(void);          //延时计数
```

在"内部函数实现"区,为 TimDelayDec 和 SysTick_Handler 函数的实现代码,如程序清单 8-4 所示。本实验中,SysTick_Handler 函数每秒执行一次,该函数调用了 TimDelayDec 函数,当延时计数器 s_iTimDelayCnt 不为 0 时,每执行一次 TimDelayDec 函数,s_iTimDelayCnt 执行一次减 1 操作。

程序清单 8-4

```
1.    static   void TimDelayDec(void)
2.    {
3.      if(s_iTimDelayCnt ! = 0)          //延时计数器的数值不为 0
4.      {
5.        s_iTimDelayCnt - - ;            //延时计数器的数值减 1
6.      }
7.    }
8.
9.    void   SysTick_Handler(void)
10.   {
11.     TimDelayDec();                    //延时计数函数
12.   }
```

在"API 函数实现"区,为 API 函数的实现代码,如程序清单 8-5 所示。SysTick.c 文件有 3 个 API 函数。

(1) 第 1~10 行代码:InitSysTick 函数调用 SysTick_Config 函数初始化 SysTick 模块,本实验中,SysTick 的时钟为 240 MHz,因此,SystemCoreClock 为 240 000 000,SysTick_Config 函数的参数就为 240 000,表示 SysTick_LOAD 为 240 000,通过计算可以得出,产生 SysTick 异常请求间隔为 $(1/240 \ \mu s) \times 240 \ 000 = 1 \ 000 \ \mu s$,即 1 ms 产生一次 SysTick 异常请求。SysTick_Config 函数的返回值表示是否出现错误,返回值为 0 表示没有错误;为 1 表示出现错误,程序进入死循环。

(2) 第 12~22 行代码:DelayNms 函数的参数 nms 表示以毫秒为单位的延时数,nms 赋值给延时计数器 s_iTimDelayCnt,该值在 SysTick_Handler 中断服务函数中执行一次减 1 操作,当 s_iTimDelayCnt 减到 0 时,跳出 DelayNms 函数的 while 循环。

(3) 第 24~38 行代码:DelayNus 函数通过一个 while 循环语句内嵌一个 for 循环语句实现微秒级延时,for 循环语句执行时间大约为 1 μs。

程序清单 8-5

```
1.    void InitSysTick( void )
2.    {
3.      if (SysTick_Config(SystemCoreClock / 1 000U))    //配置系统滴答定时器 1 ms 中断一次
4.      {
5.        while(1)                                        //错误发生的情况下,进入死循环
```

```
6.        {
7.
8.        }
9.      }
10.   }
11.
12.   void  DelayNms(__IO unsigned int nms)
13.   {
14.     s_iTimDelayCnt = nms;              //将延时计数器 s_iTimDelayCnt 的数值赋为 nms
15.
16.     SysTick->VAL = SysTick->LOAD;//避免第一个 ms 不准确
17.
18.     while(s_iTimDelayCnt != 0)         //延时计数器的数值为 0 时,表示延时了 nms,跳出 while 语句
19.     {
20.
21.     }
22.   }
23.
24.   void  DelayNus(__IO unsigned int nus)
25.   {
26.     unsigned int s_iTimCnt = nus;      //定义一个变量 s_iTimCnt 作为延时计数器,赋值为 nus
27.     unsigned short i;                  //定义一个变量作为循环计数器
28.
29.     while(s_iTimCnt != 0)              //延时计数器 s_iTimCnt 的值不为 0
30.     {
31.       for(i = 0; i < 46; i++)          //空循环,产生延时功能
32.       {
33.
34.       }
35.
36.       s_iTimCnt--;                      //成功延时 1 μs,变量 s_iTimCnt 减 1
37.     }
38.   }
```

8.3.2 Main.c 文件

在 Main.c 文件的"包含头文件"区的最后,包含 SysTick.h 头文件,这样就可以在 Main.c 文件中调用 SysTick 模块的 API 函数等,实现对 SysTick 模块的操作。

在 InitHardware 函数中,调用 InitSysTick 函数实现了对 SysTick 模块的初始化,如程序清单 8-6 所示。

程序清单 8-6

```
1.    static  void  InitHardware(void)
2.    {
3.        SystemInit();                              //系统初始化
4.        InitRCU();                                 //初始化 RCU 模块
5.        InitNVIC();                                //初始化 NVIC 模块
6.        InitUART0(115200);                         //初始化 UART 模块
7.        InitTimer();                               //初始化 Timer 模块
8.        InitLED();                                 //初始化 LED 模块
9.        InitSysTick();                             //初始化 SysTick 模块
10.   }
```

在 main 函数中,注释掉 Proc2msTask 和 Proc1SecTask 这 2 个函数,并调用 GPIO 固件库函数和 SysTick 模块的延时函数,实现 2 个 LED 交替闪烁功能,如程序清单 8-7 所示。

程序清单 8-7

```
1.    int main(void)
2.    {
3.        InitHardware();                                  //初始化硬件相关函数
4.        InitSoftware();                                  //初始化软件相关函数
5.
6.        printf("Init System has been finished.\r\n");    //打印系统状态
7.
8.        while(1)
9.        {
10.   //      Proc2msTask();                               //2 ms 处理任务
11.   //      Proc1SecTask();                              //1 s 处理任务
12.           gpio_bit_set(GPIOB, GPIO_PIN_5);             //LED₁ 点亮
13.           gpio_bit_reset(GPIOI, GPIO_PIN_8);           //LED₂ 熄灭
14.           DelayNms(1000);
15.           gpio_bit_reset(GPIOB, GPIO_PIN_5);           //LED₁ 熄灭
16.           gpio_bit_set(GPIOI, GPIO_PIN_8);             //LED₂ 点亮
17.           DelayNus(1000000);
18.       }
19.   }
```

8.3.3　实验结果

代码编写完成并编译通过后,下载程序并进行复位。可以观察到开发板上 2 个 LED 交替闪烁,表示实验成功。

本章任务

基于 GD32F4 蓝莓派开发板,通过修改 SysTick 模块的 InitSysTick 函数,将系统节拍时

钟 SysTick 配置为每 0.25 ms 中断一次，此时，SysTick 模块中的 DelayNms 函数将不再以 1 ms 为最小延时单位，而是以 0.25 ms 为最小延时单位。尝试修改 DelayNms 函数，使得该函数在 SysTick 为每 0.25 ms 中断一次的情况下，依然是以 1 ms 为最小延时单位，即 DelayNms(1) 代表 1 ms 延时，DelayNms(5) 代表 5 ms 延时，并在 Main 模块中调用 DelayNms 函数控制 LED$_1$ 和 LED$_2$ 每 1 000 ms 交替闪烁，验证 DelayNms 函数是否修改正确。

任务提示：

（1）通过设置 SysTick_Config 函数的参数修改 SysTick_LOAD 的值。

（2）修改 DelayNms 函数的参数与延时计数器的对应关系即可，无需修改 SysTick.c 文件中的其他函数。

本章习题

1. 简述 DelayNus 函数产生延时的原理。

2. DelayNus 函数的时间计算精度会受什么因素影响？

3. GD32F470IIH6 微控制器中的通用定时器与 SysTick 定时器有什么区别？

4. 如何通过寄存器将 SysTick 时钟频率由 240 MHz 更改为 30 MHz？

第 9 章　实验 8　RCU

GD32F4xx 系列微控制器为了满足各种低功耗应用场景，设计了一个功能完善而复杂的时钟系统。普通的微控制器一般只要配置好外设（如 GPIO、UART 等）的相关寄存器就可以正常工作，但是，GD32F4xx 系列微控制器还需要同时配置好复位和时钟单元 RCU，并开启相应的外设时钟。本章主要介绍时钟部分，尤其是时钟树，理解了时钟树，GD32F4xx 系列微控制器所有时钟的来龙去脉就非常清晰了。本章首先详细介绍时钟源和时钟树，以及 RCU 的相关寄存器和固件库函数，并编写 RCU 模块驱动程序，然后在应用层调用 RCU 的初始化函数，验证整个系统是否能够正常工作。

9.1　实验内容

通过学习 GD32F4xx 系列微控制器的时钟源和时钟树，以及 RCU 的相关寄存器和固件库函数，编写 RCU 驱动程序，该驱动程序包括一个用于初始化 RCU 模块的 API 函数 InitRCU，以及一个用于配置 RCU 的内部静态函数 ConfigRCU。通过 ConfigRCU 函数，将外部高速晶体振荡器时钟（HXTAL，即 GD32F4 蓝莓派开发板上的晶振 Y_{301}，频率为 25 MHz）依次进行 25 分频、480 倍频和 2 分频之后作为系统时钟 CK_SYS 的时钟源；同时，将 AHB 总线时钟 HCLK 频率配置为 240 MHz，将 APB1 总线时钟 PCLK1 和 APB2 总线时钟 PCLK2 的频率分别配置为 60 MHz 和 120 MHz。最后，在 Main.c 文件中调用 InitRCU 函数，验证整个系统是否能够正常工作。

9.2　实验原理

9.2.1　RCU 功能框图

对于传统的微控制器（如 51 系列微控制器），系统时钟的频率基本都是固定的，实现一个延时程序，可以直接使用 for 循环语句或 while 语句。然而，对于 GD32F4xx 系列微控制器则不可行，因为 GD32F4xx 系列微控制器的系统较复杂，时钟系统相对于传统的微控制器也更加多样化，系统时钟有多个时钟源，每个外设又有不同的时钟分频系数，如果不熟悉时钟系统，就无法确定当前的时钟频率，做不到精确的延时。

复位和时钟单元（即 RCU）是 GD32F4xx 系列微控制器的核心单元，每个实验都会涉及 RCU。当然，本书中所有的实验都要先对 RCU 进行初始化配置，然后再使能具体的外设时钟。因此，如果不熟悉 RCU，就难以基于 GD32F4xx 系列微控制器进行程序开发。

RCU 的功能框图如图 9-1 所示,下面依次介绍外部高速晶体振荡器时钟 HXTAL、锁相环时钟选择器和倍频器、系统时钟 CK_SYS 选择器、AHB 预分频器、APB1 和 APB2 预分频器、定时器倍频器、ADC 预分频器和 Cortex 系统时钟分频器。

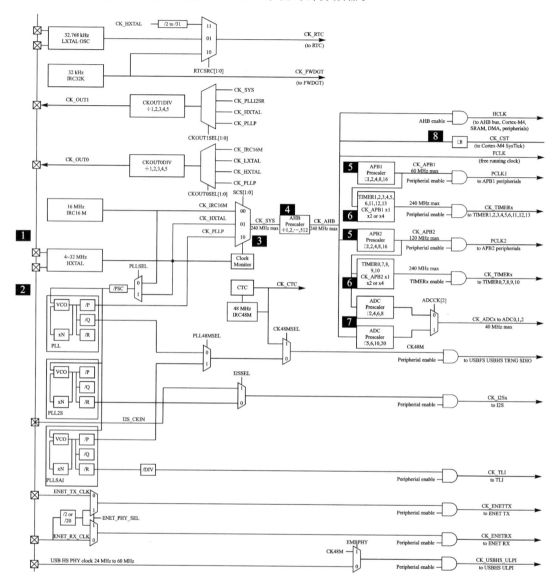

图 9-1　RCU 功能框图

1. 外部高速晶体振荡器时钟 HXTAL

HXTAL 可以由有源晶振提供,也可以由无源晶振提供,频率范围为 4～32 MHz。GD32F4 蓝莓派开发板的板载晶振为无源 25 MHz 晶振,通过 OSC_IN 和 OSC_OUT 2 个引脚接入芯片,同时还要配谐振电容。如果选择有源晶振,则时钟从 OSC_IN 接入,OSC_OUT 悬空。

2. 锁相环时钟选择器和倍频器

锁相环时钟 CK_PLLP 由一级选择器和一级倍频器组成。锁相环时钟选择器通过 RCU_PLL 的 PLLSEL 选择 IRC16M(16 MHz)或 HXTAL 作为下一级的时钟输入,该时钟再经过 RCU_PLL 的 PLLPSC 分频后将作为 PLL VCO 源时钟(CK_PLLVCOSRC)。本书所有实验选择 25 分频的 HXTAL(25 MHz/25＝1 MHz)作为 PLL VCO 的时钟源,即 CK_PLLVCOSRC 为 1 MHz。IRC16M 是内部 16M RC 振荡器时钟的缩写,由内部 RC 振荡器产生,频率为 16 MHz,但不稳定。

锁相环时钟倍频器通过 RCU_PLL 的 PLLN 对 CK_PLLVCOSRC 进行倍频输出得到 PLL VCO 输出时钟(CK_PLLVCO,注意,CK_PLLVCO 时钟频率范围必须在 $100\sim500$ MHz 之间),再通过 RCU_PLL 的 PLLP 对 PLL VCO 输出时钟(CK_PLLVCO)进行分频得到 PLLP 输出时钟(CK_PLLP,该时钟可以被用作为系统时钟,且频率不能超过 240 MHz)。由于本书所有实验的 PLLN 倍频系数为 480,PLLP 分频系数为 2,因此,此处最终得到的用作系统时钟的 PLLP 时钟(CK_PLLP)的频率为 1 MHz×480/2＝240 MHz。

3. 系统时钟 CK_SYS 选择器

通过 RCU_CFG0 的 SCS 选择系统时钟 CK_SYS 的时钟源,可以选择 CK_IRC16M、CK_HXTAL 或 CK_PLLP 作为 CK_SYS 的时钟源。本书所有的实验均选择 CK_PLLP 作为 CK_SYS 的时钟源。由于 CK_PLLP 是 240 MHz,因此,CK_SYS 也是 240 MHz。

4. AHB 预分频器

AHB 预分频器通过 RCU_CFG0 的 AHBPSC 对 CK_SYS 进行 1、2、4、8、16、64、128、256 或 512 分频,本书所有实验的 AHB 预分频器未对 CK_SYS 进行分频,即 AHB 时钟依然为 240 MHz。

5. APB1 和 APB2 预分频器

AHB 时钟是 APB1 和 APB2 预分频器的时钟输入,APB1 预分频器通过 RCU_CFG0 的 APB1PSC 对 AHB 时钟进行 1,2,4,8 或 16 分频;APB2 预分频器通过 RCU_CFG0 的 APB2PSC 对 AHB 时钟进行 1,2,4,8 或 16 分频。本书所有实验的 APB1 预分频器对 AHB 时钟进行 4 分频,APB2 预分频器对 AHB 时钟进行 2 分频。因此,APB1 时钟频率为 60 MHz,APB2 时钟频率为 120 MHz。注意,APB1 时钟最大频率为60 MHz,APB2 时钟最大频率为 120 MHz。

6. 定时器倍频器

GD32F4xx 系列微控制器有 14 个定时器,其中 TIMER1～TIMER6 和 TIMER11～TIMER13 的时钟由 APB1 时钟提供,TIMER0、TIMER7～TIMER10 的时钟由 APB2 时钟提供。TIMER 时钟频率与 APBx 分频系数之间的关系由 RCU_CFG1 的 TIMERSEL 决定。当 TIMERSEL 为 0,APBx 预分频器的分频系数为 1 或 2 时,定时器的时钟频率与 AHB 时钟频率相等,否则,定时器的时钟频率是 APBx 时钟频率的 2 倍。当 TIMERSEL 为 1,APBx 预分频器的分频系数为 1,2 或 4 时,定时器的时钟频率与 AHB 时钟频率相等,否则,定时器的时钟频率是 APBx 时钟频率的 4 倍。本书所有实验的 TIMERSEL 均为 1,APB1 预分频器的分频系数均为 4,APB2 预分频器的分频因子均为 2,而且,AHB 时钟频率为 240 MHz,因此,TIMER1～TIMER6 和 TIMER11～TIMER13 的时钟频率为 240 MHz,TIMER0、TIMER7～TIMER10 的时钟频率同样为 240 MHz。

7. ADC 预分频器

GD32F4xx 系列微控制器通过同步控制寄存器 ADC_SYNCCTL 的 ADCCK 选择经过分频的 APB2 时钟或经过分频的 AHB 时钟作为 ADC 的时钟源,分频系数取决于 ADC_SYNCCTL 的 ADCCK,对 APB2 时钟可以进行 2、4、6、8 分频,对 AHB 时钟可以进行 5、6、10 或 20 分频。在本书的最后 2 个实验(DAC 实验和 ADC 实验)中,选择 10 分频的 AHB 时钟作为 ADC 的时钟源,由于 AHB 时钟频率为 240 MHz,因此,最终的 ADC 时钟为 240 MHz/10＝24 MHz。

8. Cortex 系统时钟分频器

AHB 时钟或 AHB 时钟经过 8 分频,作为 Cortex 系统时钟。本书中的 SysTick 实验使用的即为 Cortex 系统时钟,AHB 时钟频率为 240 MHz,因此,SysTick 时钟频率也为 240 MHz,或 30 MHz。本书所有实验的 Cortex 系统时钟频率默认为 240 MHz,因此,SysTick 时钟频率也为 240 MHz。

提示:关于 RCU 参数的配置,可参见本书配套实验的 RCU.h 和 RCU.c 文件。

9.2.2 RCU 实验程序架构

RCU 实验的程序架构如图 9-2 所示,该图简要介绍了程序开始运行后各个函数的执行和调用流程,图中仅列出了与本实验相关的一部分函数。下面解释说明此程序架构图。

在 main 函数中调用 InitHardware 函数进行硬件相关模块初始化,包含 NVIC、UART、Timer 和 RCU 等模块,这里仅介绍 RCU 模块初始化函数 InitRCU。在 InitRCU 函数中调用 ConfigRCU 函数配置 RCU,包括使能高速外部晶振、配置 AHB、APB1 和 APB2 总线的时钟频率,配置 PLL 和配置系统时钟等。

调用 InitSoftware 函数进行软件相关模块初始化,本实验中,InitSoftware 函数为空。

调用 Proc2msTask 函数进行 2 ms 任务处理,在该函数中,先通过 Get2msFlag 函数获取 2 ms 标志位,若标志位为 1,则调用 LEDFlicker 函数实现 LED 电平翻转,再通过 Clr2msFlag 函数清除 2 ms 标志位。

2 ms 任务之后再调用 Proc1SecTask 函数进行 1 s 任务处理,在该函数中,先通过 Get1SecFlag 函数获取 1 s 标志位,若标志位为 1,则通过 printf 函数打印输出信息,再通过 Clr1SecFlag 函数清除 1 s 标志位。

Proc2msTask 和 Proc1SecTask 均在 while 循环中调用,因此,Proc1SecTask 函数执行完后将再次执行 Proc2msTask 函数,从而实现 LED 交替闪烁,且串口每秒输出一次字符串。

在图 9-2 中,编号①、④、⑤和⑦的函数在 Main.c 文件中声明和实现;编号为②的函数在

RCU. h 文件中声明,在 RCU. c 文件中实现;编号为③的函数在 RCU. c 文件中声明和实现。在编号③的 ConfigRCU 函数中所调用的一系列函数均为固件库函数,在对应的固件库中声明和实现。

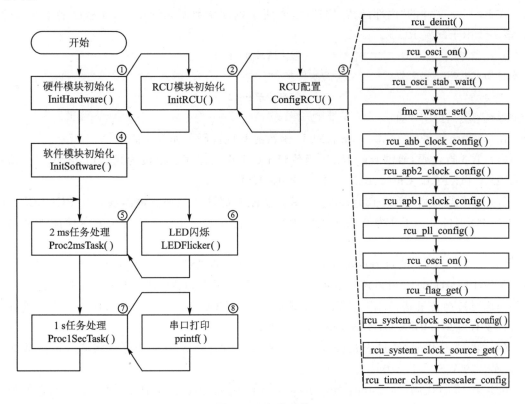

图 9 - 2　程序架构

本实验编程要点:

配置时钟系统,包括设置高速外部晶振为时钟源、配置锁相环 PLL、配置 AHB、APB1 和 APB2 总线时钟以及配置系统时钟等。

在 ConfigRCU 函数中通过调用 RCU 相关固件库函数实现上述时钟配置。

在本实验中,核心内容为 GD32F4xx 系列微控制器的时钟树系统,理解时钟树中各个时钟的来源和配置方法,掌握配置时钟的固件库函数的定义和用法以及固件库函数对应操作的寄存器,即可快速完成本实验。

9.3　实验代码解析

9.3.1　RCU 文件对

1. RCU. h 文件

在 RCU. h 文件的"API 函数声明"区,声明了 API 函数 InitRCU,如程序清单 9 - 1 所示。

该函数用于初始化 RCU 时钟控制器模块。

2. RCU. c 文件

在 RCU. c 文件的"内部函数声明"区,声明了内部函数 ConfigRCU,如程序清单 9 - 2 所示,该函数用于配置 RCU。

程序清单 9 - 1

```
void InitRCU(void);                 //初始化 RCU 模块
```

程序清单 9 - 2

```
staticvoidConfigRCU(void);          //配置 RCU
```

在"内部函数实现"区,为 ConfigRCU 函数的实现代码。如程序清单 9 - 3 所示。

(1) 第 5 行代码:通过 rcu_deinit 函数将 RCU 部分寄存器重设为默认值,这些寄存器包括 RCU_CTL、RCU_CFG0、RCU_CFG1 和 RCU_INT 等。

(2) 第 7 行代码:通过 rcu_osci_on 函数使能外部高速晶振。该函数涉及 RCU_CTL 的 HXTALEN,HXTALEN 为 0 表示关闭外部高速晶振,HXTALEN 为 1 表示使能外部高速晶振。

(3) 第 9 行代码:通过 rcu_osci_stab_wait 函数判断外部高速时钟是否就绪,返回值赋值给 HXTALStartUpStatus。该函数涉及 RCU_CTL 的 HXTALSTB,HXTALSTB 为 1 表示外部高速时钟准备就绪,HXTALStartUpStatus 为 SUCCESS;HXTALSTB 为 0 表示外部高速时钟没有就绪,HSEStartUpStatus 为 ERROR。

(4) 第 13 行代码:通过 fmc_wscnt_set 函数将时延设置为 1 个等待状态。该函数涉及 FMC_WS 的 WSCNT[3:0]。

(5) 第 15 行代码:通过 rcu_ahb_clock_config 函数将高速 AHB 时钟的预分频系数设置为 1。该函数涉及 RCU_CFG0 的 AHBPSC[3:0],AHB 时钟是系统时钟 CK_SYS 进行 1,2,4,8,16,64,128,256 或 512 分频的结果,AHBPSC[3:0]控制 AHB 时钟的预分频系数。本实验的 AHBPSC[3:0]为 0000,即 AHB 时钟与 CK_SYS 时钟频率相等,CK_SYS 时钟频率为 240 MHz,因此,AHB 时钟频率同样也为 240 MHz。

(6) 第 17 行代码:通过 rcu_apb2_clock_config 函数将高速 APB2 时钟的预分频系数设置为 2。该函数涉及 RCU_CFG0 的 APB2PSC[2:0],APB2 时钟是 AHB 时钟进行 1,2,4,8 或 16 分频的结果,APB2PSC[2:0]控制 APB2 时钟的预分频系数。本实验的 APB2PSC[2:0]为 100,即 APB2 时钟为 AHB 时钟的 2 分频,AHB 时钟频率为 240 MHz,因此,APB2 时钟频率为 120 MHz。

(7) 第 19 行代码:通过 rcu_apb1_clock_config 函数将高速 APB1 时钟的预分频系数设置为 4。该函数涉及 RCU_CFG0 的 APB1PSC[2:0],APB1 时钟是 AHB 时钟进行 1,2,4,8 或 16 分频的结果,APB1PSC[2:0]控制 APB1 时钟的预分频系数。本实验的 APB1PSC[2:0]为 101,即 APB1 时钟是 AHB 时钟的 4 分频,由于 AHB 时钟频率为 240 MHz,因此,APB1 时钟频率为 60 MHz。

(8) 第 22 行代码:通过 rcu_pll_config 函数配置 PLL 时钟源及倍频系数。该函数涉及 RCU_PLL 的 PLLSEL、PLLPSC、PLLN 和 PLLP,PLLSEL 用于选择 IRC16M 时钟或 HXTAL 作为 PLL 时钟源,PLLPSC 用于对上一步选择的 PLL 时钟源进行分频得到 PLL

VCO 源时钟,PLLN 用于对 PLL VCO 源时钟进行倍频得到 PLL VCO 输出时钟,PLLP 用于对 PLL VCO 输出时钟进行分频得到 PLLP 输出时钟。本实验的 PLLSEL 为 1,选择 HATAL 作为 PLL 时钟源;PLLPSC 为 011 001,表示分频系数为 25;PLLN 为 111 100 000,表示倍频系数为 480;PLLP 为 00,表示分频系数为 2。因此,频率为 25 MHz 的 HXTAL 时钟依次经过 25 分频、480 倍频和 2 分频后作为 PLLP 输出时钟,即 PLLP 输出时钟为 25/25 × 480/2 MHz=240 MHz。

(9) 第 24 行代码:通过 rcu_osci_on 函数使能 PLL 时钟。该函数涉及 RCU_CTL 的 PLLEN,PLLEN 用于关闭或使能 PLL 时钟。

(10) 第 27 行代码:通过 rcu_flag_get 函数判断 PLL 时钟是否就绪。该函数涉及 RCU_CTL 的 PLLSTB,PLLSTB 用于指示 PLL 时钟是否就绪。

(11) 第 32 行代码:通过 rcu_system_clock_source_config 函数将 PLLP 输出时钟选作 CK_SYS 的时钟源。该函数涉及 RCU_CFG0 的 SCS[1:0],SCS[1:0]用于选择 IRC16M、HXTAL 或 PLLP 作为 CK_SYS 的时钟源。

(12) 第 36 行代码:通过 rcu_system_clock_source_get 函数等待 PLLP 成功用于系统时钟。该函数涉及 RCU_CFG0 的 SCSS[1:0],SCSS[1:0]用于指示系统时钟选择状态,由硬件置位或清零。

(13) 第 41 行代码:通过 rcu_timer_clock_prescaler_config 函数设置定时器的时钟频率。该函数涉及 RCU_CFG1 的 TIMERSEL,TIMERSEL 决定了所有定时器的时钟频率与 AHB 和 APBx 总线时钟频率的关系。

程序清单 9-3

```
1.    static void ConfigRCU(void)
2.    {
3.      ErrStatus HXTALStartUpStatus;
4.
5.      rcu_deinit();                                      //RCU 配置恢复默认值
6.
7.      rcu_osci_on(RCU_HXTAL);                            //使能高速外部晶振
8.
9.      HXTALStartUpStatus = rcu_osci_stab_wait(RCU_HXTAL); //等待外部晶振稳定
10.
11.     if(HXTALStartUpStatus == SUCCESS)                  //外部晶振已经稳定
12.     {
13.       fmc_wscnt_set(WS_WSCNT_1);
14.
15.       rcu_ahb_clock_config(RCU_AHB_CKSYS_DIV1);        //设置高速 AHB 时钟(HCLK) = CK_SYS
16.
17.       rcu_apb2_clock_config(RCU_APB2_CKAHB_DIV2);      //设置高速 APB2 时钟(PCLK2) = AHB/2
18.
19.       rcu_apb1_clock_config(RCU_APB1_CKAHB_DIV4);      //设置低速 APB1 时钟(PCLK1) = AHB/4
20.
```

```
21.    //设置锁相环 PLL = HXTAL / 25 × 480 /2 = 240 MHz
22.    rcu_pll_config(RCU_PLLSRC_HXTAL, 25, 480, 2, 9);
23.
24.    rcu_osci_on(RCU_PLL_CK);
25.
26.    //等待锁相环稳定
27.    while(0U == rcu_flag_get(RCU_FLAG_PLLSTB))
28.    {
29.    }
30.
31.    //选择 PLLP 作为系统时钟
32.    rcu_system_clock_source_config(RCU_CKSYSSRC_PLLP);
33.
34.
35.    //等待 PLLP 成功用于系统时钟
36.    while(0U == rcu_system_clock_source_get())
37.    {
38.    }
39.
40.    //定时器时钟全为 240 MHz
41.    rcu_timer_clock_prescaler_config(RCU_TIMER_PSC_MUL4);
42.    }
43. }
```

在"API 函数实现"区,为 InitRCU 函数的实现代码,如程序清单 9 - 4 所示,InitRCU 函数调用 ConfigRCU 函数实现对 RCU 模块的初始化。

程序清单 9 - 4

```
1.    void InitRCU(void)
2.    {
3.      ConfigRCU();              //配置 RCU
4.    }
```

9.3.2 Main. c 文件

在 Main. c 文件"包含头文件"区的最后,包含 RCU. h 头文件。这样就可以在 Main. c 文件中调用 RCU 模块的 API 函数等,实现对 RCU 模块的操作。

在 InitHardware 函数中,调用 InitRCU 函数实现对 RCU 模块的初始化,如程序清单 9 - 5 所示。

程序清单 9 - 5

```
1.    static  void  InitHardware(void)
2.    {
3.      SystemInit();              //系统初始化
4.      InitNVIC();                //初始化 NVIC 模块
5.      InitUART0(115200);         //初始化 UART 模块
6.      InitTimer();               //初始化 Timer 模块
```

```
7.      InitSysTick();              //初始化 SysTick 模块
8.      InitLED();                  //初始化 LED 模块
9.      InitRCU();                  //初始化 RCU 模块
10.   }
```

9.3.3 实验结果

代码编写完成并编译通过后,下载程序并进行复位。GD32F4 蓝莓派开发板上的 2 个 LED 交替闪烁,串口正常输出字符串,表示实验成功。

本章任务

基于 GD32F4 蓝莓派开发板,重新配置 RCU 时钟,将 PCLK1 时钟配置为 30 MHz, PCLK2 时钟配置为 60 MHz,对比修改前后的 LED 闪烁间隔以及串口助手输出字符串间隔, 并分析产生变化的原因。

任务提示:

(1) TIMER1、TIMER4 的时钟均来源于 PCLK1,USART0 的时钟来源于 PCLK2。

(2) 修改 PCLK2 时钟频率后,串口可能输出乱码,可将 InitHardware 函数中的 RCU 模块初始化函数 InitRCU 置于串口模块初始化函数 InitUART0 之前。

本章习题

1. 什么是有源晶振,什么是无源晶振?

2. 简述 RCU 模块中的各个时钟源及其配置方法。

3. 简述 rcu_deinit 函数功能。

4. 在 rcu_system_clock_source_get 函数中通过直接操作寄存器完成相同的功能。

第10章 实验9 外部中断

通过 GPIO 与独立按键输入实验,已经掌握了将 GD32F4xx 系列微控制器的 GPIO 作为输入使用的知识。本章将学习基于中断/事件控制器 EXTI,通过 GPIO 检测输入脉冲,并产生中断,打断原来的代码执行流程,进入中断服务函数中进行处理,处理完成后再返回中断之前的代码继续执行,从而实现同 GPIO 与独立按键输入类似的功能。

10.1 实验内容

通过学习 EXTI 功能框图、EXTI 的相关寄存器和固件库函数,以及系统配置 SYSCFG 的相关寄存器和固件库函数,基于 EXTI,通过 GD32F4 蓝莓派开发板上的 KEY_1、KEY_2 和 KEY_3,控制 LED_1 和 LED_2 的亮灭,KEY_1 用于控制 LED_1 的状态翻转,KEY_2 用于控制 LED_2 的状态翻转,KEY_3 用于控制 LED_1 和 LED_2 的状态同时翻转。

10.2 实验原理

10.2.1 EXTI 功能框图

EXTI 管理了 23 个中断/事件线,每个中断/事件线都对应一个边沿检测电路,可以对输入线的上升沿、下降沿或上升/下降沿进行检测,每个中断/事件线可以通过寄存器进行单独配置,既可以产生中断触发,也可以产生事件触发。图 10-1 所示是 EXTI 的功能框图,下面介绍各主要功能模块。

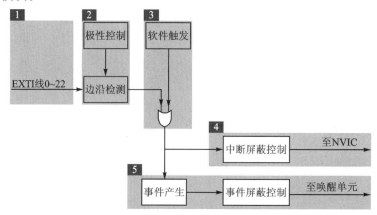

图 10-1 EXTI 功能框图

1. EXTI 输入线

GD32F4xx 系列微控制器的 EXTI 输入线有 23 条,即 EXTI0~EXTI22,且都有触发源,表 10-1 列出了 EXTI 所有输入线的输入源,其中,EXTI0~EXTI15 用于 GPIO,每个 GPIO 都可以作为 EXTI 的输入源,EXTI16 与 LVD 相连接,EXTI17 与 RTC 闹钟事件相连接,EXTI18 与 USBFS 唤醒事件相连接,EXTI19 与以太网唤醒事件相连接,EXTI20 与 USBHS 唤醒事件相连接,EXTI21 与 RTC 侵入和时间戳事件相连接,EXTI22 与 RTC 唤醒事件相连接。

表 10-1　EXTI 输入线

EXTI 线编号	输入源
0	PA0/PB0/PC0/PD0/PE0/PF0/PG0/PH0/PI0
1	PA1/PB1/PC1/PD1/PE1/PF1/PG1/PH1/PI1
2	PA2/PB2/PC2/PD2/PE2/PF2/PG2/PH2/PI2
3	PA3/PB3/PC3/PD3/PE3/PF3/PG3/PH3/PI3
4	PA4/PB4/PC4/PD4/PE4/PF4/PG4/PH4/PI4
5	PA5/PB5/PC5/PD5/PE5/PF5/PG5/PH5/PI5
6	PA6/PB6/PC6/PD6/PE6/PF6/PG6/PH6/PI6
7	PA7/PB7/PC7/PD7/PE7/PF7/PG7/PH7/PI7
8	PA8/PB8/PC8/PD8/PE8/PF8/PG8/PH8/PI8
9	PA9/PB9/PC9/PD9/PE9/PF9/PG9/PH9/PI9
10	PA10/PB10/PC10/PD10/PE10/PF10/PG10/PH10/PI10
11	PA11/PB11/PC11/PD11/PE11/PF11/PG11/PH11/PI11
12	PA12/PB12/PC12/PD12/PE12/PF12/PG12/PH12
13	PA13/PB13/PC13/PD13/PE13/PF13/PG13/PH13
14	PA14/PB14/PC14/PD14/PE14/PF14/PG14/PH14
15	PA15/PB15/PC15/PD15/PE15/PF15/PG15/PH15
16	LVD
17	RTC 闹钟
18	USBFS 唤醒
19	Ethernet 唤醒
20	USBHS 唤醒
21	RTC 侵入和时间戳事件
22	RTC 唤醒

2. 边沿检测电路

通过配置上升沿触发使能寄存器(EXTI_RTEN)和下降沿触发使能寄存器(EXTI_FTEN),可以实现输入信号的上升沿检测、下降沿检测或上升/下降沿同时检测。EXTI_RTEN 的各个位与 EXTI 输入线的编号一一对应,如第 1 个位 RTEN0 对应 EXTI0 输入线,当 RTEN0 配置为 1 时,EXTI0 输入线的上升沿触发有效;第 23 个位 RTEN22 对应 EXTI22 输入线,当 RTEN22 配置为 0 时,EXTI22 输入线的上升沿触发无效。同样,EXTI_FTEN 的各个位也分别对应一个 EXTI 输入线,例如,第 2 个位 FTEN1 对应 EXTI1 输入线,当 FTEN1 配置为 1 时,EXTI1 输入线的下降沿触发有效。

3. 软件中断

软件中断事件寄存器(EXTI_SWIEV)的输出和边沿检测电路的输出通过或运算输出到下一级,因此,无论 EXTI_SWIEV 输出高电平,还是边沿检测电路输出高电平,下一级都会输出高电平。虽然通过 EXTI 输入线产生触发源,但是使用软件中断触发的设计方法能够让 GD32F4xx 系列微控制器的应用变得更加灵活,例如,在默认情况下,通过 PA4 的上升沿脉冲触发 A/D 转换,而在某种特定场合,又需要人为地触发 A/D 转换,这时就可以借助 EXTI_SWIEV,只需要向该寄存器的 SWIEV4 写入 1,即可触发 A/D 转换。

4. 中断输出

EXTI 的最后一个环节是输出,可以中断输出,也可以事件输出。我们先简单介绍中断和事件,中断和事件的产生源可以相同,两者的目的都是为了执行某一具体任务,如启动 A/D 转换或触发 DMA 数据传输。中断需要 CPU 的参与,当产生中断时,会执行对应的中断服务函数,具体的任务在中断服务函数中执行;事件是通过脉冲发生器产生一个脉冲,该脉冲直接通过硬件执行具体的任务,不需要 CPU 的参与。因为事件触发提供了一个完全由硬件自动完成而不需要 CPU 参与的方式,使用事件触发,诸如 A/D 转换或 DMA 数据传输任务,不需要软件的参与,降低了 CPU 的负荷,节省了中断资源,提高了响应速度。但是,中断正是因为有 CPU 的参与,才可以对某一具体任务进行调整,例如,A/D 采样通道需要从第 1 通道切换到第 7 通道,就必须在中断服务函数中实现。

软件中断事件寄存器(EXTI_SWIEV)的输出和边沿检测电路的输出经过或运算后的输出,经过中断屏蔽控制后,输出至 NVIC 中断控制器。因此,如果需要屏蔽某 EXTI 输入线上的中断,可以向中断使能寄存器 EXTI_INTEN 的对应位写入 0,如果需要开放某 EXTI 输入线上的中断,可以向 EXTI_INTEN 的对应位写入 1。

5. 事件输出

软件中断事件寄存器(EXTI_SWIEV)的输出和边沿检测电路的输出经过或运算后,产生的事件经过事件屏蔽控制后输出至唤醒单元。因此,如果需要屏蔽某 EXTI 输入线上的事件,可以向事件使能寄存器 EXTI_EVEN 的对应位写入 0,如果需要开放某 EXTI 输入线上的事件,可以向 EXTI_EVEN 的对应位写入 1。

10.2.2 外部中断实验程序架构

外部中断实验的程序架构如图 10-2 所示。该图简要介绍了程序开始运行后各个函数的执行和调用流程,图中仅列出了与本实验相关的一部分函数。下面解释说明此程序架构图。

在 main 函数中调用 InitHardware 函数进行硬件相关模块初始化,包含 RCU、NVIC、UART、Timer 和 EXTI 等模块,这里仅介绍 EXTI 模块初始化函数 InitEXTI。在 InitEXTI

函数中先调用 ConfigEXTIGPIO 函数配置 EXTI 的 GPIO,再调用 ConfigEXTI 函数配置 EXTI,包括使能时钟、使能外部中断线、连接中断线和 GPIO 和配置中断线等。

调用 InitSoftware 函数进行软件相关模块初始化,本实验中,InitSoftware 函数为空。

调用 Proc2msTask 函数进行 2 ms 任务处理。由于本实验通过按键控制 LED 的状态,不需要调用 LEDFlicker 函数使 LED 闪烁,因此,在 Proc2msTask 函数中只需要清除 2 ms 标志位即可,无须执行其他的任务。

2 ms 任务之后再调用 Proc1SecTask 函数进行 1 s 任务处理,在该函数中,通过 printf 函数打印一行字符串。

Proc2msTask 和 Proc1SecTask 均在 while 循环中调用,因此,Proc1SecTask 函数执行完后将再次执行 Proc2msTask 函数,从而实现串口每秒输出一次字符串。

在图 10-2 中,编号①、⑤、⑥和⑦的函数在 Main.c 文件中声明和实现;编号②的函数在 EXTI.h 文件中声明,在 EXTI.c 文件中实现;编号③和④的函数在 EXTI.c 文件中声明和实现。在编号④的 ConfigEXTI 函数中调用的一系列函数均为固件库函数,在对应的固件库中声明和实现。

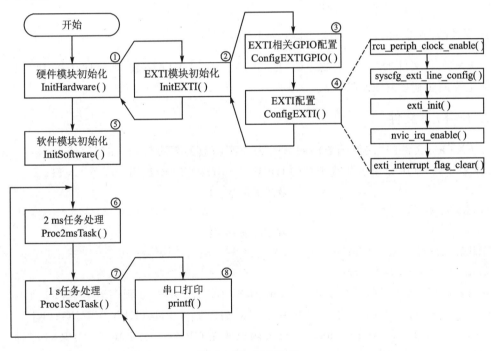

图 10-2　程序架构

本实验编程要点:

配置 EXTI 相关的 GPIO。本实验使用独立按键触发外部中断,因此,应配置独立按键对应的 3 个 GPIO。由于电路结构的差异性,应将 KEY_1 对应的 PA0 引脚配置为下拉输入模式,当按下 KEY_1 时,PA0 的电平由低变高;KEY_2 和 KEY_3 对应的 PH4 和 PG3 引脚配置为上拉、下拉或悬空输入均可,当按下 KEY_2 或 KEY_3 时,对应引脚的电平由高变低。

通过调用固件库函数配置 EXTI,包括配置 GPIO 作为外部中断的引脚以及配置外部中断的边沿触发模式等。由 KEY_1 触发的外部中断线应配置为上升沿触发,由 KEY_2 和 KEY_3

触发的外部中断线应配置为下降沿触发。

编写 EXTI 的中断服务函数。ETXI 的中断服务函数名可在启动文件 startup_gd32f450_
470.s 中查找到,其中,EXTI5～EXTI9 共用一个中断服务函数 EXTI5_9_IRQHandler,
EXTI10～EXTI15 共用一个中断服务函数 EXTI10_15_IRQHandler。在中断服务函数中通
过 exti_interrupt_flag_get 函数获取 EXTI 线 $x(x=0,1,2,\cdots,21,22)$ 的中断标志,若检测到
按键对应的 EXTI 线产生中断,则翻转 LED 引脚的电平。

本实验的主要内容为将独立按键的 GPIO 配置为 EXTI 输入线,通过检测按键按下时对
应 GPIO 的电平变化来触发外部中断,在中断服务函数中实现 LED 状态翻转。掌握了 EXTI
线与 GPIO 的对应关系以及 EXTI 的配置方法即可快速完成本实验。

10.3　实验代码解析

10.3.1　EXTI 文件对

1. EXTI.h 文件

在 EXTI.h 文件的"API 函数声明"区,声明了 InitEXTI 函数,如程序清单 10-1 所示。
该函数主要用于初始化 EXTI 模块。

2. EXTI.c 文件

在 EXTI.c 文件的"内部函数声明"区,为内部函数的声明代码,如程序清单 10-2 所示。
ConfigEXTIGPIO 函数用于配置按键的 GPIO,ConfigEXTI 函数用于配置 EXTI。

程序清单 10-1

```
void  InitEXTI(void);                    //初始化 EXTI 模块
```

程序清单 10-2

```
static void ConfigEXTIGPIO(void);        //配置 EXTI 的 GPIO
static void ConfigEXTI(void);            //配置 EXTI
```

在"内部函数实现"区,首先实现了 ConfigEXTIGPIO 函数,如程序清单 10-3 所示。

(1) 第 4～6 行代码:由于本实验是基于 PA0(KEY$_1$)、PH4(KEY$_2$)和 PG3(KEY$_3$)实现
的,因此,需要通过 rcu_periph_clock_enable 函数使能 GPIOA、GPIOH 和 GPIOG 时钟。

(2) 第 8～10 行代码:通过 gpio_mode_set 函数将 PA0 配置为下拉输入模式,将 PH4 和
PG3 配置为上拉输入模式。

程序清单 10-3

```
1.   static void ConfigEXTIGPIO(void)
2.   {
3.     //使能 RCU 相关时钟
4.     rcu_periph_clock_enable(RCU_GPIOA);        //使能 GPIOA 的时钟
5.     rcu_periph_clock_enable(RCU_GPIOH);        //使能 GPIOH 的时钟
```

```
6.      rcu_periph_clock_enable(RCU_GPIOG); //使能 GPIOG 的时钟
7.
8.      gpio_mode_set(GPIOA, GPIO_MODE_INPUT, GPIO_PUPD_PULLDOWN, GPIO_PIN_0);    //配置 PA0 为下拉输入
9.      gpio_mode_set(GPIOH, GPIO_MODE_INPUT, GPIO_PUPD_PULLUP  , GPIO_PIN_4);    //配置 PH4 为上拉输入
10.     gpio_mode_set(GPIOG, GPIO_MODE_INPUT, GPIO_PUPD_PULLUP  , GPIO_PIN_3);    //配置 PG3 为上拉输入
11.   }
```

在 ConfigEXTIGPIO 函数实现区后,即为 ConfigEXTI 函数的实现代码,如程序清单 10 - 4 所示。

程序清单 10 - 4

```
1.     static void ConfigEXTI(void)
2.     {
3.       rcu_periph_clock_enable(RCU_SYSCFG);                              //使能 SYSCFG 时钟
4.
5.       syscfg_exti_line_config(EXTI_SOURCE_GPIOA, EXTI_SOURCE_PIN0);     //连接 PA0 和 EXTI0
6.       syscfg_exti_line_config(EXTI_SOURCE_GPIOH, EXTI_SOURCE_PIN4);     //连接 PH4 和 EXTI4
7.       syscfg_exti_line_config(EXTI_SOURCE_GPIOG, EXTI_SOURCE_PIN3);     //连接 PG3 和 EXTI3
8.
9.       exti_init(EXTI_0, EXTI_INTERRUPT, EXTI_TRIG_RISING);             //配置中断线
10.      exti_init(EXTI_4, EXTI_INTERRUPT, EXTI_TRIG_FALLING);            //配置中断线
11.      exti_init(EXTI_3, EXTI_INTERRUPT, EXTI_TRIG_FALLING);            //配置中断线
12.
13.      nvic_irq_enable(EXTI0_IRQn, 2, 2);                  //使能外部中断线 EXTI0 并设置优先级
14.      nvic_irq_enable(EXTI4_IRQn, 2, 2);                  //使能外部中断线 EXTI4 并设置优先级
15.      nvic_irq_enable(EXTI3_IRQn, 2, 2);                  //使能外部中断线 EXTI3 并设置优先级
16.
17.      exti_interrupt_flag_clear(EXTI_0);                  //清除 Line0 上的中断标志位
18.      exti_interrupt_flag_clear(EXTI_4);                  //清除 Line4 上的中断标志位
19.      exti_interrupt_flag_clear(EXTI_3);                  //清除 Line3 上的中断标志位
20.    }
```

(1) 第 3 行代码:EXTI 与 SYSCFG 有关的寄存器包括 SYSCFG_EXTISS0~SYSCFG_ EXTISS3,这些寄存器用于选择 EXTIx 外部中断的输入源,因此,需要通过 rcu_periph_clock_ enable 函数使能 SYSCFG 时钟。该函数涉及 RCU_APB2EN 的 SYSCFGEN,SYSCFGEN 为 1 时开启 SYSCFG 时钟,SYSCFGEN 为 0 时关闭 SYSCFG 时钟。

(2) 第 5~7 行代码:syscfg_exti_line_config 函数用于将 PA0 设置为 EXTI0 的输入源。该函数涉及 SYSCFG_EXTISS0 的 EXTI0_SS[3:0]。再分别将 PH4 设置为 EXTI4 的输入源,将 PG3 设置为 EXTI3 的输入源。

(3) 第 9~11 行代码:exti_init 函数用于初始化中断线参数。该函数涉及 EXTI_INTEN 的 INTENx、EXTI_EVEN 的 EVENx,以及 EXTI_RTEN 的 RTENx 和 EXTI_FTEN 的 FTENx。INTENx 为 0,禁止来自 EXTIx 的中断请求;为 1,使能来自 EXTIx 的中断请求。EVENx 为 0,禁止来自 EXTIx 的事件请求;为 1,使能来自 EXTIx 的事件请求。RTENx 为 0,则 EXTIx 上的上升沿触发无效;为 1,则 EXTIx 上的上升沿触发有效。FTENx 为 0,则

EXTIx 上的下降沿触发无效;为 1,则 EXTIx 上的下降沿触发有效。本实验中,均使能来自 EXTI0、EXTI3 和 EXTI4 的中断请求,并将 EXTI0 配置为上升沿触发,将 EXTI3 和 EXTI4 配置为下降沿触发。

(4) 第 13~15 行代码:通过 nvic_irq_enable 函数使能 EXTI0、EXTI4 和 EXTI3 的中断,同时设置这 3 个中断的抢占优先级为 2,子优先级为 2。其中,EXTI0 的中断号为 EXTI0_IRQn,EXTI4 的中断号为 EXTI4_IRQn,EXTI3 的中断号为 EXTI3_IRQn,可参见本书前面表 6-4 内容。

(5) 第 17~19 行代码:通过 exti_interrupt_flag_clear 函数清除 3 条中断线上的中断标志位,该函数涉及 EXTI_PD 的 PDx,PDx 为 0 表示 EXTI 线 x 没有被触发,PDx 为 1 表示 EXTI 线 x 被触发。通过向 PDx 写 1 可将 PDx 位清 0,这里即是通过向 PD0、PD4 和 PD3 写 1,将 Line0、Line4 和 Line3 上的中断标志位清除。

在 ConfigEXTI 函数实现区后,为 EXTI0_IRQHandler、EXTI4_IRQHandler 和 EXT13_IRQHandler 中断服务函数的实现代码,如程序清单 10-5 所示。

程序清单 10-5

```
1.   void EXTI0_IRQHandler(void)
2.   {
3.     if(RESET != exti_interrupt_flag_get(EXTI_0))
4.     {
5.       //LED1 状态取反
6.       gpio_bit_write(GPIOB, GPIO_PIN_5, (bit_status)(1 - gpio_output_bit_get(GPIOB, GPIO_PIN_5)));
7.
8.       exti_interrupt_flag_clear(EXTI_0);          //清除 Line0 上的中断标志位
9.     }
10.  }
11.
12.  void EXTI4_IRQHandler(void)
13.  {
14.    if(RESET != exti_interrupt_flag_get(EXTI_4))
15.    {
16.      //LED2 状态取反
17.      gpio_bit_write(GPIOI, GPIO_PIN_8, (bit_status)(1 - gpio_output_bit_get(GPIOI, GPIO_PIN_8)));
18.
19.      exti_interrupt_flag_clear(EXTI_4);          //清除 Line4 上的中断标志位
20.    }
21.  }
22.
23.  void EXTI3_IRQHandler(void)
24.  {
25.    if(RESET != exti_interrupt_flag_get(EXTI_3))
26.    {
```

```
27.        //LED₁ 状态取反
28.        gpio_bit_write(GPIOB, GPIO_PIN_5, (bit_status)(1 - gpio_output_bit_get(GPIOB, GPIO_PIN_5)));
29.        //LED₂ 状态取反
30.        gpio_bit_write(GPIOI, GPIO_PIN_8, (bit_status)(1 - gpio_output_bit_get(GPIOI, GPIO_PIN_8)));
31.
32.        exti_interrupt_flag_clear(EXTI_3);    //清除 Line3 上的中断标志位
33.    }
34. }
```

（1）第 1～9 行代码：通过 exti_interrupt_flag_get 函数获取 EXTI0 中断标志，该函数涉及 EXTI_INTEN 的 INTEN0 和 EXTI_PD 的 PD0。本实验中，INTEN0 为 1，表示使能来自 EXTI0 的中断；当 EXTI0 发生了选择的边沿事件时，PD0 由硬件置为 1，并产生中断，执行 EXTI0_IRQHandler 中断服务函数。因此，在中断服务函数中，除了通过 gpio_bit_write 函数对 LED₁（PB5）执行取反操作之外，还需要通过 exti_interrupt_flag_clear 函数清除 EXTI0 中断标志位，即向 PD0 写 1 清除 PD0。

（2）第 12～21 行代码：若通过 exti_interrupt_flag_get 函数获取到 EXTI4 中断标志为 1，则通过 gpio_bit_write 函数对 LED₂（PI8）执行取反操作，最后通过 exti_interrupt_flag_clear 函数清除 EXTI4 中断标志位，即向 PD4 写 1 清除 PD4。

（3）第 23～34 行代码：若通过 exti_interrupt_flag_get 函数获取到 EXTI3 中断标志为 1，则通过 gpio_bit_write 函数对 LED₁ 和 LED₂ 均执行取反操作，最后通过 exti_interrupt_flag_clear 函数清除 EXTI3 中断标志位，即向 PD3 写 1 清除 PD3。

在"API 函数实现"区，为 InitEXTI 函数的实现代码，如程序清单 10-6 所示。函数调用 ConfigEXTIGPIO 和 ConfigEXTI 函数初始化 EXTI 模块。

程序清单 10-6

```
1.    void  InitEXTI(void)
2.    {
3.        ConfigEXTIGPIO();              //配置 EXTI 的 GPIO
4.        ConfigEXTI();                 //配置 EXTI
5.    }
```

10.3.2　Main.c 文件

在 Main.c 文件的"包含头文件"区的最后，包含了 EXTI.h 头文件。这样就可以在 Main.c 文件中调用 EXTI 模块的 API 函数等。

在 InitHardware 函数中，调用 InitEXTI 函数实现对 EXTI 模块的初始化，如程序清单 10-7 所示。

程序清单 10-7

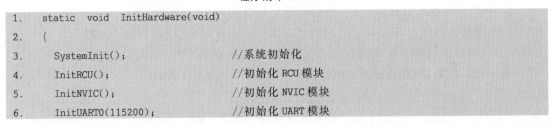

```
1.    static  void  InitHardware(void)
2.    {
3.        SystemInit();                 //系统初始化
4.        InitRCU();                    //初始化 RCU 模块
5.        InitNVIC();                   //初始化 NVIC 模块
6.        InitUART0(115200);            //初始化 UART 模块
```

```
7.     InitTimer();              //初始化 Timer 模块
8.     InitSysTick();            //初始化 SysTick 模块
9.     InitLED();                //初始化 LED 模块
10.    InitEXTI();               //初始化 EXTI 模块
11.  }
```

本实验通过外部中断控制 GD32F4 蓝莓派开发板上 2 个 LED 的状态,因此,需要注释掉 Proc2msTask 函数中的 LEDFlicker 语句,如程序清单 10 - 8 所示。

程序清单 10 - 8

```
1.   static  void  Proc2msTask(void)
2.   {
3.     if(Get2msFlag())            //判断 2 ms 标志位状态
4.     {
5.       //LEDFlicker(250);         //调用闪烁函数
6.
7.       Clr2msFlag();             //清除 2 ms 标志位
8.     }
9.   }
```

10.3.3   实验结果

代码编写完成并编译通过后,下载程序并进行复位。按下 KEY$_1$ 按键,LED$_1$ 状态会发生翻转,按下 KEY$_2$ 按键,LED$_2$ 状态会发生翻转,按下 KEY$_3$ 按键,LED$_1$ 和 LED$_2$ 状态会同时发生翻转,表示实验成功。

本章任务

基于 GD32F4 蓝莓派开发板,编写程序,通过按键中断实现 LED 编码计数功能。假设 LED 熄灭为 0,点亮为 1,初始状态为 LED$_1$ 和 LED$_2$ 均熄灭(00),第 2 状态为 LED$_1$ 熄灭、LED$_2$ 点亮(01),第 3 状态为 LED$_1$ 点亮、LED$_2$ 熄灭(10),第 4 状态为 LED$_1$ 点亮、LED$_2$ 点亮(11)。按下 KEY$_1$ 按键,状态递增直至第 4 状态,按下 KEY$_2$ 按键,状态复位到初始状态,按下 KEY$_3$ 按键,状态递减直至初始状态。

任务提示:

(1) 定义一个变量表示计数标志,在 EXTI0(对应 KEY$_1$)和 EXTI3(对应 KEY$_3$)中断服务函数中设置该标志为 1。然后参考 LEDFlicker 函数编写 LEDCounter 函数,在该函数中先判断计数标志,如果为 1,则开始进行递增或递减编码。

(2) 分别单独观察 LED$_1$ 和 LED$_2$ 的状态变化情况:在递增编码时,LED$_1$ 每隔 2 s 切换一次状态,在递减编码时,LED$_1$ 第一次切换状态需要 1 s,随后每隔 2 s 切换一次状态。而 LED$_2$ 无论在递增编码还是在递减编码时,均为 1 s 切换一次状态。因此,可分别定义两个变量对 LED$_1$ 和 LED$_2$ 计数,计数完成后,翻转引脚电平实现切换 LED 状态。

本章习题

1. 简述什么是外部输入中断。

2. 简述外部中断服务函数的中断标志位的作用,以及应该在什么时候清除中断标志位,如果不清除中断标志位会有什么后果?

3. 在本实验中,假设有一个全局 int 型变量 g_iCnt,该变量在 TIMER1 中断服务函数中执行乘 9 操作,而在 KEY$_3$ 按键按下的中断服务函数中对 g_iCnt 执行加 5 操作。若某一时刻 2 个中断恰巧同时发生,且此时全局变量 g_iCnt 的值为 20,那么 2 个中断都结束后,全局变量 g_iCnt 的值应该是多少?

第 11 章 实验 10 OLED 显示

本章首先介绍 OLED 显示原理及 SSD1306 驱动芯片的工作原理,然后编写 SSD1306 芯片控制 OLED 模块的驱动程序,最后在应用层调用 API 函数,验证 OLED 驱动是否能够正常工作。

11.1 实验内容

通过学习 OLED 模块原理图、OLED 显示原理及 SSD1306 工作原理,基于资料包中提供的实验例程,编写 OLED 驱动程序。该驱动包括 8 个 API 函数,分别是初始化 OLED 显示模块函数 InitOLED、开启 OLED 显示函数 OLEDDisplayOn、关闭 OLED 显示函数 OLEDDisplayOff、更新 GRAM 函数 OLEDRefreshGRAM、清屏函数 OLEDClear、显示数字函数 OLEDShowNum、指定位置显示字符函数 OLEDShowChar、显示字符串函数 OLEDShowString。最后,在 Main. c 文件中调用这些函数验证 OLED 驱动是否正确。

11.2 实验原理

11.2.1 OLED 显示模块

OLED,即有机发光二极管,又称为有机电激光显示(OELD)。OLED 由于同时具备自发光、不需背光源、对比度高、厚度薄、视角广、反应速度快、可用于挠曲性面板、使用温度范围广、构造及制程较简单等优异特性,被广泛应用于各种产品中。OLED 自发光的特性源于其采用非常薄的有机材料涂层和玻璃基板,当有电流通过时,这些有机材料就会发光。由于 LCD 需要背光,而 OLED 不需要,因此,OLED 的显示效果要比 LCD 的好。

GD32F4 蓝莓派开发板使用的 OLED 显示模块是一款集 SSD1306 驱动芯片、0.96 寸 128×64 ppi 分辨率显示屏及驱动电路为一体的集成显示屏,可以通过 SPI 接口控制 OLED 显示屏。OLED 显示效果如图 11-1 所示。

OLED 显示模块的引脚说明如表 11-1 所列,模块上的硬件接口为 2×4 Pin 双排排针。

图 11-1 OLED 显示效果

表 11 - 1　OLED 显示模块引脚说明

序　号	名　称	说　明
1	VCC	电源(5 V)
2	GND	接地
3	RES(EMC_IO1)	复位引脚,低电平有效,连接 GD32F4 蓝莓派开发板的 PC10 引脚
4	NC(EMC_IO2)	未使用,该引脚悬空
5	CS(EMC_IO3)	片选信号,低电平有效,连接开发板的 PA4 引脚
6	SCK(EMC_IO4)	时钟线,连接开发板的 PA5 引脚
7	D/C(EMC_IO5)	数据/命令控制,DC=1,传输数据,DC=0,传输命令。 连接开发板的 PA6 引脚
8	DIN(EMC_IO6)	数据线,连接开发板的 PA7 引脚

　　由于 SSD1306 的工作电压为 3.3 V,而 OLED 显示模块通过接口引入的电压为 5 V,因此,在 OLED 显示模块上还集成了 5 V 转 3.3 V 电路。通过将 OLED 显示模块插入开发板上的 OLED 显示屏接口(J_{305},2×4 Pin 双排排母),即可通过开发板控制 OLED 显示屏。

　　GD32F4 蓝莓派开发板上的 OLED 显示屏接口电路原理图如图 11 - 2 所示。观察 EMC_IO1～EMC_IO6 对应的引脚,可以发现 EMC_IO1 和 EMC_IO2 网络对应的 PC10 和 PC11 引脚除了可以用作 GPIO,还可以复用为 USART 的引脚,EMC_IO3～EMC_IO6 网络对应的 PA4、PA5、PA6 和 PA7 引脚除了可以用作 GPIO,还可以复用为 SPI 的引脚。因此,通过 J_{305} (EMC)接口,GD32F4 蓝莓派开发板可以外接使用 USART 或 SPI 通信的模块,只需配置对应外设的引脚为备用模式,其他引脚可以配置为 GPIO 或悬空,这样即可实现开发板与外接模块的通信。例如,OLED 显示模块可以通过 SPI 通信模式来控制,另外,将复位引脚 RES(EMC_IO1)配置为 GPIO,EMC_IO2 悬空即可。

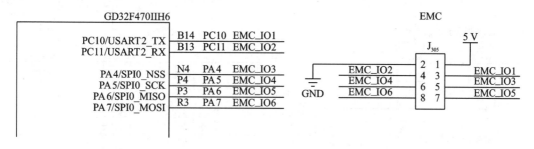

图 11 - 2　OLED 显示屏接口电路原理图

　　OLED 显示模块支持的 SPI 通信模式需要 4 根信号线和 1 根复位控制线,分别是 OLED 片选信号 CS、数据/命令控制信号 D/C、串行时钟线 SCK、串行数据线 DIN,以及复位控制线(即复位引脚 RES)。因此,只能往 OLED 显示模块写数据而不能读数据,在 SPI 通信模式下,每个数据长度均为 8 位,在 SCK 的上升沿,数据从 DIN 移入 SSD1306,高位在前,D/C 线用作命令/数据控制,写操作时序如图 11 - 3 所示。

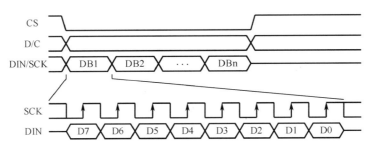

图 11 - 3　SPI 通信模式下写操作时序图

11.2.2　SSD1306 的显存

SSD1306 的显存大小为 128×64＝8 192 bit，SSD1 306 将这些显存分为 8 页，其对应关系如图 11 - 4 左上图所示。可以看出，SSD1306 包含 8 页，每页包含 128 字节，即 128×64 点阵。将图 11 - 4 左上图的 PAGE3 取出并放大，如图 11 - 4 右上图所示，左上图每个格子表示 1 字节，右上图每个格子表示 1 位。从图 11 - 4 的右上图和右下图中可以看出，SSD1 306 显存中的 SEG62、COM29 位置为 1，屏幕上的 62 列/34 行对应的点为点亮状态。为什么显存中的列编号与 OLED 显示屏的列编号是对应的，但显存中的行编号与 OLED 显示屏的行编号不对应？这是因为 OLED 显示屏上的列与 SSD1 306 显存上的列是一一对应的，但 OLED 显示屏上的行与 SSD1 306 显存上的行正好互补，如 OLED 显示屏的第 34 行对应 SSD1 306 显存上的 COM29。

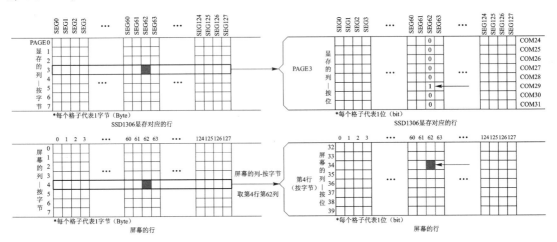

图 11 - 4　SSD1306 显存与显示屏对应关系图

11.2.3　SSD1306 常用命令

SSD1306 的命令较多，这里仅介绍几个常用的命令，如表 11 - 2 所列。如需了解其他命令，可参见 SSD1306 的数据手册。第 1 组命令用于设置屏幕对比度，该命令由 2 字节组成，第一字节 0x81 为操作码，第二字节为对比度，该值越大，屏幕越亮，对比度的取值范围为 0x00～0xFF。第 2 组命令用于设置显示开和关，当 X0 为 0 时关闭显示，当 X0 为 1 时开启显示。第

3 组命令用于设置电荷泵,该命令由 2 字节组成,第一字节 0×8D 为操作码,第二字节的 A2 为电荷泵开关,该位为 1 时开启电荷泵,为 0 时关闭电荷泵。在模块初始化时,电荷泵一定要开启,否则看不到屏幕显示。第 4 组命令用于设置页地址,该命令取值范围为 0xB0～0xB7,对应页 0～7。第 5 组命令用于设置列地址的低 4 位,该命令取值范围为 0x00～0x0F。第 6 组命令用于设置列地址的高 4 位,该命令取值范围为 0x10～0x1F。

表 11 - 2　SSD1306 常用命令表

序　号	命　令	各位描述								命　令	说　明
	HEX	D7	D6	D5	D4	D3	D2	D1	D0		
1	81	1	0	0	0	0	0	0	1	设置对比度	A 的值越大屏幕越亮,A 的范围为 0x00～0xFF
	A[7:0]	A7	A6	A5	A4	A3	A2	A1	A0		
2	AE/AF	1	0	1	0	1	1	1	X0	设置显示开关	X0=0,关闭显示;X0=1,开启显示
3	8D	1	0	0	0	1	1	0	1	设置电荷泵	A2=0,关闭电荷泵;A2=1,开启电荷泵
	A[7:0]	*	*	0	1	0	A2	0	0		
4	B0～B7	1	0	1	1	0	X2	X1	X0	设置页地址	X[2:0]=0～7 对应页 0～7
5	00～0F	0	0	0	0	X3	X2	X1	X0	设置列地址低 4 位	设置 8 位起始列地址的低 4 位
6	10～1F	0	0	0	1	X3	X2	X1	X0	设置列地址高 4 位	设置 8 位起始列地址的高 4 位

11.2.4　OLED 显示实验字模选项

字模选项包括点阵格式、取模走向和取模方式。其中,点阵格式分为阴码(1 表示亮,0 表示灭)和阳码(1 表示灭,0 表示亮);取模走向包括逆向(低位在前)和顺向(高位在前)两种;取模方式包括逐列式、逐行式、列行式和行列式。

本实验的字模选项为"16×16 字体顺向逐列式(阴码)",以图 11 - 5 所示的问号为例来说明。由于汉字是方块字,因此,16×16 字体的汉字像素为 16×16,而 16×16 字体的字符(如数字、标点符号、英文大写字母和英文小写字母)像素为 16×8。逐列式表示按照列进行取模,左上角的 8 个格子为第一字节,高位在前,即 0x00,左下角的 8 个格子为第二字节,即 0x00,第三字节为 0x0E,第四字节为 0x00,依次往下,分别是 0x12、0x00、0x10、0x0C、0x10、0x6C、0x10、0x80、0x0F、0x00、0x00、0x00。

可以看到,字符的取模过程较复杂。而在 OLED 显示中,常用的字符非常多,有数字、标点符号、英文大写字母、英文小写字母,还有汉字,而且字体和字宽有很多选择。因此,需要借助取模软件。在本书配套资料包的"02. 相关软件"目录下的"PCtoLCD2002 完美版"文件夹中,找到并双击 PCtoLCD2002.exe。该软件的运行界面如图 11 - 6 左面所示,单击菜单栏中的"选项"按钮,按照图 11 - 6 右图所示选中"点阵格式""取模走向""自定义格式""取模方式"和"输出数制"等项,然后,在图 11 - 6 左图中间栏尝试输入 OLED12864,并单击"生成字模",

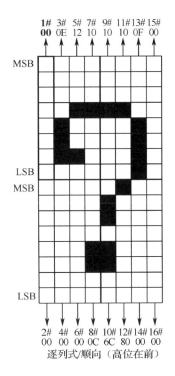

图 11 – 5　问号的顺向逐列式(阴码)取模示意图

就可以使用最终生成的字模(数组格式)。

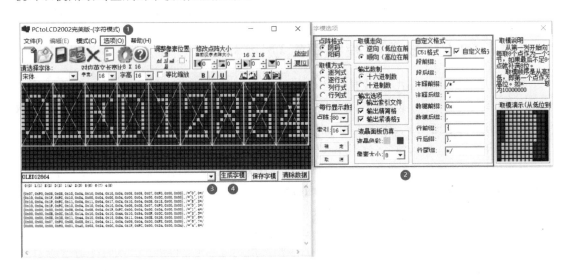

图 11 – 6　取模软件使用方法

11.2.5　ASCII 码表与取模工具

我们通常使用 OLED 显示数字、标点符号、英文大写字母和英文小写字母。为了便于开发,可以提前通过取模软件取出常用字符的字模,保存到数组,在 OLED 应用设计中,直接调用这些数组即可将对应字符显示到 OLED 显示屏上。由于 ASCII 码表几乎涵盖了最常使用的字符,因此,本实验以 ASCII 码表为基础,将其中 95 个字符(ASCII 值为 32～126)生成字模数组。ASCII(American Standard Code for Information Interchange,美国信息交换标准代码)是基于拉丁字母的一套计算机编码系统,主要用于显示现代英语和其他西欧语言,它是现今通用的计算机编码系统。在本书配套资料包的"04.例程资料\10.OLEDDisplay\App\OLED"文件夹中的 OLEDFont.h 文件中,有 2 个数组,分别是 g_iASCII1206 和 g_iASCII1608,其中 g_iASCII1206 数组用于存放 12×6 字体字模,g_iASCII1608 数组用于存放 16×8 字体字模。

11.2.6　GD32F470IIH6 的 GRAM 与 SSD1306 的 GRAM

GD32F470IIH6 通过向 OLED 驱动芯片 SSD1306 的 GRAM 写入数据实现 OLED 显示。在 OLED 应用设计中,通常只需要更改某几个字符,比如,通过 OLED 显示时间,每秒只需要更新秒值,只在进位时才会更新分钟值或小时值。为了确保之前写入的数据不被覆盖,可以采用"读→改→写"的方式,也就是将 SSD1306 的 GRAM 中原有的数据读取到微控制器的 GRAM(实际上是内部 SRAM),然后对微控制器的 GRAM 进行修改,最后再写入 SSD1306 的 GRAM,如图 11-7 所示。

"读→改→写"的方式要求微控制器既能写 SSD1306,也能读 SSD1306,但是,微控制器只有写 OLED 显示模块的数据线 DIN(EMA_IO6),没有读 OLED 显示模块的数据线,因此,不支持读 OLED 显示模块操作。推荐使用"改→写"的方式实现 OLED 显示,这种方式通过在微控制器的内部建立一个 GRAM(128×8 字节,对应 128×64 个像素),与 SSD1306 的 GRAM 对应,在需要更新显示时,只需修改微控制器的 GRAM,然后一次性把微控制器的 GRAM 写入 SSD1306 的 GRAM,如图 11-8 所示。

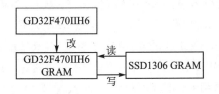

图 11-7　OLED"读→改→写"方式示意图

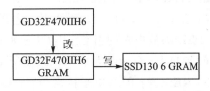

图 11-8　OLED"改→写"方式示意图

11.2.7　OLED 显示模块显示流程

OLED 显示模块的显示流程如图 11-9 所示。首先,配置 OLED 相关的 GPIO;然后,将 RES 拉低 10 ms 之后再将 RES 拉高,对 SSD1306 进行复位,接着,关闭显示,配置 SSD1306,再开启显示,并执行清屏操作;最后,写微控制器上的 GRAM,并将微控制器的 GRAM 更新到 SSD1306 上。

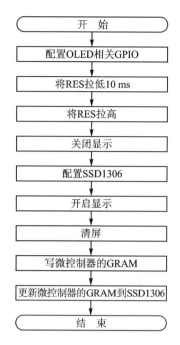

图 11-9 OLED 显示模块显示流程图

11.2.8 OLED 显示实验程序架构

OLED 显示实验的程序架构如图 11-10 所示。该图简要介绍了程序开始运行后各个函数的执行和调用流程,图中仅列出了与本实验相关的一部分函数。下面解释说明此程序架构图。

在 main 函数中调用 InitHardware 函数进行硬件相关模块初始化,包含 RCU、NVIC、UART、Timer 和 OLED 等模块,这里仅介绍 OLED 模块初始化函数 InitOLED。在 InitOLED 函数中先调用 ConfigOLEDGPIO 函数配置 OLED 的 GPIO,再通过 CLR_OLED_RES()和 DelayNms 函数将 OLED 显示模块的复位引脚 RES 的电平拉低 10 ms,通过 SET_OLED_RES()将 RES 电平拉高,延时 10 ms 之后,调用 ConfigOLEDReg 函数配置 OLED 的 SSD1306 寄存器,最后调用 OLEDClear()清除屏幕上的所有内容。

调用 InitSoftware 函数进行软件相关模块初始化,本实验中,InitSoftware 函数为空。

调用 OLEDShowString 函数从 OLED 屏幕的指定位置开始显示字符串。

调用 Proc2msTask 函数进行 2 ms 任务处理,在 Proc2msTask 函数中通过调用 LEDFlicker 函数实现 LED 闪烁即可,无须执行其他的任务。

调用 Proc1SecTask 函数进行 1 s 任务处理,在本实验中,需要每秒刷新一次 OLED 显示屏的显示内容,即通过在 Proc1SecTask 函数中调用 OLEDRefreshRAM 函数更新显存来实现。

在图 11-10 中,编号①、③、⑤和⑦的函数在 Main.c 文件中声明和实现;编号②、④和⑧的函数在 OLED.h 文件中声明,在 OLED.c 文件中实现。InitOLED 函数中的 ConfigOLEDGPIO 和 ConfigOLEDReg 函数在 OLED.c 文件中声明和实现,而 CLR_OLED_

RES()和 SET_OLED_RES()为宏定义,在 OLED.c 文件中定义。

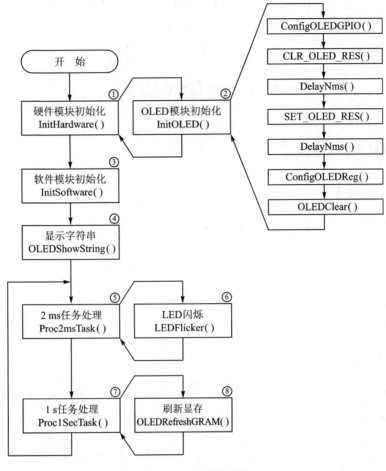

图 11-10 程序架构

本实验要点解析:

OLED 模块的初始化,在 InitOLED 函数中,进行了配置 OLED 相关 GPIO、复位 SSD1306 和配置 SSD1306 等操作。本实验中,通过控制 GPIO 输出高低电平模拟 SPI 通信模式,因此,在配置 OLED 相关 GPIO 时,只需配置为默认的 GPIO 输出模式即可,无需配置为备用的 SPI 功能。配置 SSD1306 主要通过向 SSD1306 的寄存器写命令来实现,写命令的函数为 OLEDWriteByte,关于命令的具体定义可以参见 SSD1306 的数据手册。

通过 OLEDShowString 函数设置屏幕上显示的字符串内容和显示的位置,该函数通过调用 OLEDShowChar 函数逐个显示字符串中的字符,显示的起始位置由函数的输入参数(指定 x 和 y 坐标)决定。常用 ASCII 表中各字符的字模存储在 OLEDFont.h 文件的二维数组中,在 OLEDShowChar 函数中,通过调用 OLEDDrawPoint 函数根据字模设置 OLED 显示屏上指定区域的像素点的亮灭。

OLEDShowString 函数仅将要显示的数据写入微控制器的 GRAM,若要实现在 OLED 屏幕上显示,还需要通过 OLEDRefreshGRAM 函数将微控制器的 GRAM 更新到 SSD1306 的 GRAM 中。

在本实验的实验代码解析中,介绍了 OLED 文件对的代码,以及如何在应用层调用 OLEDShowString 和 OLEDRefreshGRAM 函数实现 OLED 屏幕显示。但掌握 OLED 的显示原理才是本实验的最终目的,因此,对于 OLED 驱动中定义和实现的各个 API 函数同样不可忽视,其函数功能、实现过程和应用方式也是本实验的重要学习目标。

11.3 实验代码解析

11.3.1 OLED 文件对

1. OLED.h 文件

在 OLED.h 文件的"API 函数声明"区,为 API 函数声明代码,如程序清单 11-1 所示。

程序清单 11-1

```
1.   void   InitOLED(void);                          //初始化 OLED 模块
2.   void   OLEDDisplayOn(void);                     //开启 OLED 显示
3.   void   OLEDDisplayOff(void);                    //关闭 OLED 显示
4.   void   OLEDRefreshGRAM(void);                   //将微控制器的 GRAM 写入到 SSD1306 的 GRAM
5.
6.   void   OLEDClear(void);                         //清屏函数,清除屏幕上显示的所有内容
7.   void   OLEDShowChar(unsigned char x, unsigned char y, unsigned char chr, unsigned char size,
unsigned char mode);                                //在指定位置显示一个字符
8.   void OLEDShowNum (unsigned char x, unsigned char y, unsigned int num, unsigned char len,
unsigned char size);                                //在指定位置显示数字
9.   void   OLEDShowString(unsigned char x, unsigned char y, const unsigned char * p);
                                                     //在指定位置显示字符串
```

2. OLED.c 文件

OLED.c 文件的"包含头文件"区包含了 OLEDFont.h 和 SysTick.h 等头文件,OLEDFont.h 与 OLED 文件对位于同一文件夹下(D:\GD32F4KeilTest\10. OLEDDisplay\App\OLED),其中定义了存放 ASCII 表中各字符的字模的二维数组。OLED.c 文件的代码中还需要使用 DelayNms 延时函数,该函数在 SysTick.h 文件中声明,因此,还需要包含 SysTick.h 头文件。

在"宏定义"区,进行了如程序清单 11-2 所示的宏定义。通过微控制器控制 OLED 时,既可以向 OLED 显示模块写数据又可以写命令,OLED_CMD 表示写命令,OLED_DATA 表示写数据。CLR_OLED_RES()通过 gpio_bit_reset 函数将 RES(EMC_IO1)引脚的电平拉低(清零),SET_OLED_RES()通过 gpio_bit_set 函数将 RES(EMC_IO1)引脚的电平拉高(置为1),其余 8 个宏定义与之类似,这里不再赘述。

程序清单 11-2

```
1.   #define OLED_CMD    0//命令
2.   #define OLED_DATA   1//数据
3.
4.   //OLED 端口定义
5.   #define CLR_OLED_RES()  gpio_bit_reset(GPIOC,GPIO_PIN_10)   //RES,复位
6.   #define SET_OLED_RES()  gpio_bit_set(GPIOC,GPIO_PIN_10)
7.
8.   #define CLR_OLED_CS()   gpio_bit_reset(GPIOA,GPIO_PIN_4)    //CS,片选
9.   #define SET_OLED_CS()   gpio_bit_set(GPIOA,GPIO_PIN_4)
10.
11.  #define CLR_OLED_SCK()  gpio_bit_reset(GPIOA,GPIO_PIN_5)    //SCK,时钟
12.  #define SET_OLED_SCK()  gpio_bit_set(GPIOA,GPIO_PIN_5)
13.
14.  #define CLR_OLED_DC()   gpio_bit_reset(GPIOA,GPIO_PIN_6)  //D/C,命令数据标志(0-命令/1-数据)
15.  #define SET_OLED_DC()   gpio_bit_set(GPIOA,GPIO_PIN_6)
16.
17.  #define CLR_OLED_DIN()  gpio_bit_reset(GPIOA,GPIO_PIN_7)    //DIN,数据
18.  #define SET_OLED_DIN()  gpio_bit_set(GPIOA,GPIO_PIN_7)
```

在"内部变量定义"区,定义了内部变量 s_arrOLEDGRAM[128][8],如程序清单 11-3 所示。s_iOLEDGRAM 是 GD32F470IIH6 微控制器的 GRAM,大小为 128×8 字节,与 SSD1306 上的 GRAM 对应。本实验先将需要显示到 OLED 模块上的数据写入 GD32F470IIH6 的 GRAM,再将 GD32F470IIH6 的 GRAM 写入 SSD1306 的 GRAM。

在"内部函数声明"区,声明了 5 个内部函数,如程序清单 11-4 所示。

程序清单 11-3

```
static  unsigned char  s_arrOLEDGRAM[128][8];      //OLED 显存缓冲区
```

程序清单 11-4

```
1.   static  void  ConfigOLEDGPIO(void);                         //配置 OLED 的 GPIO
2.   static  void  ConfigOLEDReg(void);                          //配置 OLED 的 SSD1306 寄存器
3.
4.   static  void  OLEDWriteByte(unsigned char dat, unsigned char cmd);
                                                           //向 SSD1306 写入 1 字节数据或命令
5.   static  void  OLEDDrawPoint(unsigned char x, unsigned char y, unsigned char t);
                                                           //在 OLED 屏指定位置画点
6.
7.   staticunsigned int   CalcPow(unsigned char m, unsigned char n); //计算 m 的 n 次方
```

在"内部函数实现"区,首先实现了 ConfigOLEDGPIO 函数,如程序清单 11-5 所示。

(1) 第 4~5 行代码:本实验通过 PC10(EMC_IO1/RES)、PA4(EMC_IO3/CS)、PA5 (EMC_IO4/SCK)、PA6(EMC_IO5/D/C)和 PA7(EMC_IO6/DIN)实现 OLED 控制,因此,需要通过 rcu_periph_clock_enable 函数使能 GPIOA 和 GPIOC 时钟。

(2) 第 8~30 行代码:通过 gpio_mode_set 和 gpio_output_options_set 函数将 PC10、

PA4、PA5、PA6 和 PA7 配置为推挽输出模式,并通过 gpio_bit_set 函数将这 5 个引脚的初始电平设置为高电平。

程序清单 11-5

```
1.   static  void  ConfigOLEDGPIO(void)
2.   {
3.       //使能 RCU 相关时钟
4.       rcu_periph_clock_enable(RCU_GPIOA);              //使能 GPIOA 的时钟
5.       rcu_periph_clock_enable(RCU_GPIOC);              //使能 GPIOC 的时钟
6.
7.       //配置 OLED_RES
8.       gpio_mode_set(GPIOC, GPIO_MODE_OUTPUT, GPIO_PUPD_PULLUP, GPIO_PIN_10);
9.       gpio_output_options_set(GPIOC, GPIO_OTYPE_PP, GPIO_OSPEED_50MHZ, GPIO_PIN_10);
10.      gpio_bit_set(GPIOC, GPIO_PIN_10);
11.
12.      //配置 OLED_CS
13.      gpio_mode_set(GPIOA, GPIO_MODE_OUTPUT, GPIO_PUPD_PULLUP, GPIO_PIN_4);
14.      gpio_output_options_set(GPIOB, GPIO_OTYPE_PP, GPIO_OSPEED_50MHZ, GPIO_PIN_4);
15.      gpio_bit_set(GPIOA, GPIO_PIN_4);
16.
17.      //配置 OLED_SCK
18.      gpio_mode_set(GPIOA, GPIO_MODE_OUTPUT, GPIO_PUPD_PULLUP, GPIO_PIN_5);
19.      gpio_output_options_set(GPIOA, GPIO_OTYPE_PP, GPIO_OSPEED_50MHZ, GPIO_PIN_5);
20.      gpio_bit_set(GPIOA, GPIO_PIN_5);
21.
22.      //配置 OLED_DC
23.      gpio_mode_set(GPIOA, GPIO_MODE_OUTPUT, GPIO_PUPD_PULLUP, GPIO_PIN_6);
24.      gpio_output_options_set(GPIOA, GPIO_OTYPE_PP, GPIO_OSPEED_50MHZ, GPIO_PIN_6);
25.      gpio_bit_set(GPIOA, GPIO_PIN_6);
26.
27.      //配置 OLED_DIN
28.      gpio_mode_set(GPIOA, GPIO_MODE_OUTPUT, GPIO_PUPD_PULLUP, GPIO_PIN_7);
29.      gpio_output_options_set(GPIOA, GPIO_OTYPE_PP, GPIO_OSPEED_50MHZ, GPIO_PIN_7);
30.      gpio_bit_set(GPIOA, GPIO_PIN_7);
31.   }
```

在 ConfigOLEDGPIO 函数实现区后,为 ConfigOLEDReg 函数的实现代码,如程序清单 11-6 所示。

(1) 第 3 行代码:ConfigOLEDReg 函数首先通过 OLEDWriteByte 函数向 SSD1 306 写入 0xAE 关闭 OLED 显示。

(2) 第 4~40 行代码:ConfigOLEDReg 函数主要通过写 SSD1 306 的寄存器配置 SSD1 306,包括设置时钟分频系数、振荡频率、驱动路数、显示偏移、显示对比度、电荷泵等,读者可查阅 SSD1 306 数据手册深入了解这些命令。

(3) 第 42 行代码:ConfigOLEDReg 函数最后通过向 SSD1 306 写入 0xAF 开启 OLED 显示。

程序清单 11 - 6

```
1.   static void  ConfigOLEDReg( void )
2.   {
3.      OLEDWriteByte(0xAE, OLED_CMD);    //关闭显示
4.
5.      OLEDWriteByte(0xD5, OLED_CMD);    //设置时钟分频系数,振荡频率
6.      OLEDWriteByte(0x50, OLED_CMD);    //[3:0]为分频系数,[7:4]为振荡频率
7.
8.      OLEDWriteByte(0xA8, OLED_CMD);    //设置驱动路数
9.      OLEDWriteByte(0x3F, OLED_CMD);    //默认 0x3F(1/64)
10.
11.     OLEDWriteByte(0xD3, OLED_CMD);    //设置显示偏移
12.     OLEDWriteByte(0x00, OLED_CMD);    //默认为 0
13.
14.     OLEDWriteByte(0x40, OLED_CMD);    //设置显示开始行,[5:0]为行数
15.
16.     OLEDWriteByte(0x8D, OLED_CMD);    //设置电荷泵
17.     OLEDWriteByte(0x14, OLED_CMD);    //bit 2 用于设置开启(1)/关闭(0)
18.
19.     OLEDWriteByte(0x20, OLED_CMD);    //设置内存地址模式
20.     OLEDWriteByte(0x02, OLED_CMD);
                      //[1:0],00 - 列地址模式,01 - 行地址模式,10 - 页地址模式(默认值)
21.
22.     OLEDWriteByte(0xA1, OLED_CMD);
                      //设置段重定义,bit 0 为 0,列地址 0→SEG0,bit 0 为 1,列地址 0→SEG127
23.
24.     OLEDWriteByte(0xC0, OLED_CMD);    //设置 COM 扫描方向,bit 3 为 0,普通模式,bit 3 为 1,重定义模式
25.
26.     OLEDWriteByte(0xDA, OLED_CMD);    //设置 COM 硬件引脚配置
27.     OLEDWriteByte(0x12, OLED_CMD);    //[5:4]为硬件引脚配置信息
28.
29.     OLEDWriteByte(0x81, OLED_CMD);    //设置对比度
30.     OLEDWriteByte(0xEF, OLED_CMD);    //1~255,默认为 0x7F(亮度设置,越大越亮)
31.
32.     OLEDWriteByte(0xD9, OLED_CMD);    //设置预充电周期
33.     OLEDWriteByte(0xf1, OLED_CMD);    //[3:0]为 PHASE1,[7:4]为 PHASE2
34.
35.     OLEDWriteByte(0xDB, OLED_CMD);    //设置 VCOMH 电压倍率
36.     OLEDWriteByte(0x30, OLED_CMD);    //[6:4],000 - 0.65 * vcc,001 - 0.77 * vcc,011 - 0.83 * vcc
37.
38.     OLEDWriteByte(0xA4, OLED_CMD);    //全局显示开启,bit 0 为 1,开启,bit 0 为 0,关闭
39.
```

```
40.      OLEDWriteByte(0xA6, OLED_CMD);   //设置显示方式,bit 0 为 1,反相显示,bit 0 为 0,正常显示
41.
42.      OLEDWriteByte(0xAF, OLED_CMD);   //开启显示
43.   }
```

在 ConfigOLEDReg 函数实现区后显示的是 OLEDWriteByte 函数的实现代码,如程序清单 11-7 所示。OLEDWriteByte 函数用于向 SSD1306 写入 1 字节数据或命令,参数 dat 是要写入的数据或命令。

(1) 第 6~13 行代码:若参数 cmd 为 0,表示写入命令(宏定义 OLED_CMD 为 0),将 D/C 引脚通过 CLR_OLED_DC()拉低;若参数 cmd 为 1,表示写入数据(宏定义 OLED_DATA 为 1),将 D/C 引脚通过 SET_OLED_DC()拉高。

(2) 第 15 行代码:将 CS 引脚通过 CLR_OLED_CS()拉低,即将片选信号拉低,为写入数据或命令做准备。

(3) 第 17~32 行代码:在 SCK 引脚的上升沿,分 8 次,通过 DIN 引脚向 SSD1306 写入数据或命令,DIN 引脚通过 CLR_OLED_DIN()被拉低,通过 SET_OLED_DIN()被拉高。SCK 引脚通过 CLR_OLED_SCK()被拉低,通过 SET_OLED_SCK()被拉高。

(4) 第 34 行代码:写入数据或命令之后,将 CS 引脚通过 SET_OLED_CS()拉高。

程序清单 11-7

```
1.    static   void  OLEDWriteByte(unsigned char dat, unsigned char cmd)
2.    {
3.      signed short i;
4.
5.      //判断要写入数据还是命令
6.      if(OLED_CMD == cmd)          //如果标志 cmd 为写入命令时
7.      {
8.        CLR_OLED_DC();             //D/C 输出低电平用来读写命令
9.      }
10.     else if(OLED_DATA == cmd)    //如果标志 cmd 为写入数据时
11.     {
12.       SET_OLED_DC();             //D/C 输出高电平用来读写数据
13.     }
14.
15.     CLR_OLED_CS();               //CS 输出低电平为写入数据或命令作准备
16.
17.     for(i = 0; i < 8; i++)       //循环 8 次,从高到低取出要写入的数据或命令的 8 个 bit
18.     {
19.       CLR_OLED_SCK();            //SCK 输出低电平为写入数据作准备
20.
21.       if(dat & 0x80)            //判断要写入的数据或命令的最高位是 1 还是 0
22.       {
23.         SET_OLED_DIN();         //要写入的数据或命令的最高位是 1,DIN 输出高电平表示 1
24.
```

```
25.       else
26.       {
27.          CLR_OLED_DIN();              //要写入的数据或命令的最高位是 0,DIN 输出低电平表示 0
28.       }
29.       SET_OLED_SCK();                 //SCK 输出高电平,DIN 的状态不再变化,此时写入数据线的数据
30.
31.       dat <<= 1;                      //左移一位,次高位移到最高位
32.     }
33.
34.     SET_OLED_CS();                    //OLED 的 CS 输出高电平,不再写入数据或命令
35.     SET_OLED_DC();                    //OLED 的 D/C 输出高电平
36.   }
```

在 OLED. c 文件"内部函数实现"区的 OLEDWriteByte 函数实现区后,为 OLEDDrawPoint 函数的实现代码,如程序清单 11-8 所示。OLEDDrawPoint 函数有 3 个参数,分别是 x、y 坐标和 t(t 为 1,表示点亮 OLED 上的某一点,t 为 0,表示熄灭 OLED 上的某一点)。x、y 坐标系的原点位于 OLED 显示屏的左上角,这是因为显存中的列编号与 OLED 显示屏的列编号是对应的,但显存中的行编号与 OLED 显示屏的行编号不对应(参见本书 11. 2.2 节)。

例如,OLEDDrawPoint(127, 63, 1)表示点亮 OLED 显示屏右下角对应的点,实际上是向 GD32F470IIH6 微控制器的 GRAM(与 SSD1306 的 GRAM 对应),即 s_iOLEDGRAM [127][0]的最低位写入 1。OLEDDrawPoint 函数体的前半部分实现 OLED 显示屏物理坐标到 SSD1306 显存坐标的转换,后半部分根据参数 t 向 SSD1306 显存的某一位写入 1 或 0。

程序清单 11-8

```
1.    static  void  OLEDDrawPoint(unsigned char x, unsigned char y, unsigned char t)
2.    {
3.      unsigned char pos;              //存放点所在的页数
4.      unsigned char bx;               //存放点所在的屏幕的行号
5.      unsigned char temp = 0;         //用来存放画点位置相对于字节的位
6.
7.      if(x > 127 ||y > 63)            //如果指定位置超过额定范围
8.      {
9.        return;                       //返回空,函数结束
10.     }
11.
12.     pos = 7 - y / 8;                //求指定位置所在页数
13.     bx = y % 8;                     //求指定位置在上面求出页数中的行号
14.     temp = 1 << (7 - bx);           //(7-bx)求出相应 SSD1306 的行号,并在字节中相应的位置为 1
15.
16.     if(t)                           //判断填充标志为 1 还是 0
17.     {
18.       s_arrOLEDGRAM[x][pos] |= temp;   //如果填充标志为 1,指定点填充
19.     }
```

```
20.    else
21.    {
22.      s_arrOLEDGRAM[x][pos] &= ~temp;        //如果填充标志为0,指定点清空
23.    }
24. }
```

在 OLEDDrawPoint 函数实现区后显示的是 CalcPow 函数的实现代码,如程序清单 11 - 9 所示。CalcPow 函数的参数为 m 和 n,最终返回值为 m 的 n 次幂的值。

程序清单 11 - 9

```
1.   static  unsigned int CalcPow(unsigned char m, unsigned char n)
2.   {
3.     unsigned int result = 1;          //定义用来存放结果的变量
4.
5.     while(n - -)                      //随着每次循环,n 递减,直至为 0
6.     {
7.       result * = m;                   //循环 n 次,相当于 n 个 m 相乘
8.     }
9.
10.    return result;                    //返回 m 的 n 次幂的值
11.  }
```

在"API 函数实现"区,首先实现了 InitOLED 函数,如程序清单 11 - 10 所示。

(1) 第 3 行代码:ConfigOLEDGPIO 函数用于配置与 OLED 显示模块相关的 5 个 GPIO。

(2) 第 5~8 行代码:将 RES 引脚拉低 10 ms,对 SSD1306 进行复位,再将 RES 拉高 10 ms。

(3) 第 10 行代码:通过 ConfigOLEDReg 函数配置 SSD1306。

(4) 第 12 行代码:通过 OLEDClear 函数清除 OLED 显示屏上的内容。

程序清单 11 - 10

```
1.   void  InitOLED(void)
2.   {
3.     ConfigOLEDGPIO();            //配置 OLED 的 GPIO
4.
5.     CLR_OLED_RES();
6.     DelayNms(10);
7.     SET_OLED_RES();             //RES 引脚务必拉高
8.     DelayNms(10);
9.
10.    ConfigOLEDReg();            //配置 OLED 的寄存器
11.
12.    OLEDClear();                //清除 OLED 显示屏内容
13.  }
```

在 InitOLED 函数实现区后,为 OLEDDisplayOn 和 OLEDDisplayOff 函数的实现代码,如程序清单 11 - 11 所示。

(1) 第 1~9 行代码:开启 OLED 显示之前,要先打开电荷泵,因此,需要通过

OLEDWriteByte 函数向 SSD1306 写入 0x8D 和 0x14,然后通过 OLEDWriteByte 函数向 SSD1306 写入 0xAF,开启 OLED 显示。

(2) 第 11~19 行代码:关闭 OLED 显示之前,先要关闭电荷泵,因此,需要通过 OLEDWriteByte 函数向 SSD1306 写入 0x8D 和 0x10,然后通过 OLEDWriteByte 函数向 SSD1306 写入 0xAE,关闭 OLED 显示。

程序清单 11-11

```
1.    void  OLEDDisplayOn( void )
2.    {
3.       //打开/关闭电荷泵,第1字节为命令字,0x8D,第2字节设置值,0x10-关闭电荷泵,0x14-打开电荷泵
4.       OLEDWriteByte(0x8D, OLED_CMD);        //第1字节 0x8D 为命令
5.       OLEDWriteByte(0x14, OLED_CMD);        //0x14-打开电荷泵
6.
7.       //设置显示开关,0xAE-关闭显示,0xAF-开启显示
8.       OLEDWriteByte(0xAF, OLED_CMD);        //开启显示
9.    }
10.
11.   void  OLEDDisplayOff( void )
12.   {
13.      //打开/关闭电荷泵,第1字节为命令字,0x8D,第2字节设置值,0x10-关闭电荷泵,0x14-打开电荷泵
14.      OLEDWriteByte(0x8D, OLED_CMD);        //第1字节为命令字,0x8D
15.      OLEDWriteByte(0x10, OLED_CMD);        //0x10-关闭电荷泵
16.
17.      //设置显示开关,0xAE-关闭显示,0xAF-开启显示
18.      OLEDWriteByte(0xAE, OLED_CMD);        //关闭显示
19.   }
```

在 OLEDDisplayOff 函数实现区后,为 OLEDRefreshGRAM 函数的实现代码,如程序清单 11-12 所示。

(1) 第 6 行代码:由于 OLED 显示屏有 $128 \times 64 = 8\,192$ 个像素点,对应于 SSD1306 显存的 8 页×128 字节/页,合计 1 024 字节。这里执行 8 次大循环(按照从 PAGE0 到 PAGE7 的顺序),每次写 1 页。

(2) 第 8~10 行代码:在进行页写入操作之前,需要通过 OLEDWriteByte 函数设置页地址和列地址,页地址按照从 PAGE0 到 PAGE7 的顺序进行设置,而每次设置的列起始地址固定为 0x00。

(3) 第 11~15 行代码:执行 128 次小循环(按照从 SEG0 到 SEG127 的顺序),调用 OLEDWriteByte 函数以页为单位将 GD32F470IIH6 微控制器的 GRAM 写入 SSD1306 的 GRAM,每次写 1 字节,总共写 128 字节,通过 8 次大循环则共写 1 024 字节,对应 8 192 个点。

程序清单 11-12

```
1.    void  OLEDRefreshGRAM(void)
2.    {
3.       unsigned char i;
4.       unsigned char n;
```

```
5.
6.      for(i = 0; i < 8; i++)                              //遍历每一页
7.      {
8.          OLEDWriteByte(0xb0 + i, OLED_CMD);             //设置页地址(0～7)
9.          OLEDWriteByte(0x00, OLED_CMD);                 //设置显示位置—列低地址
10.         OLEDWriteByte(0x10, OLED_CMD);                 //设置显示位置—列高地址
11.         for(n = 0; n < 128; n++)                       //遍历每一列
12.         {
13.             //通过循环将微控制器的 GRAM 写入到 SSD1306 的 GRAM 中
14.             OLEDWriteByte(s_arrOLEDGRAM[n][i], OLED_DATA);
15.         }
16.     }
17. }
```

在 OLEDRefreshGRAM 函数实现区后,为 OLEDClear 函数的实现代码,如程序清单 11-13 所示。OLEDClear 函数用于清除 OLED 显示屏,先向微控制器的 GRAM(即 s_iOLEDGRAM 的每字节)写入 0x00,然后将微控制器的 GRAM 通过 OLEDRefreshGRAM 函数写入 SSD1306 的 GRAM。

程序清单 11-13

```
1.  void  OLEDClear(void)
2.  {
3.      unsigned char i;
4.      unsigned char n;
5.
6.      for(i = 0; i < 8; i++)                              //遍历每一页
7.      {
8.          for(n = 0; n < 128; n++)                       //遍历每一列
9.          {
10.             s_arrOLEDGRAM[n][i] = 0x00;                //将指定点清零
11.         }
12.     }
13.
14.     OLEDRefreshGRAM();                                 //将微控制器的 GRAM 写入 SSD1306 的 GRAM 中
15. }
```

在 OLEDClear 函数实现区后,为 OLEDShowChar 函数的实现代码,如程序清单 11-14 所示。

(1) 第 1 行代码:OLEDShowChar 函数用于在指定位置显示一个字符,字符位置由参数 x、y 确定,待显示的字符以整数形式(ASCII 码)存放于参数 chr。参数 size 是字体选项,16 代表 16×16 字体(汉字像素为 16×16,字符像素为 16×8);12 代表 12×12 字体(汉字像素为 12×12,字符像素为 12×6)。最后一个参数 mode 用于选择显示方式,mode 为 1 代表阴码显示(1 表示亮,0 表示灭),mode 为 0 代表阳码显示(1 表示灭,0 表示亮)。

(2) 第 8 行代码:由于本实验只对 ASCII 码表中的 95 个字符(参见本书 11.2.5 节)进行取模,12×6 字体字模存放于数组 g_iASCII1206,16×8 字体字模存放于数组 g_iASCII1608,

这 95 个字符的第一个字符是 ASCII 码表的空格(空格的 ASCII 值为 32),而且所有字符的字模都按照 ASCII 码表顺序存放于数组 g＿iASCII1206 和 g＿iASCII1608,又由于 OLEDShowChar 函数的参数 chr 是字符型数据(以 ASCII 码存放),因此,需要将 chr 减去空格的 ASCII 值(32)得到 chr 在数组中的索引。

(3) 第 10~42 行代码:对于 16×16 字体的字符(实际像素是 16×8),每个字符由 16 字节组成,每 1 字节由 8 个有效位组成,每个有效位对应 1 个点,这里采用 2 个循环画点,其中,大循环执行 16 次,每次取出 1 字节,执行 8 次小循环,每次画 1 个点。类似地,对于 12×12 字体的字符(实际像素是 12×6),采用 12 个大循环和 6 个小循环画点。本实验的字模选项为 "16×16 字体顺向逐列式(阴码)"(见本书 11.2.4 节),因此,在向 GD32F470IIH6 微控制器的 GRAM 按照字节写入数据时,是按列写入的。

程序清单 11－14

```
1.    void   OLEDShowChar(unsigned char x, unsigned char y, unsigned char chr, unsigned char size,
unsigned char mode)
2.    {
3.        unsigned char   temp;              //用来存放字符顺向逐列式的相对位置
4.        unsigned char   t1;                //循环计数器 1
5.        unsigned char   t2;                //循环计数器 2
6.        unsigned char   y0 = y;            //当前操作的行数
7.
8.        chr = chr - '';        //得到相对于空格(ASCII 为 0x20)的偏移值,求出要 chr 在数组中的索引
9.
10.       for(t1 = 0; t1 < size; t1 ++)        //循环逐列显示
11.       {
12.         if(size == 12)                      //判断字号大小,选择相对的顺向逐列式
13.         {
14.           temp = g_iASCII1206[chr][t1];     //取出字符在 g_iASCII1206 数组中的第 t1 列
15.         }
16.         else
17.         {
18.           temp = g_iASCII1608[chr][t1];     //取出字符在 g_iASCII1608 数组中的第 t1 列
19.         }
20.
21.         for(t2 = 0; t2 < 8; t2 ++)          //在一个字符的第 t2 列的横向范围(8 个像素)内显示点
22.         {
23.           if(temp & 0x80)                   //取出 temp 的最高位,并判断为 0 还是 1
24.           {
25.             OLEDDrawPoint(x, y, mode);      //如果 temp 的最高位为 1 填充指定位置的点
26.           }
27.           else
28.           {
```

```
29.                OLEDDrawPoint(x, y, ! mode);              //如果 temp 的最高位为 0 清除指定位置的点
30.            }
31.
32.        temp <<= 1;                                       //左移一位,次高位移到最高位
33.        y++;                                              //进入下一行
34.
35.        if((y - y0) == size)                              //如果显示完一列
36.        {
37.            y = y0;                                        //行号回到原来的位置
38.            x++;                                           //进入下一列
39.            break;                                         //跳出上面带#的循环
40.        }
41.    }
42.  }
43. }
```

在 OLEDShowChar 函数实现区后,为 OLEDShowNum 和 OLEDShowString 函数的实现代码,如程序清单 11 - 15 所示。这两个函数调用 OLEDShowChar 实现数字和字符串的显示。

程序清单 11 - 15

```
1.      void   OLEDShowNum(unsigned char x, unsigned char y, unsigned int num, unsigned char len,
  unsigned char size)
2.      {
3.        unsigned char t;                                  //循环计数器
4.        unsigned char temp;                               //用来存放要显示数字的各个位
5.        unsigned char enshow = 0;                         //区分 0 是否为高位 0 标志位
6.
7.        for(t = 0; t < len; t++)
8.        {
9.          temp = (num / CalcPow(10, len - t - 1)) % 10;
                                                            //按从高到低取出要显示数字的各个位,存到 temp 中
10.          if(enshow == 0 && t < (len - 1))//如果标记 enshow 为 0 并且还未取到最后一位
11.          {
12.            if(temp == 0)                                 //如果 temp 等于 0
13.            {
14.              OLEDShowChar(x + (size / 2) * t, y, ' ', size, 1);   //此时的 0 在高位,用空格替代
15.              continue;                                   //提前结束本次循环,进入下一次循环
16.            }
17.            else
18.            {
19.              enshow = 1;                                 //否则将标记 enshow 置为 1
20.            }
21.          }
```

```
22.          OLEDShowChar(x + (size / 2) * t, y, temp + '0', size, 1); //在指定位置显示得到的数字
23.       }
24.    }
25.
26.    void  OLEDShowString(unsigned char x, unsigned char y, const unsigned char * p)
27.     {
28.      #define MAX_CHAR_POSX 122                 //OLED 屏幕横向的最大范围
29.      #define MAX_CHAR_POSY 58                  //OLED 屏幕纵向的最大范围
30.
31.      while( * p ! = '\0')                     //指针不等于结束符时,循环进入
32.      {
33.        if(x > MAX_CHAR_POSX)                  //如果 x 超出指定最大范围,x 赋值为 0
34.        {
35.          x  = 0;
36.          y += 16;                             //显示到下一行左端
37.        }
38.
39.        if(y > MAX_CHAR_POSY)                  //如果 y 超出指定最大范围,x 和 y 均赋值为 0
40.        {
41.          y = x = 0;                           //清除 OLED 屏幕内容
42.          OLEDClear();                         //显示到 OLED 屏幕左上角
43.        }
44.
45.        OLEDShowChar(x, y, * p, 16, 1);        //指定位置显示一个字符
46.
47.        x += 8;                                //一个字符横向占 8 个像素点
48.        p++;                                   //指针指向下一个字符
49.      }
50.     }
```

11.3.2　Main.c 文件

在 Main.c 文件"包含头文件"区的最后,包含了 OLED.h 头文件。这样就可以在 Main.c 文件中调用 OLED 模块的宏定义和 API 函数,实现对 OLED 显示屏的控制。

在 InitHardware 函数中,调用 InitOLED 函数实现对 OLED 模块的初始化,如程序清单 11-16 所示。

程序清单 11-16

```
1.    static  void  InitHardware(void)
2.    {
3.      SystemInit();                //系统初始化
4.      InitRCU();                   //初始化 RCU 模块
5.      InitNVIC();                  //初始化 NVIC 模块
6.      InitUART0(115200);           //初始化 UART 模块
7.      InitTimer();                 //初始化 Timer 模块
```

```
8.      InitSysTick();                        //初始化 SysTick 模块
9.      InitLED();                            //初始化 LED 模块
10.     InitOLED();                           //初始化 OLED 模块
11.   }
```

在 main 函数中,通过 4 次调用 OLEDShowString 函数,将待显示的数据写入 GD32F470IIH6 微控制器的 GRAM,即 s_iOLEDGRAM,如程序清单 11-17 所示。

程序清单 11-17

```
1.    int main(void)
2.    {
3.      InitHardware();                                    //初始化硬件相关函数
4.      InitSoftware();                                    //初始化软件相关函数
5.
6.      printf("Init System has been finished.\r\n");      //打印系统状态
7.
8.      OLEDShowString(8, 0, (const unsigned char * )"GD32F470 Board");
9.      OLEDShowString(24, 16, (const unsigned char * )"2022 - 01 - 01");
10.     OLEDShowString(32, 32, (const unsigned char * )"23 - 59 - 50");
11.     OLEDShowString(24, 48, (const unsigned char * )"OLED IS OK!");
12.
13.     while(1)
14.     {
15.       Proc2msTask();                                   //2 ms 处理任务
16.       Proc1SecTask();                                  //1 s 处理任务
17.     }
18.   }
```

仅在 main 函数中调用 OLEDShowString 函数,还无法将这些字符串显示在 OLED 显示屏上,还要通过每秒调用一次 OLEDRefreshGRAM 函数,将微控制器的 GRAM 中的数据写入 SSD1 306 的 GRAM,才能实现 OLED 显示屏上的数据更新,即在 Proc1SecTask 函数中调用 OLEDRefreshGRAM 函数,每秒将微控制器的 GRAM 中的数据写入 SSD1 306 的 GRAM 一次,如程序清单 11-18 所示。

程序清单 11-18

```
1.    static void Proc1SecTask(void)
2.    {
3.      if(Get1SecFlag())                      //判断 1 s 标志位状态
4.      {
5.        printf("This is the first GD32F470 Project, by Zhangsan\r\n");
6.
7.        OLEDRefreshGRAM();
8.
9.        Clr1SecFlag();                       //清除 1 s 标志位
10.     }
11.   }
```

11.3.3　实验结果

代码编写完成并编译通过后,下载程序并进行复位。下载完成后,可以看到 GD32F4 蓝莓派开发板上 OLED 显示屏上显示如图 11-11 所示字符,同时,开发板上的两个 LED 交替闪烁,表示实验成功。

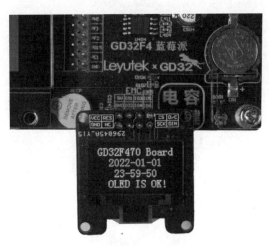

图 11-11　OLED 显示实验结果

本章任务

将“02. UARTClock”的 RunClock 模块集成到“10. OLEDDisplay”的工程中,实现电子钟的运行,并将动态时间显示到 OLED 显示屏。另外,将自己的姓名的拼音大写显示在 OLED 的最后一行,如图 11-12 所示。

任务提示:

(1) 将 RunClock 文件对添加到本实验的工程中,且 RunClock 文件对无需修改。

0	8	16	24	32	40	48	56	64	72	80	88	96	104	112	120
G	D	3	2	F	4	7	0		B	o	a	r	d		
	2	0	2	2	-	0	1	-	0	1					
		2	3	-	5	9	-	5	0						
	Z	H	A	N	G			S	A	N					

图 11-12　显示结果

(2) 参考串口电子钟实验的实现过程,在 main 函数中通过 SetTimeVal 函数设置初始时间值,在 Proc1SecTask 函数中获取当前小时值、分钟值和秒值,然后调用 OLEDShowNum 函数在屏幕第 3 行的对应位置分别显示小时值、分钟值和秒值。

(3) 当时、分、秒的数值小于 10 时,可以通过 OLEDShowNum 函数在小时值、分钟值和秒值的十位补 0。

本章习题

1. 简述 OLED 显示原理。
2. 简述 SSD1306 芯片的工作原理。

3. 简述 SSD1306 芯片控制 OLED 显示的原理。

4. 基于 GD32F470IIH6 微控制器的 OLED 驱动的 API 函数包括 InitOLED、OLEDDisplayOn、OLEDDisplayOff、OLEDRefreshGRAM、OLEDClear、OLEDShowNum、OLEDShowChar、OLEDShowString，简述这些函数的功能。

第 12 章　实验 11　TIMER 与 PWM 输出

PWM 是英文 Pulse Width Modulation 的缩写,即脉冲宽度调制,简单而言,就是对脉冲宽度的控制。GD32F4xx 系列微控制器的定时器分为 3 类,分别是基本定时器(TIMER5 和 TIMER6)、通用定时器(TIMER1～TIMER4 和 TIMER8～TIMER13)和高级定时器(TIMER0、TIMER7)。除了基本定时器,其他的定时器都可以用来产生 PWM 输出,其中高级定时器均可同时产生多达 4 路的 PWM 输出,而通用定时器也能同时产生多达 4 路、2 路或 1 路的 PWM 输出,这样,GD32F4xx 系列微控制器最多就可以同时产生 32 路 PWM 输出。本章首先介绍 PWM,以及相关寄存器和固件库函数,最后通过一个 PWM 输出实验,让读者掌握 PWM 输出控制的方法。

12.1　实验内容

将 GD32F4xx 系列微控制器的 PB4(TIMER2 的 CH0)配置为 PWM 模式 0,输出一个频率为 200 Hz 的方波,默认的占空比为 50%,可以通过按下按键 KEY$_1$ 对占空比进行递增调节,每次递增方波周期的 1/10,当占空比递增为 100% 时,PB4 输出高电平;通过按下按键 KEY$_3$ 对占空比进行递减调节,每次递减方波周期的 1/10,当占空比递减为 0% 时,PB4 输出低电平。

12.2　实验原理

12.2.1　PWM 输出实验流程图分析

图 12-1 是 PWM 输出实验的流程图。首先,将 TIMER2 的 CH0 配置为 PWM 模式 0,将 TIMER2 的计数模式配置为递增计数模式,其次,向 TIMER2_CAR 写入 999,向 TIMER2_PSC 写入 1199。由于本实验中的 TIMER2 时钟频率为 240 MHz,因此,PSC_CLK 时钟频率 $f_{PSC\_CLK} = f_{TIMER\_CK}/(TIMER2\_PSC+1)=240$ MHz$/(1199+1)=200$ kHz,由于 TIMER2 的 CNT 计数器对 PSC_CLK 时钟进行计数,而 TIMER2_CAR 等于 999,因此,TIMER2 的 CNT 计数器递增计数是从 0～999,计数器的周期$=(1/f_{PSC\_CLK})\times(TIMER2\_CAR+1)=(1/200)\times(999+1)$ ms$=5$ ms,转换为频率则是 200 Hz。

本实验将 TIMER2 的 CH0 配置为 PWM 模式 0,将比较输出设置为高电平有效,由于 TIMER2 有递增计数模式(可参见《GD32F4xx 用户手册》中的表 18-1),因此,一旦 TIMER2_CNT<TIMER2_CH0CV,则比较输出引脚为有效电平(高电平),否则为无效电平(低电平)。

当按下按键 KEY_3 时对占空比进行递减调节,每次递减 100,由于 TIMER2 的 CNT 计数器递增计数是从 $0 \sim 999$,因此,占空比每次递减方波周期的 $1/10$,最多递减为 0%。当按下按键 KEY_1 对占空比进行递增调节,每次递增方波周期的 $1/10$,最多递增为 100%。当按下按键 KEY_2 时,占空比设置为 50%。

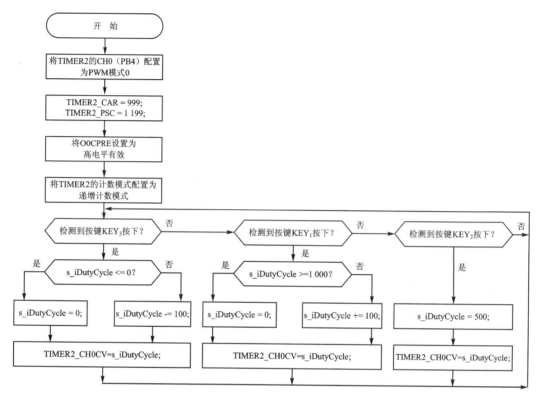

图 12 - 1　PWM 输出实验流程图

假设 TIMER2_CH0CV 为 500,TIMER2_CNT 是从 0 计数到 999,当 TIMER2_CNT 从 0 计数到 499 时,比较输出引脚为高电平,当 TIMER2_CNT 从 500 计数到 999 时,比较输出引脚为低电平,周而复始,就可以输出一个占空比为 $1/2$ 的方波,如图 12 - 2 所示。

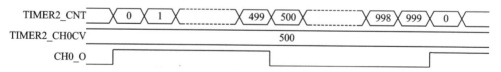

图 12 - 2　占空比为 1/2 波形图

又假设 TIMER2_CH0CV 为 100,TIMER2_CNT 是从 0 计数到 999,当 TIMER2_CNT 从 0 计数到 99 时,比较输出引脚为高电平,当 TIMER2_CNT 从 100 计数到 999 时,比较输出引脚为低电平,周而复始,就可以输出一个占空比为 $1/10$ 的方波,如图 12 - 3 所示。

又假设 TIMER2_CH0CV 为 900,TIMER2_CNT 是从 0 计数到 999,当 TIMER2_CNT 从 0 计数到 899 时,比较输出引脚为高电平,当 TIMER2_CNT 从 900 计数到 999 时,比较输出引脚为低电平,周而复始,就可以输出一个占空比为 $9/10$ 的方波,如图 12 - 4 所示。

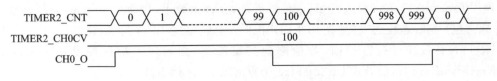

图 12 - 3　占空比为 1/10 波形图

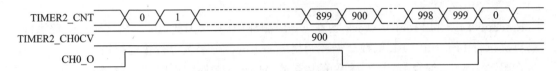

图 12 - 4　占空比为 9/10 波形图

12.2.2　TIMER 与 PWM 输出实验程序架构

PWM 输出实验的程序架构如图 12-5 所示。该图简要介绍了程序开始运行后各个函数的执行和调用流程,图中仅列出了与本实验相关的一部分函数。下面解释说明此程序架构图。

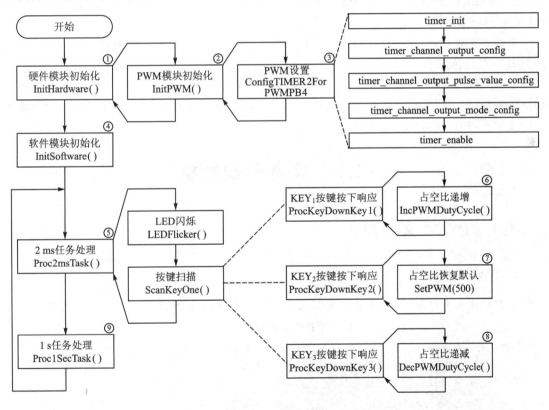

图 12 - 5　程序架构

在 main 函数中调用 InitHardware 函数进行硬件相关模块初始化,包含 NVIC、UART、Timer、RCU 和 PWM 等模块,这里仅介绍 PWM 模块初始化函数 InitPWM。在 InitPWM 函数中调用 ConfigTIMER2ForPWMPB4 函数配置 PWM。

调用 InitSoftware 函数进行软件相关模块初始化,本实验中,InitSoftware 函数为空。

调用 Proc2msTask 函数进行 2 ms 任务处理,在该函数中,先通过 Get2msFlag 函数获取 2 ms 标志位,若标志位为 1,则调用 LEDFlicker 函数实现 LED 闪烁,随后每 10 ms 通过 ScanKeyOne 函数进行按键扫描,若检测到按键按下,则调用对应的按键按下响应函数 ProcKeyDownKeyx,最后通过 Clr2msFlag 函数清除 2 ms 标志位。

2 ms 任务之后再调用 Proc1SecTask 函数进行 1 s 任务处理,本实验中,没有需要处理的 1 s 任务。

Proc2msTask 和 Proc1SecTask 均在 while 循环中调用,因此,Proc1SecTask 函数执行完后将再次执行 Proc2msTask 函数。循环调用 ScanKeyOne 函数进行按键扫描。

在图 12-5 中,编号①、④、⑤和⑨的函数在 Main.c 文件中声明和实现;编号为②、⑥、⑦和⑧的函数在 PWM.h 文件中声明,在 PWM.c 文件中实现;编号为③的函数在 PWM.c 文件中声明和实现。在编号③的 ConfigTIMER2ForPWMPB4 函数中调用的一系列函数均为固件库函数,在对应的固件库中声明和实现。

本实验要点解析:

配置 PWM,包括设置预分频值、自动重装载值、计数模式和通道输出极性等。

在 ConfigTIMER2ForPWMPB4 函数中通过调用 TIMER 相关固件库函数实现上述 PWM 输出配置。

掌握 PWM 模式、通道输出极性、计数器和通道输出比较值的大小关系对 PWM 通道输出高低电平的影响。

在本实验中,核心内容即为 GD32F4xx 系列微控制器的定时器系统,理解定时器中各个功能的来源和配置方法,掌握配置定时器的固件库函数的定义和用法,以及固件库函数对应操作的寄存器,即可快速完成本实验。

12.3 实验代码解析

12.3.1 PWM 文件对

1. PWM.h 文件

在 PWM.h 文件的"API 函数声明"区,声明了 4 个 API 函数,如程序清单 12-1 所示。

程序清单 12-1

```
1.    void   InitPWM(void);              //初始化 PWM 模块
2.    void   SetPWM(signed short val);   //设置占空比
3.
4.    void   IncPWMDutyCycle(void);      //递增占空比,每次递增方波周期的 1/10,直至高电平输出
5.    void   DecPWMDutyCycle(void);      //递减占空比,每次递减方波周期的 1/10,直至低电平输出
```

2. PWM.c 文件

在 PWM.c 文件的"内部变量定义"区,定义了内部变量 s_iDutyCycle,如程序清单 12-2 所示,该变量用于存放占空比值。

在"内部函数声明"区,声明了 ConfigTIMER2ForPWMPB4 函数,如程序清单 12 - 3 所示,该函数用于配置 PWM。

程序清单 12 - 2

```
static  signed short s_iDutyCycle = 0;            //用于存放占空比值
```

程序清单 12 - 3

```
static void ConfigTIMER2ForPWMPB4(unsigned short arr, unsigned short psc);        //配置 PWM
```

在"内部函数实现"区,为 ConfigTIMER2ForPWMPB4 函数的实现代码,如程序清单 12 - 3 所示。

第 7～8 行代码:本实验中,将 PB4 配置为复用功能,即作为 TIMER2 的 CH0 输出,因此,需要通过 rcu_periph_clock_enable 函数使能 GPIOB 和 TIMER2 的时钟。

第 10～12 行代码:通过 gpio_af_set、gpio_mode_set 和 gpio_output_options_set 函数将 PB4 配置为复用功能 TIMER2_CH0,且为推挽输出模式,频率超过 50 MHz。

第 17～23 行代码:通过 timer_init 函数对 TIMER2 进行配置,该函数涉及 TIMER2_PSC、TIMER2_CAR、TIMER2_CTL0 的 CKDIV[1:0],TIMER2_SWEVG 的 UPG。CKDIV[1:0]用于设置时钟分频系数。TIMER2_PSC 和 TIMER2_CAR 用于设置计数器的预分频器值和自动重装载值。本实验中的这 2 个值通过 ConfigTIMER2ForPWMPB4 函数的参数 psc 和 arr 决定。UPG 用于产生更新事件,本实验中将该值设置为 1,用于重新初始化计数器,并产生一个更新事件。

第 28～34 行代码:通过 timer_channel_output_config 函数初始化 TIMER2 的 CH0,该函数涉及 TIMER2_CHCTL2 的 CH0P 和 CH0EN,CH0P 用于设置通道输出极性,CH0EN 用于使能或禁止通道 0 捕获/比较。本实验中,将通道 0 设置为高电平有效。

第 36 行代码:通过 timer_channel_output_pulse_value_config 函数初始化占空比。

第 37 行代码:通过 timer_channel_output_mode_config 函数设置 TIMER2 通道 0 的输出比较模式为 PWM 模式 0。

第 41 行代码:通过 timer_enable 函数使能 TIMER2。

程序清单 12 - 4

```
1.    static void ConfigTIMER2ForPWMPB4(unsigned short arr, unsigned short psc)
2.    {
3.      //定义初始化结构体变量
4.      timer_oc_parameter_struct timer_ocinitpara;
5.      timer_parameter_struct timer_initpara;
6.
7.      rcu_periph_clock_enable(RCU_GPIOB);        //使能 GPIOB 时钟
8.      rcu_periph_clock_enable(RCU_TIMER2);       //使能 TIMER2 时钟
9.
10.     gpio_af_set(GPIOB, GPIO_AF_2, GPIO_PIN_4);
11.     gpio_mode_set(GPIOB, GPIO_MODE_AF, GPIO_PUPD_NONE, GPIO_PIN_4);          //上拉输出
12.     gpio_output_options_set(GPIOB, GPIO_OTYPE_PP, GPIO_OSPEED_MAX, GPIO_PIN_4);  //推挽输出
13.
```

```
14.      timer_deinit(TIMER2);                              //将 TIMER2 配置为默认值
15.      timer_struct_para_init(&timer_initpara);            //timer_initpara 配置为默认值
16.
17.      timer_initpara.prescaler       = psc;               //设置预分频值
18.      timer_initpara.alignedmode     = TIMER_COUNTER_EDGE; //设置对齐模式
19.      timer_initpara.counterdirection = TIMER_COUNTER_UP;  //设置递增计数
20.      timer_initpara.period          = arr;               //设置重装载值
21.      timer_initpara.clockdivision   = TIMER_CKDIV_DIV1;  //设置时钟分频因子
22.      timer_initpara.repetitioncounter = 0;               //设置重复计数值
23.      timer_init(TIMER2, &timer_initpara);                //初始化定时器
24.
25.      //将结构体参数初始化为默认值
26.      timer_channel_output_struct_para_init(&timer_ocinitpara);
27.
28.      timer_ocinitpara.outputstate  = TIMER_CCX_ENABLE;       //设置通道输出状态
29.      timer_ocinitpara.outputnstate = TIMER_CCXN_DISABLE;     //设置互补通道输出状态
30.      timer_ocinitpara.ocpolarity   = TIMER_OC_POLARITY_HIGH; //设置通道输出极性
31.      timer_ocinitpara.ocnpolarity  = TIMER_OCN_POLARITY_HIGH;//设置互补通道输出极性
32.      timer_ocinitpara.ocidlestate  = TIMER_OC_IDLE_STATE_LOW;//设置空闲状态下通道输出极性
33.      timer_ocinitpara.ocnidlestate = TIMER_OCN_IDLE_STATE_LOW;
                                                              //设置空闲状态下互补通道输出极性
34.      timer_channel_output_config(TIMER2, TIMER_CH_0, &timer_ocinitpara);  //初始化结构体
35.
36.      timer_channel_output_pulse_value_config(TIMER2, TIMER_CH_0, 0);      //设置占空比
37.      timer_channel_output_mode_config(TIMER2, TIMER_CH_0, TIMER_OC_MODE_PWM0);
                                                              //设置通道比较模式
38.      timer_channel_output_shadow_config(TIMER2, TIMER_CH_0, TIMER_OC_SHADOW_DISABLE);
                                                              //失能比较影子寄存器
39.      timer_auto_reload_shadow_enable(TIMER2);            //自动重载影子使能
40.
41.      timer_enable(TIMER2);                               //使能定时器
42.  }
```

在"API 函数实现"区,为 InitPWM、SetPWM、IncPWMDutyCycle 和 DecPWMDutyCycle 函数的实现代码,如程序清单 12-5 所示。

(1)第 1～4 行代码:InitPWM 函数调用 ConfigTIMER2ForPWMPB4 函数对 PWM 模块进行初始化,ConfigTIMER2ForPWMPB4 函数的 2 个参数分别为 999 和 1 199。

(2)第 6～11 行代码:SetPWM 函数调用 timer_channel_output_pulse_value_config 函数,按照参数 val 的值设定 PWM 输出方波的占空比。

(3)第 13～25 行代码:IncPWMDutyCycle 函数用于执行 PWM 输出方波的占空比递增操作,每次递增方波周期的 1/10,最多递增为 100%。

(4)第 27～39 行代码:DecPWMDutyCycle 函数用于执行 PWM 输出方波的占空比递减操作,每次递减方波周期的 1/10,最多递减为 0%。

程序清单 12-5

```
1.   void   InitPWM(void)
2.   {
3.     ConfigTIMER2ForPWMPB4(999, 1 199);    //配置 TIMER2.240 000 000/(1199 + 1)/(999 + 1) = 200 Hz
4.   }
5.
6.   void SetPWM(signed short val)
7.   {
8.     s_iDutyCycle = val;                      //获取占空比的值
9.
10.    timer_channel_output_pulse_value_config(TIMER2, TIMER_CH_0, s_iDutyCycle);   //设置占空比
11.  }
12.
13.  void IncPWMDutyCycle(void)
14.  {
15.    if(s_iDutyCycle >= 1 000)                 //如果占空比不小于 1 000
16.    {
17.      s_iDutyCycle = 1 000;                   //保持占空比值为 1 000
18.    }
19.    else
20.    {
21.      s_iDutyCycle += 100;                    //占空比递增方波周期的 1/10
22.    }
23.
24.    timer_channel_output_pulse_value_config(TIMER2, TIMER_CH_0, s_iDutyCycle);   //设置占空比
25.  }
26.
27.  void DecPWMDutyCycle(void)
28.  {
29.    if(s_iDutyCycle <= 0)                     //如果占空比不大于 0
30.    {
31.      s_iDutyCycle = 0;                       //保持占空比值为 0
32.    }
33.    else
34.    {
35.      s_iDutyCycle -= 100;                    //占空比递减方波周期的 1/10
36.    }
37.
38.    timer_channel_output_pulse_value_config(TIMER2, TIMER_CH_0, s_iDutyCycle);   //设置占空比
39.  }
```

12. 3. 2　ProcKeyOne. c 文件

在 ProcKeyOne. c 的"包含头文件"区的最后,包含头文件 PWM. h,这样即可调用 PWM 模块的 API 函数。

在 ProcKeyOne. c 的 KEY$_1$、KEY$_2$ 和 KEY$_3$ 按键按下事件处理函数中,调用 PWM 模块的 API 函数来调节占空比,如程序清单 12 - 6 所示。

(1) 第 1~5 行代码:按键 KEY$_1$ 用于对 PWM 输出方波占空比进行递增调节,因此,需要在 ProcKeyDownKey1 函数中调用递增占空比函数 IncPWMDutyCycle。

(2) 第 7~11 行代码:按键 KEY$_2$ 用于对 PWM 输出方波占空比进行复位,即将占空比设置为 50%,因此,需要在 ProcKeyDownKey2 函数中调用 SetPWM 函数,且参数为 500。

(3) 第 13~17 行代码:按键 KEY$_3$ 用于对 PWM 输出方波占空比进行递减调节,因此,需要在 ProcKeyDownKey3 函数中调用递减占空比函数 DecPWMDutyCycle。

程序清单 12 - 6

```
1.    void  ProcKeyDownKey1(void)
2.    {
3.      IncPWMDutyCycle();                       //递增占空比
4.      printf("KEY1 PUSH DOWN\r\n");            //打印按键状态
5.    }
6.
7.    void  ProcKeyDownKey2(void)
8.    {
9.      SetPWM(500);                             //复位占空比
10.     printf("KEY2 PUSH DOWN\r\n");            //打印按键状态
11.   }
12.
13.   void  ProcKeyDownKey3(void)
14.   {
15.     DecPWMDutyCycle();                       //递减占空比
16.     printf("KEY3 PUSH DOWN\r\n");            //打印按键状态
17.   }
```

12. 3. 3　Main. c 文件

在 Main. c 文件的"包含头文件"区的最后,包含头文件 PWM. h,这样即可调用 PWM 模块的 API 函数。

在 InitHardware 函数中,调用 InitPWM 函数实现对 PWM 模块的初始化,如程序清单 12 - 7 所示。

程序清单 12 - 7

```
1.   static  void  InitHardware(void)
2.   {
3.       SystemInit();                        //系统初始化
4.       InitRCU();                           //初始化 RCU 模块
5.       InitNVIC();                          //初始化 NVIC 模块
6.       InitUART0(115200);                   //初始化 UART 模块
7.       InitTimer();                         //初始化 Timer 模块
8.       InitSysTick();                       //初始化 SysTick 模块
9.       InitLED();                           //初始化 LED 模块
10.      InitKeyOne();                        //初始化 KeyOne 模块
11.      InitProcKeyOne();                    //初始化 ProcKeyOne 模块
12.      InitPWM();                           //初始化 PWM 模块
13.  }
```

在 main 函数中,通过 SetPWM 函数设置 PWM 的占空比,如程序清单 12 - 8 所示。注意,SetPWM 的参数控制在 0~1 000,且必须是 100 的整数倍,500 表示将 PWM 的占空比设置为 50%。

程序清单 12 - 8

```
1.   int main(void)
2.   {
3.       InitHardware();                      //初始化硬件相关函数
4.       InitSoftware();                      //初始化软件相关函数
5.
6.       printf("Init System has been finished.\r\n");   //打印系统状态
7.
8.       SetPWM(500);
9.
10.      while(1)
11.      {
12.        Proc2msTask();                     //2 ms 处理任务
13.        Proc1SecTask();                    //1 s 处理任务
14.      }
15.  }
```

12.3.4　实验结果

代码编写完成并编译通过后,下载程序并进行复位。下载完成后,将 GD32F4 蓝莓派开发板上的 PB4 引脚连接示波器探头,可以看到如图 12 - 6 所示方波信号。可以通过按键调节方波的占空比,按下 KEY_1,方波的占空比递增;按下 KEY_3,方波的占空比递减;按下 KEY_2,方波的占空比复位至 50%。

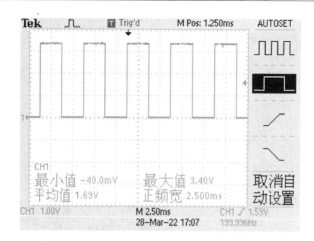

图 12 - 6   占空比为 5/10 的方波信号

本章任务

呼吸灯是指灯光在被动控制下完成亮、暗之间的逐渐变化,类似于人的呼吸。利用 PWM 的输出高低电平持续时长变化,设计一个程序,实现呼吸灯功能。为了充分利用 GD32F4 蓝莓派开发板,可以通过固件库函数将 PB5 配置为浮空状态,然后通过杜邦线将 PB5 连接 PB4。在主函数中通过持续改变输出波形的占空比实现呼吸灯功能。要求占空比变化能在最小值和某个合适值的范围之内循环往复,以达到 LED1 亮度由亮到暗、由暗到亮的渐变效果。

任务提示:

(1) 配置 PB5 引脚浮空,使用杜邦线连接 PB5 和 PB4。

(2) 编写函数实现占空比在一个较小值和较大值之间往复递增或递减循环。

(3) 在 1 s 处理任务调用占空比循环函数,实现呼吸灯功能。

本章习题

1. 在 SetPWM 函数中通过直接操作寄存器完成相同的功能。

2. 通用定时器有哪些计数模式?可以通过哪些寄存器配置这些计数模式?

3. 根据本实验中的配置参数,计算 PWM 输出实验输出方波的周期,并与示波器中测量的周期进行对比。

4. GD32F4xx 系列微控制器还有哪些引脚可以用作 PWM 输出?

第 13 章 实验 12 TIMER 与输入捕获

输入捕获一般应用在 2 种场合,分别是脉冲跳变沿时间(脉宽)测量和 PWM 输入测量。本书第 12 章介绍过,GD32F4xx 系列微控制器的定时器包括基本定时器、通用定时器和高级控制定时器 3 类,除了基本定时器外,其他定时器都有输入捕获功能。GD32F4xx 系列微控制器的输入捕获,是通过检测 TIMERx_CHx 上的边沿信号,在边沿信号发生跳变(比如上升沿或下降沿)时,将当前定时器的值(TIMERx_CNT)存放到对应通道的捕获/比较寄存器(TIMERx_CHxCV)中,完成一次捕获,同时,还可以配置捕获时是否触发中断/DMA 等。本章首先介绍输入捕获的工作原理,以及相关寄存器和固件库函数,然后通过一个输入捕获实验,让读者掌握对一个脉冲的上升沿和下降沿进行捕获的流程。

13.1　实验内容

将 GD32F4 蓝莓派开发板的 PB0(TIMER2 的 CH2)配置为输入捕获模式,用杜邦线把 PB0 与 PA0(连接 KEY$_1$ 的引脚)相连接,编写程序实现以下功能:①当按下按键 KEY$_1$ 时,捕获高电平持续的时间;②将按键 KEY$_1$ 高电平持续的时间转换成毫秒为单位的数值;③将高电平的持续时间通过 UART0 发送到计算机;④通过串口助手查看按键 KEY$_1$ 高电平持续的时间。

13.2　实验原理

13.2.1　输入捕获实验流程图分析

图 13-1 是 TIMER 与输入捕获实验中断服务函数流程图。首先,使能 TIMER2 的溢出和上升沿(独立按键 KEY$_1$ 未按时为低电平,按下时为高电平)捕获中断。其次,当 TIMER2 产生中断时,判断 TIMER2 是产生溢出中断还是边沿捕获中断。如果是上升沿捕获中断,即检测到按键按下,则将 s_iCaptureSts(用于存储溢出次数)、s_iCapture(用于存储捕获值)和 TIMER2_CNT 均清零,同时将 s_iCaptureSts[6]置为 1,标记成功捕获到上升沿,然后,将 TIMER2 设置为下降沿捕获,再清除中断标志位。如果是下降沿捕获中断,即检测到按键松开,则将 s_iCaptureSts[7]置为 1,标记成功捕获到下降沿,将 TIMER2_CH2CV 的值读取到 s_iCaptureVal,然后,将 TIMER2 设置为上升沿捕获,再清除中断标志位。如果是 TIMER2

溢出中断,则判断 s_iCaptureSts[6]是否为 1,也就是判断是否成功捕获到上升沿,如果捕获到上升沿,进一步判断是否达到最大溢出值(TIMER2 从 0 计数到 0xFFFF 溢出一次,即计数65 536 次溢出一次,计数单位为 1 μs,由于本实验最大溢出次数是 0x3F+1,即十进制的 64,因此,最大溢出值为 $64 \times 65\ 536 \times 1$ μs=4 194 304 μs=4.194 s)。如果达到最大溢出值,则强制标记成功捕获到下降沿,并将捕获值设置为 0xFFFF,也就是按键按下时间小于 4.194 s,按照实际时间通过串口助手打印输出,按键按下时间如果大于或等于 4.194 s,则强制通过串口助手打印 4.194 s,如果未达到最大溢出值(0x3F,即十六进制的 63),则 s_iCaptureSts 执行加1 操作,再清除中断标志位。清除完中断标志位,当产生中断时,则继续判断 TIMER2 是产生溢出中断,还是产生边沿捕获中断。

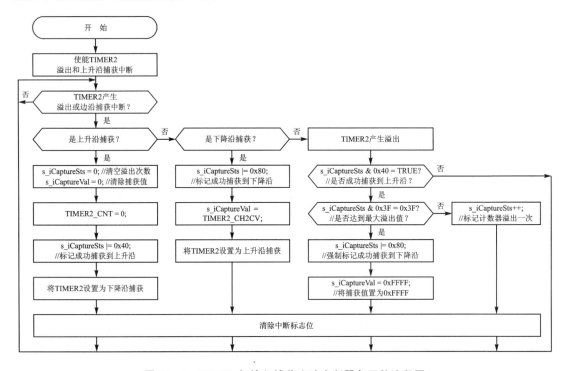

图 13-1　TIMER 与输入捕获实验中断服务函数流程图

图 13-2 是 TIMER 与输入捕获实验应用层流程图。首先,判断是否产生 10 ms 溢出,如果产生 10 ms 溢出,则判断 s_iCaptureSts[7]是否为 1,即判断是否成功捕获到了下降沿,否则继续判断是否产生 10 ms 溢出。如果 s_iCaptureSts[7]为 1,即成功捕获到下降沿,则取出 s_iCaptureSts 的低 6 位计数器的值,得到溢出次数,然后,溢出次数乘以 65 536,当然,还需要加上最后一次读取到的 TIMER2_CH2CV 的值,得到以 μs 为单位的按键按下时间值后,再将其转换为以 ms 为单位的值,最后通过串口助手打印出以 ms 为单位的按键按下时间。如果 s_iCaptureSts[7]为 0,即没有成功捕获到下降沿,则继续判断是否产生 10 ms 溢出。注意,captureVal=*pCapVal。

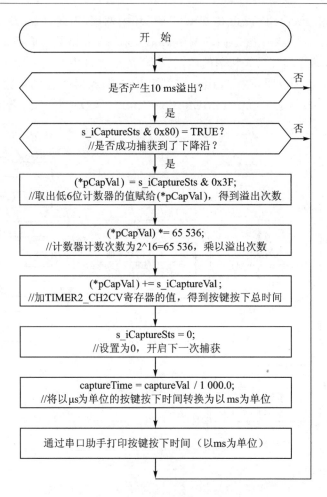

图 13-2 TIMER 与输入捕获实验应用层流程图

13.2.2 TIMER 与输入捕获实验程序架构

输入捕获实验的程序架构如图 13-3 所示。该图简要介绍了程序开始运行后各个函数的执行和调用流程,图中仅列出了与本实验相关的一部分函数。下面解释说明此程序架构图。

在 main 函数中调用 InitHardware 函数进行硬件相关模块初始化,包含 NVIC、UART、Timer 和 Capture 等模块,这里仅介绍 Capture 模块初始化函数 InitCapture。在 InitCapture 函数中调用 ConfigTIMER2ForCapture 函数配置输入捕获。

调用 InitSoftware 函数进行软件相关模块初始化,本实验中,InitSoftware 函数为空。

调用 Proc2msTask 函数进行 2 ms 任务处理,在该函数中,先通过 Get2msFlag 函数获取 2 ms 标志位,若标志位为 1,则调用 LEDFlicker 函数实现 LED 电平翻转,然后每 10 ms 调用 GetCaptureVal 函数获取一次捕获值,若捕获成功,则打印出捕获值,最后通过 Clr2msFlag 函数清除 2 ms 标志位。

2 ms 任务之后再调用 Proc1SecTask 函数进行 1 s 任务处理,本实验中,没有需要处理的 1 s 任务。

Proc2msTask 和 Proc1SecTask 均在 while 循环中调用,因此,Proc1SecTask 函数执行完后将再次执行 Proc2msTask 函数。循环调用 GetCaptureVal 函数获取捕获值。

在图 13 - 3 中,编号①、④、⑤和⑦的函数在 Main.c 文件中声明和实现;编号为②和⑥的函数在 Capture.h 文件中声明,在 Capture.c 文件中实现;编号为③的函数在 Capture.c 文件中声明和实现。在编号③的 ConfigTIMER2ForCapture 函数中进行的操作均通过调用固件库函数实现。

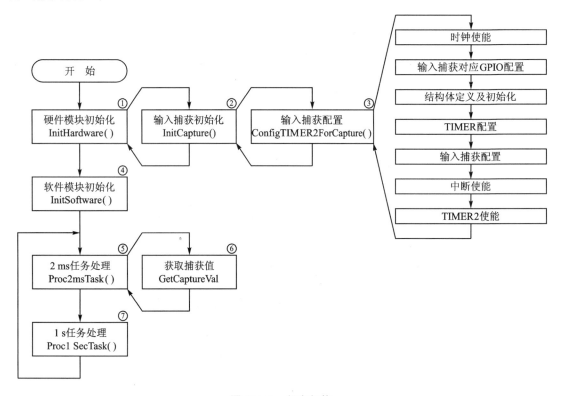

图 13 - 3 程序架构

本实验要点解析:

TIMER2 与输入捕获的配置,调用固件库函数实现时钟使能、GPIO 配置、定时器配置、输入捕获参数配置和中断配置等操作。

TIMER2 中断服务函数的实现。在中断服务函数中,分别对 TIMER2 的溢出事件和捕获事件进行处理。在已经捕获到上升沿的前提下出现溢出时,需要判断是否达到最大溢出次数,若达到最大溢出次数,则强制标记成功捕获一次;若未达到,则使溢出次数计数器执行加 1 操作。在第一次捕获到上升沿时,设置为下降沿捕获;在已经捕获到上升沿的前提下再次发生捕获事件时,标记成功捕获一次,并重新设置为上升沿捕获,为下次捕获做准备。

在本实验中,核心内容即为 GD32F4xx 系列微控制器的定时器系统,理解定时器中输入捕获功能的来源和配置方法,掌握配置定时器的固件库函数的定义和用法,以及固件库函数对应操作的寄存器,即可快速完成本实验。

13.3　实验代码解析

13.3.1　Capture 文件对

1. Capture. h 文件

在 Capture. h 文件的"API 函数声明"区,声明了 2 个 API 函数,如程序清单 13 - 1 所示。

程序清单 13 - 1

```
void  InitCapture(void);                          //初始化 Capture 模块
unsigned char  GetCaptureVal(signed int * pCapVal);   //获取捕获时间,返回值为 1 表示捕获
成功,此时 * pCapVal 才有意义
```

2. Capture. c 文件

在 Capture. c 文件的"内部变量定义"区,定义了 2 个内部变量,如程序清单 13 - 2 所示。s_iCaptureSts 用于存放捕获状态,s_iCaptureVal 用于存放捕获值。

程序清单 13 - 2

```
//s_iCaptureSts 中的 bit 7 为捕获完成的标志,bit 6 为捕获到上升沿标志,bit 5～bit 0 为捕获到上升沿
后定时器溢出的次数
    static  unsigned char  s_iCaptureSts = 0;        //捕获状态
    static  unsigned short s_iCaptureVal;            //捕获值
```

在"内部函数声明"区,声明了 ConfigTIMER2ForCapture 函数,如程序清单 13 - 3 所示,该函数用于配置定时器 TIMER2 的通道输入捕获。

程序清单 13 - 3

```
static  void ConfigTIMER2ForCapture(unsigned short arr, unsigned short psc);   //配置 TIMER2
```

在"内部函数实现"区,首先实现了 ConfigTIMER2ForCapture 函数,如程序清单 13 - 4 所示。

程序清单 13 - 4

```
1.    static  voidConfigTIMER2ForCapture(unsigned short arr, unsigned short psc)
2.    {
3.      rcu_periph_clock_enable(RCU_GPIOB);         //使能 GPIOB 时钟
4.      rcu_periph_clock_enable(RCU_TIMER2);        //使能 TIMER2 时钟
5.
6.      //配置 PB0 为复用推挽
7.      gpio_af_set(GPIOB, GPIO_AF_2, GPIO_PIN_0);
8.      gpio_mode_set(GPIOB, GPIO_MODE_AF, GPIO_PUPD_NONE, GPIO_PIN_0);
9.      gpio_output_options_set(GPIOB, GPIO_OTYPE_PP, GPIO_OSPEED_MAX, GPIO_PIN_0);
10.
11.     //定义 TIMER 初始化结构体变量
12.     timer_ic_parameter_struct timer_icinitpara;
```

```
13.      timer_parameter_struct timer_initpara;
14.      //TIMER2 设置为默认值
15.      timer_deinit(TIMER2);
16.      timer_struct_para_init(&timer_initpara);                          //TIMER2 结构体设置为默认值
17.      timer_channel_input_struct_para_init(&timer_icinitpara);
                                                                           //将输入结构体中的参数初始化为默认值
18.
19.      //TIMER2 配置
20.      timer_initpara.prescaler        = psc;                            //设置预分频器值
21.      timer_initpara.alignedmode      = TIMER_COUNTER_EDGE;             //设置对齐模式
22.      timer_initpara.counterdirection = TIMER_COUNTER_UP;               //设置递增计数模式
23.      timer_initpara.period           = arr;                            //设置自动重装载值
24.      timer_initpara.clockdivision    = TIMER_CKDIV_DIV1;               //设置时钟分割
25.      timer_init(TIMER2, &timer_initpara);//初始化时钟
26.
27.      timer_icinitpara.icpolarity     = TIMER_IC_POLARITY_RISING;       //设置输入极性
28.      timer_icinitpara.icselection    = TIMER_IC_SELECTION_DIRECTTI;    //设置通道输入模式
29.      timer_icinitpara.icprescaler    = TIMER_IC_PSC_DIV1;              //设置预分频器值
30.      timer_icinitpara.icfilter       = 0x0;                            //设置输入捕获滤波
31.      timer_input_capture_config(TIMER2, TIMER_CH_2, &timer_icinitpara); //初始化通道
32.
33.      timer_auto_reload_shadow_enable(TIMER2);                          //使能自动重载影子寄存器
34.
35.      timer_interrupt_flag_clear(TIMER2, TIMER_INT_FLAG_CH2);           //清除 CH2 中断标志位
36.      timer_interrupt_flag_clear(TIMER2, TIMER_INT_FLAG_UP);            //清除更新中断标志位
37.
38.      timer_interrupt_enable(TIMER2, TIMER_INT_CH2);                    //使能定时器的 CH2 输入通道中断
39.      timer_interrupt_enable(TIMER2, TIMER_INT_UP);                     //使能定时器的更新中断
40.      nvic_irq_enable(TIMER2_IRQn, 2, 0);                               //使能 TIMER2 中断,并设置优先级
41.
42.      timer_enable(TIMER2);                                             //使能 TIMER2
43.    }
```

（1）第 3～4 行代码：本实验中，TIMER2 的 CH2（PB0）作为输入捕获，因此，需要通过 rcu_periph_clock_enable 函数使能 GPIOB 和 TIMER2 的时钟。

（2）第 7～9 行代码：通过 gpio_af_set 函数、gpio_mode_set 函数和 gpio_output_options_set 函数将 PB0 引脚配置为推挽输出模式，最大速度超过 50 MHz。

（3）第 20～25 行代码：通过 timer_init 函数配置 TIMER2，配置为边沿对齐模式，且计数器递增计数。参数 arr 和 psc 用于设置计数器的自动重装载值和预分频值。

（4）第 27～31 行代码：通过 timer_input_capture_config 函数初始化 TIMER2 的 CH2，该函数涉及 TIMER2_CHCTL2 的 CH2EN 和 CH2P，以及 TIMER2_CHCTL1 的 CH2MS[1:0]和 CH2CAPFLT[3:0]。CH2EN 用于使能或禁止通道 2 的输入捕获功能，CH2P 用于设置通道的捕获极性，CH2MS[1:0]用于设置通道的方向（输入/输出）以及输入脚，CH2CAPFLT[3:0]用于设置通道 2 输入的采样频率及数字滤波器的长度。本实验中，

TIMER2 的 CH2 配置为输入捕获,且捕获发生在通道 2 的上升沿,输入的采样频率为 f_{DTS},数字滤波器长度 N 为 1,捕获输入口上检测到的每一个边沿(这里为上升沿)都触发一次捕获。

(5)第 33 行代码:通过 timer_auto_reload_shadow_enable 函数使能自动重载影子寄存器。

(6)第 38～40 行代码:通过 timer_interrupt_enable 函数使能 TIMER2 的 UPIE 更新中断以及 CH2IE 捕获中断,该函数涉及 TIMER2_DMAINTEN 的 UPIE 和 CH2IE。UPIE 用于禁止和使能更新中断,CH2IE 用于禁止和使能捕获中断。然后通过 nvic_irq_enable 函数使能 TIMER2 中断,并设置抢占优先级为 2,子优先级为 0。

(7)第 42 行代码:通过 timer_enable 函数使能 TIMER2。

在 ConfigTIMER2ForCapture 函数实现区后,为 TIMER2_IRQHandler 中断服务函数的实现代码,如程序清单 13-5 所示。无论 TIMER2 产生更新中断,还是产生通道 2 捕获中断,都会执行 TIMER2_IRQHandler 函数。

程序清单 13-5

```
1.    void TIMER2_IRQHandler(void)
2.    {
3.      if((s_iCaptureSts & 0x80) == 0)                //最高位为 0,表示捕获还未完成
4.      {
5.        //高电平,定时器 TIMER2 发生了溢出事件
6.        if(timer_interrupt_flag_get(TIMER2, TIMER_INT_FLAG_UP) != RESET)
7.        {
8.          if(s_iCaptureSts & 0x40)                   //发生溢出,并且前一次已经捕获到高电平
9.          {
10.           //TIMER_CAR 16 位预装载值,即 CNT > 65 536 - 1(2^16 - 1)时溢出。
11.           //若不处理,(s_iCaptureSts & 0x3F) ++ 等于 0x40,溢出数等于清零
12.           if((s_iCaptureSts & 0x3F) == 0x3F)       //达到多次溢出,高电平太长
13.           {
14.             s_iCaptureSts |= 0x80;                 //强制标记成功捕获了一次
15.             s_iCaptureVal = 0xFFFF;                //捕获值为 0xFFFF
16.           }
17.           else
18.           {
19.             s_iCaptureSts ++ ;                     //标记计数器溢出一次
20.           }
21.         }
22.       }
23.
24.       if (timer_interrupt_flag_get(TIMER2, TIMER_INT_FLAG_CH2) != RESET) //发生捕获事件
25.       {
26.         if(s_iCaptureSts & 0x40)                   //bit 6 为 1,即上次捕获到上升沿,那么这次捕获到下降沿
27.         {
```

```
28.            s_iCaptureSts |= 0x80;                         //完成捕获,标记成功捕获到一次下降沿
29.            s_iCaptureVal = timer_channel_capture_value_register_read(TIMER2,TIMER_CH_2);
                                                              //s_iCaptureVa 记录捕获比较寄存器的值
30.            //设置为上升沿捕获,为下次捕获做准备
31.            timer_channel_output_polarity_config(TIMER2, TIMER_CH_2, TIMER_IC_POLARITY_RISING);
32.         }
33.        else   //bit 6 为 0,表示上次没捕获到上升沿,这是第一次捕获上升沿
34.         {
35.            s_iCaptureSts = 0;                              //清空溢出次数
36.            s_iCaptureVal = 0;                              //捕获值为 0
37.
38.            timer_counter_value_config(TIMER2, 0);          //设置寄存器的值为 0
39.
40.            s_iCaptureSts |= 0x40;                          //bit 6 置为 1,标记捕获到了上升沿
41.
42.            //设置为下降沿捕获
43.            timer_channel_output_polarity_config(TIMER2, TIMER_CH_2, TIMER_IC_POLARITY_FALLING);
44.         }
45.      }
46.   }
47.
48.   timer_interrupt_flag_clear(TIMER2, TIMER_INT_FLAG_CH2); //清除更新 CH2 捕获中断标志位
49.   timer_interrupt_flag_clear(TIMER2, TIMER_INT_FLAG_UP);  //清除更新中断标志位
50. }
```

（1）第 3 行代码:变量 s_iCaptureSts 用于存放捕获状态,s_iCaptureSts 的 bit 7 为捕获完成标志,bit 6 为捕获到上升沿标志,bit 5～bit 0 为捕获到上升沿后定时器溢出次数。若 s_iCaptureSts 的 bit 7 为 0,表示捕获未完成。

（2）第 6 行代码:通过 timer_interrupt_flag_get 函数获取更新中断标志,该函数涉及 TIMER2_DMAINTEN 的 UPIE 和 TIMER2_INTF 的 UPIF。本实验中,UPIE 为 1,表示使能更新中断,当 TIMER2 递增计数产生溢出时,UPIF 由硬件置为 1,并产生更新中断,执行 TIMER2_IRQHandler 函数。

（3）第 8～21 行代码:若 s_iCaptureSts 的 bit 6 为 1,表示已经捕获到上升沿,然后,判断 s_iCaptureSts 的 bit 5～bit 0 是否为 0x3F,该值为 0x3F 表示计数器已经达到最大溢出次数,说明按键按下时间太久,此时将 s_iCaptureSts 的 bit 7 强制置为 1,即强制标记成功捕获一次,同时,将捕获值设为 0xFFFF。否则,如果 s_iCaptureSts 的 bit 5～bit 0 不为 0x3F,则表明计数器尚未达到最大溢出次数,让 s_iCaptureSts 执行加 1 操作,标记计数器溢出一次。

（4）第 24 行代码:通过 timer_interrupt_flag_get 函数获取通道 2 捕获中断标志,该函数涉及 TIMER2_DMAINTEN 的 CH2IE 和 TIMER2_INTF 的 CH2IF。本实验中,CH2IE 为 1,表示使能通道 2 捕获中断,当产生通道 2 捕获事件时,CH2IF 由硬件置 1,并产生通道 2 捕获中断,执行 TIMER2_IRQHandler 函数。

（5）第 26～32 行代码:发生捕获事件后,若 s_iCaptureSts 的 bit 6 为 1,表示前一次已经捕获到上升沿,那么这次就表示捕获到下降沿,因此,将 s_iCaptureSts 的 bit 7 置为 1 表示完

成一次捕获。然后,通过 timer_channel_capture_value_register_read 函数读取 TIMER2_CH2CV 的值,并将该值赋值给 s_iCaptureVal。最后,再通过操作寄存器 TIMER2_CHCTL2 的 CH2P 将 TIMER2 的 CH2 设置为上升沿触发,为下一次捕获 KEY$_1$ 按下做准备。

(6) 第 33~44 行代码:发生捕获事件后,若 s_iCaptureSts 的 bit 6 为 0,表示前一次未捕获到上升沿,那么这次就是第一次捕获到上升沿,因此,将 s_iCaptureSts 和 s_iCaptureVal 均清零,并通过 timer_counter_value_config 函数将 TIMER2 的计数器清零,同时,将 s_iCaptureSts 的 bit 6 置为 1,标记已经捕获到了上升沿。最后,再通过操作寄存器 TIMER2_CHCTL2 的 CH2P 将 TIMER2 的 CH2 设置为下降沿触发,为下一次捕获 KEY$_1$ 松开做准备。

(7) 第 48~49 行代码:通过 timer_interrupt_flag_clear 函数清除更新和通道 2 捕获中断标志,该函数同样涉及 TIMER2_INTF 的 UPIF 和 CH2IF。

在"API 函数实现"区,为 InitCapture API 和 GetCaptureVal 函数的实现代码,如程序清单 13-6 所示。

(1) 第 1~5 行代码:InitCapture 函数调用 ConfigTIMER2ForCapture 函数初始化 Capture 模块,ConfigTIMER2ForCapture 函数的 2 个参数分别是 0xFFFF 和 239,说明 TIMER2 以 1 MHz 的频率计数,同时 TIMER2 从 0 递增计数到 0xFFFF 产生溢出。

(2) 第 7~23 行代码:GetCaptureVal 函数用于获取捕获时间,如果 s_iCaptureSts 的 bit 7 为 1,表示成功捕获到下降沿,即按键已经松开。此时,将 GetCaptureVal 函数的返回值 ok 置为 1,然后取出 s_iCaptureVal 的 bit 5~bit 0 得到溢出次数,再将溢出次数乘以 65 536(0x0 000 计数到 0xFFFF),接着,将乘积结果加上最后一次比较捕获寄存器的值,得到总的高电平持续时间,并将该值保存到 pCapVal 指针指向的存储空间,最后,将 s_iCaptureSts 清零。

程序清单 13-6

```
1.    void   InitCapture(void)
2.    {
3.        //计数器达到装载值 0xFFFF,会产生溢出;以 240 MHz/(239+1) = 1 MHz 的频率计数
4.        ConfigTIMER2ForCapture(0xFFFF, 239);
5.    }
6.
7.    unsigned char   GetCaptureVal(signed int * pCapVal)
8.    {
9.        unsigned char ok = 0;
10.
11.       if(s_iCaptureSts & 0x80)          //最高位为 1,表示成功捕获到了下降沿(获取到按键弹起标志)
12.       {
13.         ok = 1;                         //捕获成功
14.         ( * pCapVal)  = s_iCaptureSts & 0x3F; //取出低 6 位计数器的值赋给( * pCapVal),得到溢出次数
15.                                         //printf("溢出次数:% d\r\n", * pCapVal);
16.         ( * pCapVal) * = 65 536;
            //计数器计数次数为 2^16 = 65 536,乘以溢出次数,得到溢出时间总和(以 1/1 MHz = 1 μs 为单位)
17.         ( * pCapVal) += s_iCaptureVal;  //加上最后一次比较捕获寄存器的值,得到总的高电平时间
```

```
18.
19.          s_iCaptureSts = 0;                    //设置为0,开启下一次捕获
20.       }
21.
22.       return(ok);                              //返回是否捕获成功的标志
23.    }
```

13.3.2　Main. c 文件

在 Main. c"包含头文件"区的最后,包含 Capture. h 头文件。这样就可以在 Main. c 文件中调用 Capture 模块的宏定义和 API 函数,获取输入捕获的值。

在 InitHardware 函数中,调用 InitCapture 函数实现对 Capture 模块的初始化,如程序清单 13 - 7 所示。

程序清单 13 - 7

```
1.    static  void  InitHardware(void)
2.    {
3.        SystemInit();                  //系统初始化
4.        InitRCU();                     //初始化 RCU 模块
5.        InitNVIC();                    //初始化 NVIC 模块
6.        InitUART0(115200);             //初始化 UART 模块
7.        InitTimer();                   //初始化 Timer 模块
8.        InitSysTick();                 //初始化 SysTick 模块
9.        InitLED();                     //初始化 LED 模块
10.       InitCapture();                 //初始化 Capture 模块
11.   }
```

在 Proc2msTask 函数中,设置 10 ms 标志位,每 10 ms 调用 GetCaptureVal 函数获取一次捕获值,若捕获成功,则打印出捕获值,如程序清单 13 - 8 所示。

程序清单 13 - 8

```
1.    static  void  Proc2msTask(void)
2.    {
3.        static signed short s_iCnt5 = 0;           //10 ms 计数器
4.        signed int captureVal;                     //捕获到的值
5.        float captureTime;                         //将捕获值转换成时间
6.
7.        if(Get2msFlag())                           //判断 2 ms 标志位状态
8.        {
9.          LEDFlicker(250);                         //调用闪烁函数
10.
11.         if(s_iCnt5 >= 4)                         //计数器数值大于或等于4
12.         {
13.           if(GetCaptureVal(&captureVal))         //成功捕获
14.           {
15.             captureTime = captureVal / 1 000.0;
16.             printf("H - %0.2fms\r\n", captureTime);  //打印出捕获值
17.           }
18.
19.           s_iCnt5 = 0;                           //重置计数器的计数值为0
20.         }
21.         else
```

```
22.              {
23.                  s_iCnt5 ++ ;                                    //计数器的计数值加 1
24.              }
25.
26.          Clr2msFlag();    //清除 2 ms 标志位
27.          }
28.      }
```

由于本实验通过串口助手打印按键按下时间,因此,将 Proc1SecTask 函数中的 printf 语句注释掉。

13.3.3　实验结果

代码编写完成并编译通过后,下载程序并进行复位。下载完成后,打开计算机上的串口助手,按下 KEY$_1$,串口打印持续按下 KEY$_1$ 的时间,即捕获到高电平持续的时间。

本章任务

完成本章学习后,利用输入捕获的功能,检测第 12 章 TIMER 与 PWM 输出实验中低电平持续的时间,并且通过 OLED 显示低电平持续的时间。具体操作如下:利用杜邦线连接 PB0 与 PB4 引脚,每捕获 10 次低电平,计算平均值并显示在 OLED 上,并观察在按下相应 PWM 输出占空比变化操作按键后,得到的数据变化是否和理论计算值相符。

任务提示:

(1) 将 OLED 和按键驱动文件添加到本实验的工程中。

(2) 将初始捕获极性配置为下降沿捕获,并对应修改 TIMER2 的中断服务函数中改变捕获极性的代码。

(3) 定义一个变量作为捕获成功次数计数器,每次捕获成功后执行加 1 操作,并记录本次捕获时间,达到 10 次时计算平均值,并通过调用 OLED 模块的 API 函数显示此平均值。最后,将捕获成功次数计数器清 0,为下次捕获做准备。

本章习题

1. 本实验如何通过设置下降沿和上升沿捕获,计算按键按下时长。

2. 计算本实验的高电平最大捕获时长。

3. 在 timer_channel_capture_value_register_read 函数中通过直接操作寄存器完成相同的功能。

4. 如何通过 timer_interrupt_enable 函数使能 TIMER2 的更新中断和通道 2 捕获中断? 这 2 个中断与 TIMER2_IRQHandler 函数之间有什么关系?

第 14 章　实验 13　DAC

DAC 是 Digital to Analog Converter 的缩写,即数/模转换器。GD32F470IIH6 微控制器内嵌 2 个 12 位数字输入、电压输出型 DAC,可以配置为 8 位或 12 位模式,也可以与 DMA (Direct Memory Access)控制器配合使用。DAC 工作在 12 位模式时,数据可以设置为左对齐或右对齐。DAC 有 2 个输出通道,每个通道都有单独的转换器。在双 DAC 模式下,2 个通道可以独立转换,也可以同时转换并同步更新 2 个通道的输出。DAC 可以通过引脚输入参考电压 V_{REF+} 以获得更精确的转换结果。本章首先介绍 DAC 功能框图,然后通过一个 DAC 实验演示如何进行数/模转换。

14.1　实验内容

将 GD32F470IIH6 芯片的 PA5 引脚配置为 DAC 输出端口,并实现以下功能:①通过 UART0 接收和处理信号采集工具(位于本书配套资料包的"08. 软件资料\信号采集工具. V1.0"文件夹中)发送的波形类型切换指令;②根据波形类型切换指令,控制 DAC1 对应的 PA5 引脚输出对应的正弦波、三角波或方波;③将 PA5 引脚连接示波器探头,通过示波器查看输出的波形是否正确。

如果没有示波器,可以将 PA5 引脚连接 PC2 引脚,通过信号采集工具查看输出的波形是否正确。因为本书配套资料包"04. 例程资料"文件夹中的"13. DAC"工程,已经实现了以下功能:①通过 ADC0 对 PC2 引脚的模拟信号进行采样和模/数转换;②将转换后的数字量按照 PCT 通信协议进行打包;③通过 UART0 将打包后的数据包实时发送至计算机,通过信号采集工具动态显示接收到的波形。

14.2　实验原理

14.2.1　DAC 功能框图

图 14-1 所示是 DAC 的功能框图,下面依次介绍 DAC 的引脚、DAC 触发源、DHx 寄存器到 DOx 寄存器数据传输、数字至模拟转换器 DAC 和 DAC 输出缓冲区。

1. DAC 的引脚

DAC 的引脚说明如表 14-1 所列。其中,V_{REF+} 是正模拟参考电压,由于 GD32F470IIH6

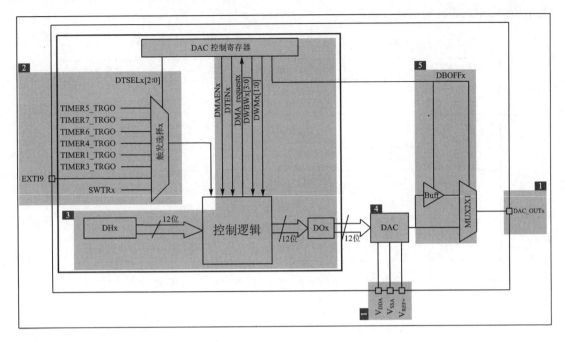

图 14 - 1　DAC 功能框图

微控制器的 V_{REF+} 引脚在芯片内部与 V_{DDA} 引脚相连接，V_{DDA} 引脚的电压为 3.3 V，因此，V_{REF+} 引脚的电压也为 3.3 V。DAC 引脚上的输出电压满足以下关系：

$$V_{DAC\_out} = V_{REF+} \times DAC\_DO/4\ 096 = 3.3\ V \times DAC\_DO/4\ 096$$

表 14 - 1　DAC 引脚说明

名　称	描　述	信号类型
V_{DDA}	模拟电源	输入，模拟电源
V_{SSA}	模拟电源地	输入，模拟电源地
V_{REF+}	DAC 正模拟参考电压， 2.6 V≤V_{REF+}≤V_{DDA}	输入，模拟正参考电压
DACx_OUT	DACx 模拟输出	模拟输出信号

GD32F470IIH6 微控制器内部有 2 个 DAC，每个 DAC 对应 1 个输出通道，其中 DAC0 通过 DAC_OUT0 通道（与 PA4 引脚相连接）输出，DAC1 通过 DAC_OUT1 通道（与 PA5 引脚相连接）输出。一旦使能 DACx 通道，相应的 GPIO 引脚（PA4 或 PA5 引脚）就会自动与 DAC 的模拟输出相连（DAC_OUTx）。为了避免自身的干扰和额外的功耗，在使用之前，应将 PA4 或 PA5 引脚配置为模拟输入（AIN）。

2. DAC 触发源

DAC 有 8 个外部触发源，如表 14 - 2 所列。如果 DAC_CTL 寄存器中 DTENx 被置为 1，则 DACx 转换可以由外部事件触发（定时器、外部中断线）。触发源可以通过 DAC_CTL 寄存器中的 DTSELx[2:0]来进行选择。

表 14 - 2　DAC 外部触发源

DTSELx[2:0]	触发源	触发类型
000	TIMER5_TRGO	内部片上信号
001	TIMER7_TRGO	
010	TIMER6_TRGO	
011	TIMER4_TRGO	
100	TIMER1_TRGO	
101	TIMER3_TRGO	
110	EXTI9	外部信号
111	SWTRIG	软件触发

TIMERx_TRGO 信号由定时器生成,而软件触发通过设置 DAC_SWT 寄存器的 SWTRx 位生成。

如果使能了外部触发(DAC_CTL 的 DTENx 为 1),则当已经选择的触发事件发生时,存入 DAC 数据保持寄存器(DACx_DH)中的数据会被转移到 DAC 数据输出寄存器(DACx_DO)。如果没有使能外部触发(DAC_CTL 的 DTENx 为 0),上述数据会自动进行转移。

3. DHx 寄存器到 DOx 寄存器数据传输

从图 14 - 1 中可以看出,DAC 输出受 DOx 直接控制,但是不能直接往 DOx 中写入数据,而是通过 DHx 间接传给 DOx,从而实现对 DAC 输出的控制。GD324F4xx 系列微控制器的 DAC 支持 8 位和 12 位模式,8 位模式采用右对齐方式,12 位模式既可以采用左对齐模式,也可以采用右对齐模式。

单 DAC 通道模式有 3 种数据格式:8 位数据右对齐、12 位数据左对齐和 12 位数据右对齐,如图 14 - 2 所示和表 14 - 3 所列。注意,表 14 - 3 中的 DHx 是微控制器内部的数据保持寄存器,DH0 对应 DAC0_DH,DH1 对应 DAC1_DH。

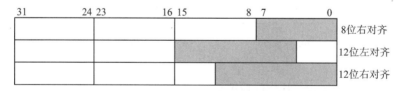

图 14 - 2　单 DAC 通道模式的数据寄存器

表 14 - 3　单 DAC 通道模式的 3 种数据格式

对齐方式	寄存器	注　释
8 位数据右对齐	DACx_R8DH[7:0]	实际存入 DHx[11:4]位
12 位数据左对齐	DACx_L12DH[15:4]	实际存入 DHx[11:0]位
12 位数据右对齐	DACx_R12DH[11:0]	实际存入 DHx[11:0]位

双 DAC 通道模式也有 3 种数据格式：8 位数据右对齐、12 位数据左对齐、12 位数据右对齐，如图 14-3 和表 14-4 所示。

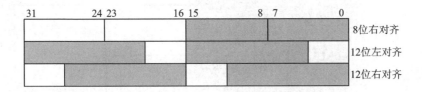

图 14-3 双 DAC 通道模式的数据寄存器

表 14-4 双 DAC 通道模式的 3 种数据格式

对齐方式	寄存器	注 释
8 位数据右对齐	DACC_R8DH[7:0]	实际存入 DH0[11:4]位
	DACC_R8DH[15:8]	实际存入 DH1[11:4]位
12 位数据左对齐	DACC_R12DH[15:4]	实际存入 DH0[11:0]位
	DACC_R12DH[31:20]	实际存入 DH1[11:0]位
12 位数据右对齐	DACC_R12DH[11:0]	实际存入 DH0[11:0]位
	DACC_R12DH[27:16]	实际存入 DH1[11:0]位

任意一个 DAC 通道都有 DMA 功能。如果 DAC_CTL 的 DDMAENx 位置为 1，一旦有外部触发（不是软件触发）发生，则产生一个 DMA 请求，然后 DACx_DH 的数据被传送到 DACx_DO。

4. 数字至模拟转换器 DAC

当 DAC 保持数据寄存器（DACx_DH）中的数据加载到 DAC 数据输出寄存器（DACx_DO）时，在经过时间 $t_{SETTLING}$ 之后，数字至模拟转换器 DAC 即完成数字量到模拟量的转换，模拟输出变得有效，$t_{SETTLING}$ 的值与电源电压和模拟输出负载有关。

5. DAC 输出缓冲区

为了降低输出阻抗，并在没有外部运算放大器的情况下驱动外部负载，每个 DAC 模块内部都集成了一个输出缓冲区。在默认情况下，输出缓冲区是开启的，可以通过设置 DAC_CTL 寄存器的 DBOFFx 位开启或关闭 DAC 输出缓冲区。

14.2.2 DMA 功能框图

图 14-4 所示是 DMA 的功能框图，下面依次介绍 DMA 外设和存储器、DMA 请求和 DMA 控制器。

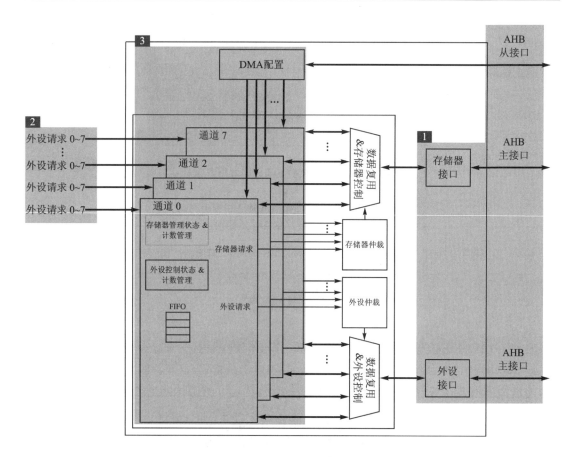

图 14-4　DMA 功能框图

1. DMA 外设和存储器

DMA 数据传输支持从外设到存储器、存储器到外设、存储器到存储器。DMA 支持的外设包括 AHB 和 APB 总线上的部分外设,DMA 支持的存储器包括片上 SRAM 和内部 Flash。

2. DMA 请求

DMA 数据传输需要通过 DMA 请求触发,其中,从外设 TIMER1~TIMER6、SPI1、SPI2、I^2S1、I^2S2、I^2C0、I^2C2、UART3、UART4、UART6、UART7、DAC0、DAC1、USART1 和 USART2 产生的 8 个请求,通过逻辑或输入到 DMA0 控制器,如图 14-5 所示,这意味着同时只能有一个 DMA0 请求有效。

DMA0 各通道的请求如表 14-5 所列。

从外设 TIMER0、TIMER7、ADC0 ~ ADC2、SPI0、SPI3 ~ SPI5、DCI、USART0、USART5、SDIO 产生的 8 个请求,通过逻辑或输入到 DMA1 控制器,如图 14-6 所示,这意味着同时只能有一个 DMA1 请求有效。

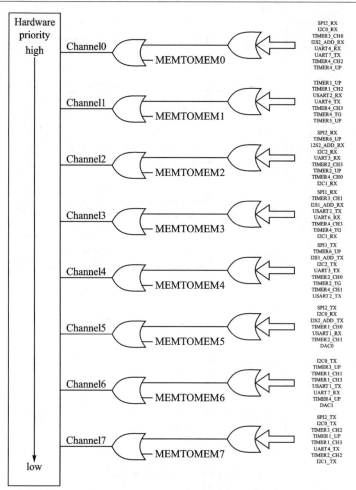

SPI2_RX
I2C0_RX
TIMER3_CH0
I2S2_ADD_RX
UART4_RX
UART7_TX
TIMER4_CH2
TIMER4_UP

TIMER1_UP
TIMER1_CH2
USART2_RX
UART6_TX
TIMER4_CH3
TIMER4_TG
TIMER5_UP

SPI2_RX
TIMER6_UP
I2S2_ADD_RX
I2C2_RX
UART3_RX
TIMER2_CH3
TIMER2_UP
TIMER4_CH0
I2C1_RX

SPI1_RX
TIMER3_CH1
I2S1_ADD_RX
USART2_TX
UART6_RX
TIMER4_CH3
TIMER4_TG
I2C1_RX

SPI1_TX
TIMER6_UP
I2S1_ADD_TX
I2C2_TX
UART3_TX
TIMER2_CH0
TIMER2_TG
TIMER4_CH1
USART2_TX

SPI2_TX
I2C0_RX
I2S2_ADD_TX
TIMER1_CH0
USART1_RX
TIMER2_CH1
DAC0

I2C0_TX
TIMER3_UP
TIMER1_CH1
TIMER1_CH3
USART1_TX
UART7_RX
TIMER4_UP
DAC1

SPI2_TX
I2C0_TX
TIMER3_CH2
TIMER1_UP
TIMER1_CH3
UART4_TX
TIMER2_CH2
I2C1_TX

图 14 - 5   DMA0 请求映射

表 14 - 5   DMA0 各通道的请求

外 设		通道 0	通道 1	通道 2	通道 3	通道 4	通道 5	通道 6	通道 7
PERIEN[2:0]	000	SPI2_RX	—	SPI2_RX	SPI1_RX	SPI1_TX	SPI2_TX	—	SPI2_TX
	001	I2C0_RX	—	TIMER6_UP	—	TIMER6_UP	I2C0_RX	I2C0_TX	I2C0_TX
	010	TIMER3_CH0	—	I2S2_ADD_RX	TIMER3_CH1	I2S1_ADD_TX	I2S2_ADD_TX	TIMER3_UP	TIMER3_CH2
	011	I2S2_ADD_RX	TIMER1_UP TIMER1_CH2	I2C2_RX	I2S1_ADD_RX	I2C2_TX	TIMER1_CH0	TIMER1_CH1 TIMER1_CH3	TIMER1_UP TIMER1_CH3
	100	UART4_RX	USART2_RX	UART3_RX	USART2_TX	UART3_TX	USART1_RX	USART1_TX	UART4_TX
	101	UART7_TX	UART6_TX	TIMER2_CH3 TIMER2_UP	UART6_RX	TIMER2_CH0 TIMER2_TG	TIMER2_CH1	UART7_RX	TIMER2_CH2
	110	TIMER4_CH2 TIMER4_UP	TIMER4_CH3 TIMER4_TG	TIMER4_CH0	TIMER4_CH3 TIMER4_TG	TIMER4_CH1	—	TIMER4_UP	—
	111	—	TIMER5_UP	I2C1_RX	I2C1_RX	USART2_TX	DAC0	DAC1	I2C1_TX

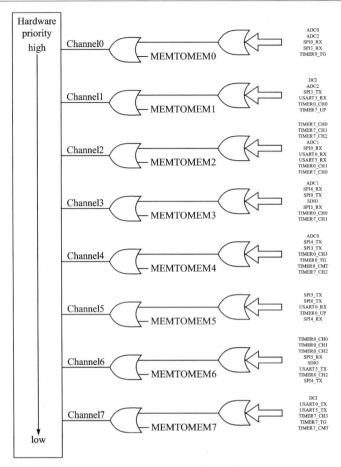

图 14 - 6　DMA1 请求映射

DMA1 各通道的请求如表 14 - 6 所列。

表 14 - 6　DMA1 各通道的请求

外　设		通道 0	通道 1	通道 2	通道 3	通道 4	通道 5	通道 6	通道 7
PERIEN[2:0]	000	ADC0	—	TIMER7_CH0 TIMER7_CH1 TIMER7_CH2	—	ADC0	—	TIMER0_CH0 TIMER0_CH1 TIMER0_CH2	—
	001	—	DCI	ADC1	ADC1	—	SPI5_TX	SPI5_RX	DCI
	010	ADC2	ADC2	—	SPI4_RX	SPI4_TX	—	—	—
	011	SPI0_RX	—	SPI0_RX	SPI0_TX	—	SPI0_TX	—	—
	100	SPI3_RX	SPI3_TX	USART0_RX	SDIO	—	USART0_RX	SDIO	USART0_TX
	101	—	USART5_RX	USART5_RX	SPI3_RX	SPI3_TX	—	USART5_TX	USART5_TX
	110	TIMER0_TG	TIMER0_CH0	TIMER0_CH1	TIMER0_CH0	TIMER0_CH3 TIMER0_TG TIMER0_CMT	TIMER0_UP	TIMER0_CH2	—
	111	—	TIMER7_UP	TIMER7_CH0	TIMER7_CH1	TIMER7_CH2	SPI4_RX	SPI4_TX	TIMER7_CH3 TIMER7_TG TIMER7_CMT

3. DMA 控制器

DMA 控制器有 16 个通道,每个通道专门管理来自一个或多个外设的存储器访问请求。如果同时有多个 DMA 请求,则最终的请求响应顺序由仲裁器决定,通过寄存器 DMA_CHxCTL 的 PRIO 位可以将各个通道的优先级设置为低、中、高或超高,如果几个通道的优先级相同,则最终的请求响应顺序取决于通道编号,通道编号越小优先级越高。例如,通道 0 和通道 2 配置为相同的软件优先级时,通道 0 的优先级高于通道 2。

14.2.3　DAC 实验逻辑图分析

图 14 - 7 所示是 DAC 实验逻辑框图。在本实验中,正弦波、方波和三角波存放在 Wave.c 文件的 s_arrSineWave100Point、s_arrRectWave100Point、s_arrTriWave100Point 数组中,每个数组有 100 个元素,即每个波形的一个周期由 100 个离散点组成,可以分别通过 GetSineWave100PointAddr、GetRectWave100PointAddr、GetTriWave100PointAddr 函数获取 3 个存放波形数组的首地址。波形变量都存放在 SRAM 中,DAC 先读取存放在 SRAM 中的数字量,再将其转换为模拟量,因此,为了提高 DAC 的工作效率,可以通过 DMA0 的通道 6 (DMA0_CH6)将 SRAM 中的数据传输到 DAC 的 DAC1_R12DH。TIMER5 设置为触发输出,每 8 ms 产生一个触发输出,一旦有触发产生,DAC1_R12DH 的数据将会被传输到 DAC1_DO,同时产生一个 DMA 请求,DMA0 控制器把 SRAM 中的下一个波形数据传输到 DAC1_R12DH。一旦数据从 DAC1_R12DH 传入 DAC1_DO,经时间 t_{SETTING} 后,数字至模拟转换器就会将 DAC1_DO 中的数据转换为模拟量输出到 PA5 引脚,t_{SETTING} 因电源电压和模拟输出负载的不同而不同。连接 PA5 引脚与 PC2 引脚,即可连接 DAC 与 ADC,通过 ADC 将模拟量转化为数字量,再通过 UART0 将其传输至计算机上并通过信号采集工具显示。

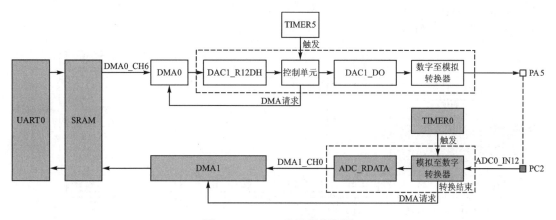

图 14 - 7　DAC 实验逻辑框图

14.2.4　PCT 通信协议

从机常常被用作执行单元,处理一些具体的事务;主机(如 Window、Linux、Android 和 emWin 平台等)则用于与从机进行交互,向从机发送命令,或处理来自从机的数据,如图 14 - 8

所示。

主机与从机之间的通信过程如图 14 - 9 所示。主机向从机发送命令的具体过程是:①主机对待发命令进行打包;②主机通过通信设备(串口、蓝牙、Wi-Fi 等)将打包好的命令发送出去;③从机在接收到命令之后,对命令进行解包;④从机按照相应的命令执行任务。

从机向主机发送数据的具体过程是:①从机对待发数据进行打包;②从机通过通信设备(串口、蓝牙、Wi-Fi 等)将打包好的数据发送出去;③主机在接收到数据之后,对数据进行解包;④主机对接收到的数据进行处理,如进行计算、显示等。

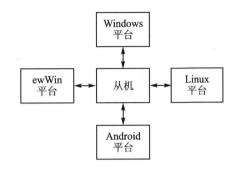

图 14 - 8　主机与从机的交互

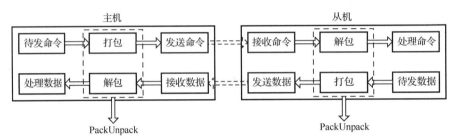

图 14 - 9　主机与从机之间的通信过程(打包/解包框架图)

1. PCT 通信协议格式

在主机与从机的通信过程中,主机和从机有一个共同的模块,即打包解包模块(PackUnpack),该模块遵循某种通信协议。通信协议有很多种,本实验采用的 PCT 通信协议由本书作者设计。打包后的 PCT 通信协议的数据包格式如图 14 - 10 所示。

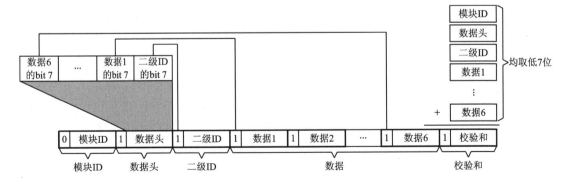

图 14 - 10　打包后的 PCT 通信协议的数据包格式

PCT 通信协议规定:

(1) 数据包由 1 字节模块 ID+1 字节数据头+1 字节二级 ID+6 字节数据+1 字节校验和构成,共计 10 字节。

（2）数据包中有 6 个数据，每个数据为 1 字节。

（3）模块 ID 的最高位 bit 7 固定为 0。

（4）模块 ID 的取值范围为 0x00～0x7F，最多有 128 种类型。

（5）数据头的最高位 bit 7 固定为 1，数据头的低 7 位按照从低位到高位的顺序，依次存放二级 ID 的最高位 bit 7、数据 1 的最高位 bit 7、数据 2 的最高位 bit 7、数据 3 的最高位 bit 7、数据 4 的最高位 bit 7、数据 5 的最高位 bit 7 和数据 6 的最高位 bit 7。

（6）校验和的低 7 位为模块 ID＋数据头＋二级 ID＋数据 1＋数据 2＋……＋数据 6 求和的结果（取低 7 位）。

（7）二级 ID、数据 1～数据 6 和校验和的最高位 bit 7 固定为 1。注意，并不是说二级 ID、数据 1～数据 6 和校验和只有 7 位，而是在打包后，它们的低 7 位位置不变，最高位均位于数据头中，因此，依然还是 8 位。

2. PCT 通信协议打包过程

PCT 通信协议的打包过程分为 4 步。

第 1 步，准备原始数据，原始数据由模块 ID（0x00～0x7F）、二级 ID、数据 1～数据 6 组成，如图 14-11 所示。其中，模块 ID 的取值范围为 0x00～0x7F，二级 ID 和数据的取值范围为 0x00～0xFF。

图 14-11　PCT 通信协议打包第 1 步

第 2 步，依次取出二级 ID、数据 1～数据 6 的最高位 bit 7，将其存放于数据头的低 7 位，按照从低位到高位的顺序依次存放二级 ID、数据 1～数据 6 的最高位 bit 7，如图 14-12 所示。

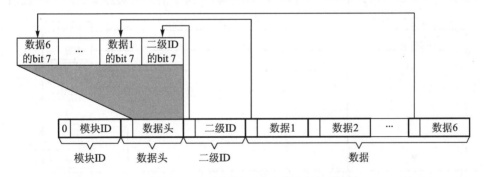

图 14-12　PCT 通信协议打包第 2 步

第 3 步，对模块 ID、数据头、二级 ID、数据 1～数据 6 的低 7 位求和，取求和结果的低 7 位，将其存放于校验和的低 7 位，如图 14-13 所示。

第 4 步，将数据头、二级 ID、数据 1～数据 6 和校验和的最高位置 1，如图 14-14 所示。

3. PCT 通信协议解包过程

PCT 通信协议的解包过程也分为 4 步。

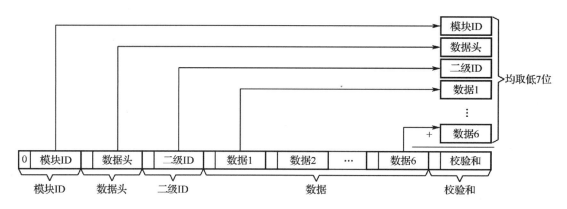

图 14 - 13　PCT 通信协议打包第 3 步

图 14 - 14　PCT 通信协议打包第 4 步

第 1 步,准备解包前的数据包,原始数据包由模块 ID、数据头、二级 ID、数据 1～数据 6、校验和组成,如图 14 - 15 所示。其中,模块 ID 的最高位为 0,其余字节的最高位均为 1。

图 14 - 15　PCT 通信协议解包第 1 步

第 2 步,对模块 ID、数据头、二级 ID、数据 1～数据 6 的低 7 位求和,如图 14 - 16 所示,取求和结果的低 7 位与数据包的校验和低 7 位对比,如果两个值的结果相等,则说明校验正确。

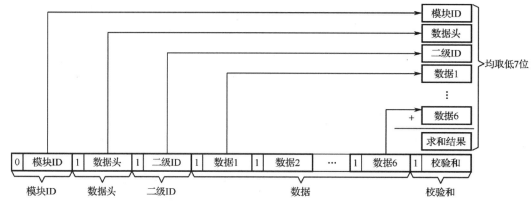

图 14 - 16　PCT 通信协议解包第 2 步

第 3 步,数据头的最低位 bit 0 与二级 ID 的低 7 位拼接之后作为最终的二级 ID,数据头的 bit 1 与数据 1 的低 7 位拼接之后作为最终的数据 1,数据头的 bit 2 与数据 2 的低 7 位拼接之后作为最终的数据 2,以此类推,如图 14 - 17 所示。

第 4 步,图 14 - 18 所示即为解包后的结果,由模块 ID、二级 ID、数据 1～数据 6 组成。其

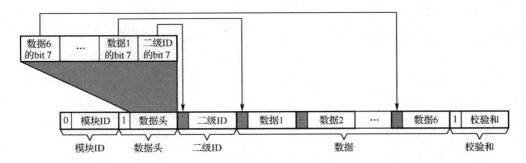

图 14-17 PCT 通信协议解包第 3 步

中,模块 ID 的取值范围为 0x00~0x7F,二级 ID 和数据的取值范围为 0x00~0xFF。

图 14-18 PCT 通信协议解包第 4 步

4. PCT 通信协议的实现

PCT 通信协议既可以使用面向过程语言(如 C 语言)实现,也可以使用面向对象语言(如 C++或 C♯语言)实现,还可以用硬件描述语言(Verilog HDL 或 VHDL)实现。

下面以 C 语言为实现载体,介绍 PackUnpack 模块的 PackUnpack.h 文件。该文件的全部代码如程序清单 14-1 所示。

程序清单 14-1

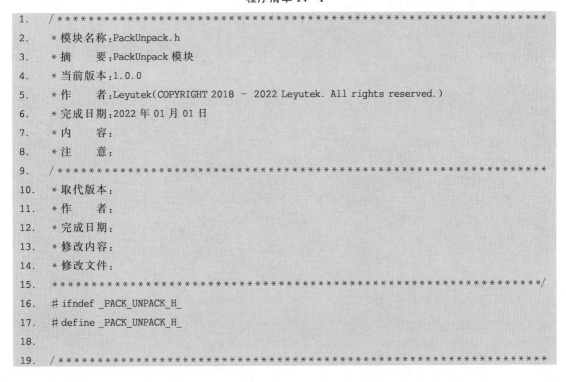

```
20.    *                                        包含头文件
21.    ***********************************************************/
22.    #include "UART0.h"
23.
24.    /**********************************************************
25.    *                                        宏定义
26.    ***********************************************************/
27.
28.    /**********************************************************
29.    *                                       枚举结构体
30.    ***********************************************************/
31.    //                                      包类型结构体
32.    typedef struct
33.    {
34.       unsigned char packModuleId;          //模块包 ID
35.       unsigned char packHead;              //数据头
36.       unsigned char packSecondId;          //二级 ID
37.       unsigned char arrData[6];            //数据包
38.       unsigned char checkSum;              //校验和
39.    }StructPackType;
40.
41.    //枚举定义,定义模块 ID,0x00~0x7F,不可以重复
42.    typedef enum
43.    {
44.       MODULE_SYS      = 0x01,              //系统信息
45.
46.       MAX_MODULE_ID   = 0x80
47.    }EnumPackID;
48.
49.    //定义二级 ID,0x00~0xFF,因为是分属于不同模块的 ID,所以二级 ID 可以重复
50.    //系统模块的二级 ID
51.    typedef enum
52.    {
53.       DAT_RST         = 0x01,              //系统复位信息
54.       DAT_SYS_STS     = 0x02,              //系统状态
55.       DAT_SELF_CHECK  = 0x03,              //系统自检结果
56.       DAT_CMD_ACK     = 0x04,              //命令应答
57.
58.       CMD_RST_ACK     = 0x80,              //模块复位信息应答
59.       CMD_GET_POST_RSLT = 0x81,           //读取自检结果
60.    }EnumSysSecondID;
61.
62.    /**********************************************************
63.    *                                       API 函数声明
```

```
64.    ***************************************************************/
65.    void    InitPackUnpack(void);                    //初始化 PackUnpack 模块
66.    unsigned char    PackData(StructPackType * pPT);    //对数据进行打包,1-打包成功,0-打包失败
67.    unsigned char    UnPackData(unsigned char data);    //对数据进行解包,1-解包成功,0-解包失败
68.
69.    StructPackType    GetUnPackRslt(void);             //读取解包后数据包
70.
71.    #endif
```

（1）第 31～39 行代码：在"枚举结构体"区,结构体 StructPackType 有 5 个成员,分别是 packModuleId、packHead、packSecondId、arrData、checkSum,与图 14 - 10 中的模块 ID、数据头、二级 ID、数据、校验和一一对应。

（2）第 42～47 行代码：枚举 EnumPackID 中的元素是对模块 ID 的定义,模块 ID 的范围为 0x00～0x7F,且不可重复。初始状态下,EnumPackID 中只有一个模块 ID 的定义,即系统模块 MODULE_SYS(0x01)的定义,任何通信协议都必须包含该系统模块 ID 的定义。

（3）第 51～60 行代码：在枚举 EnumPackID 的定义之后紧跟着一系列二级 ID 的定义,二级 ID 的范围为 0x00～0xFF,不同模块的二级 ID 可以重复。初始状态下,模块 ID 只有 MODULE_SYS,因此,二级 ID 也只有与之对应的二级 ID 枚举 EnumSysSecondID 的定义。EnumSysSecondID 在初始状态下有 6 个元素,分别是 DAT_RST、DAT_SYS_STS、DAT_SELF_CHECK、DAT_CMD_ACK、CMD_RST_ACK 和 CMD_GET_POST_RSLT,这些二级 ID 分别对应系统复位信息数据包、系统状态数据包、系统自检结果数据包、命令应答数据包、模块复位信息应答命令包和读取自检结果命令包。

（4）第 65～69 行代码：PackUnpack 模块有 4 个 API 函数,分别是初始化打包解包模块函数 InitPackUnpack、对数据进行打包函数 PackData、对数据进行解包函数 UnPackData,以及读取解包后数据包函数 GetUnPackRslt。

14.2.5　PCT 通信协议应用

无论是本章的 DAC 实验,还是下一章的 ADC 实验,都涉及 PCT 通信协议。DAC 实验和 ADC 实验的流程图如图 14 - 19 所示。在 DAC 实验中,从机(GD32F4 蓝莓派开发板)接收来自主机(计算机上的信号采集工具)的生成波形命令包,对接收到的命令包进行解包,根据解包后的命令(生成正弦波命令、三角波命令或方波命令),调用 OnGenWave 函数控制 DAC 输出对应的波形。在 ADC 实验中,从机通过 ADC 接收波形信号,并进行模/数转换,再将转换后的波形数据进行打包处理,最后将打包后的波形数据包发送至主机。

信号采集工具界面如图 14 - 20 所示,该工具用于控制 GD32F4 蓝莓派开发板输出不同波形,并接收和显示 GD32F4 蓝莓派开发板发送到计算机的波形数据。通过左下方的"波形选择"下拉菜单控制开发板输出不同的波形,右侧黑色区显示从开发板接收到的波形数据,串口参数可以通过左侧栏设置,串口状态可以通过状态栏查看(图中显示"串口已关闭")。

信号采集工具在 DAC 实验和 ADC 实验中扮演主机角色,开发板扮演从机角色,主机和从机之间的通信采用 PCT 通信协议。下面介绍这两个实验采用的 PCT 通信协议。

主机到从机有一个生成波形的命令包,从机到主机有一个波形数据包,两个数据包属于同一个模块,将其定义为 Wave 模块,Wave 模块的模块 ID 取值为 0x71。

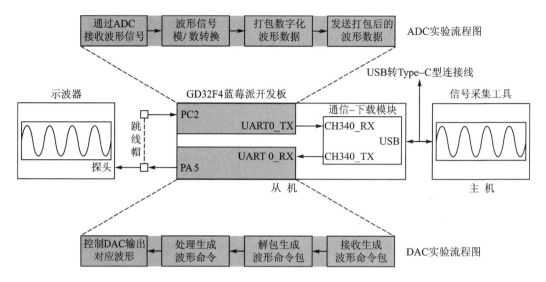

图 14-19　DAC 实验和 ADC 实验流程图

图 14-20　信号采集工具界面

Wave 模块的生成波形命令包的二级 ID 取值为 0x80,该命令包的定义如图 14-21 所示。

模块ID	HEAD	二级ID	DAT1	DAT2	DAT3	DAT4	DAT5	DAT6	CHECK
71H	数据头	80H	波形类型	保留	保留	保留	保留	保留	校验和

图 14-21　Wave 模块生成波形命令包的定义

波形类型的定义如表 14-7 所示。注意,复位后,波形类型取值为 0x00。

Wave 模块的波形数据包的二级 ID 为 0x01,该数据包的定义如图 14-22 所示,一个波形数据包包含 5 个连续的波形数据,对应波形上连续的 5 个点。波形数据包每 8 ms 由从机发送给主机一次。

表 14-7　波形类型的定义

位	定　义
7:0	波形类型:0x00—正弦波,0x01—三角波,0x02—方波

模块ID	HEAD	二级ID	DAT1	DAT2	DAT3	DAT4	DAT5	DAT6	CHECK
71H	数据头	01H	波形数据1	波形数据2	波形数据3	波形数据4	波形数据5	保留	校验和

图 14 - 22　Wave 模块波形数据包的定义

从机接收到主机发送的命令后,向主机发送命令应答数据包,图 14 - 23 所示为命令应答数据包的定义。

模块ID	HEAD	二级ID	DAT1	DAT2	DAT3	DAT4	DAT5	DAT6	CHECK
01H	数据头	04H	模块ID	二级ID	应答消息	保留	保留	保留	校验和

图 14 - 23　命令应答数据包的定义

应答消息的定义如表 14 - 8 所列。

表 14 - 8　应答消息的定义

位	定　义
7:0	应答消息:0—命令成功,1—校验和错误,2—命令包长度错误,3—无效命令,4—命令参数数据错误,5—命令不接受

主机和从机的 PCT 通信协议明确之后,接下来介绍该协议在 DAC 实验和 ADC 实验中的应用。按照模块 ID 和二级 ID 的定义,分两步更新 PackUnpack.h 文件。

在枚举 EnumPackID 的定义中,将 Wave 模块对应的元素定义为 MODULE_WAVE,该元素取值为 0x71,新增的 MODULE_WAVE 元素需要添加至 EnumPackID 中,如程序清单 14 - 2 所示。

程序清单 14 - 2

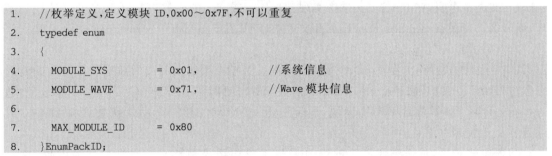

```
1.  //枚举定义,定义模块 ID,0x00～0x7F,不可以重复
2.  typedef enum
3.  {
4.      MODULE_SYS         = 0x01,          //系统信息
5.      MODULE_WAVE        = 0x71,          //Wave 模块信息
6.
7.      MAX_MODULE_ID      = 0x80,
8.  }EnumPackID;
```

除了 Wave 模块 ID 的枚举定义,还需要进行 Wave 模块二级 ID 的枚举定义。Wave 模块包含一个波形数据包和一个生成波形命令包,这里将数据包元素定义为 DAT_WAVE_WDATA,该元素取值为 0x01;将命令包元素定义为 CMD_GEN_WAVE,该元素取值为 0x80。DAT_WAVE_WDATA 和 CMD_GEN_WAVE 元素同样需要添加至 EnumWaveSecondID 中,如程序清单 14 - 3 所示。

程序清单 14 - 3

```
1.  //Wave 模块的二级 ID
2.  typedef enum
3.  {
4.      DAT_WAVE_WDATA = 0x01,          //波形数据
```

```
5.
6.     CMD_GEN_WAVE    = 0x80,          //生成波形命令
7.   }EnumWaveSecondID;
```

PackUnpack 模块的 PackUnpack.c 和 PackUnpack.h 文件位于本书配套资料包的"04.例程资料"文件夹中的"13. DAC"和"14. ADC"中,建议读者深入分析该模块的实现和应用。

14.2.6　DAC 实验程序架构

DAC 实验的程序架构如图 14 - 24 所示。该图简要介绍了程序开始运行后各个函数的执行和调用流程,图中仅列出了与本实验相关的一部分函数。下面解释此程序架构图。

在 main 函数中调用 InitHardware 函数进行硬件相关模块初始化,包含 RCU、NVIC、UART、Timer、ADC 和 DAC 等模块,这里仅介绍 DAC 模块初始化函数 InitDAC。InitDAC 函数首先对结构体 s_strDAC1WaveBuf 中的成员变量 waveBufAddr 和 waveBufSize 进行赋值,使初始输出模拟电压为正弦波,再通过 ConfigTimer5 函数以及 ConfigDAC1 函数初始化 TIMER5 和 DAC1,最后,通过 ConfigDMA0CH6ForDAC1 函数初始化 DMA0_CH6。

调用 InitSoftware 函数进行软件相关模块初始化,包含 PackUnpack、ProcHostCmd 和 SendDataToHost 等模块。

调用 Proc2msTask 函数进行 2 ms 任务处理,在 Proc2msTask 函数中接收来自计算机的命令并进行处理,然后通过 SendWaveToHost 函数,将波形数据包发送至计算机并通过信号采集工具显示。

调用 Proc1SecTask 函数进行 1 s 任务处理,在本实验中,不作其他处理。

在图 14 - 24 中,编号①、⑥、⑦和⑨的函数在 Main.c 文件中声明和实现;编号②的函数在 DAC.h 文件中声明,在 DAC.c 文件中实现;编号③、④和⑤的函数在 DAC.c 文件中声明和实现;编号⑧的函数在 SendDataToHost.h 文件中声明,在 SendDataToHost.c 文件中实现。

本实验要点解析:

DAC 模块的初始化,在 InitDAC 函数中,首先对模拟量输出的波形地址以及对应的波形点数进行赋值。其次,通过 ConfigTimer5 函数配置定时器 TIMER5 作为 DAC1 的触发源,通过 ConfigDAC1 函数配置 DAC1 模块,通过 ConfigDMA0CH6ForDAC1 函数配置 DMA0 的通道 6,此时完成初始化。

当程序烧录后,可通过计算机的信号采集工具向微控制器发送数据以切换波形,这些数据会在 2 ms 任务处理函数 Proc2msTask 中被处理,实现 DAC1 的输出仅完成一半步骤,还需要通过模/数转换并将波形数据发送至计算机的信号采集工具上显示。在 Proc2msTask 函数中还实现了发送波形数据包,将采集到的电压数据发送至计算机的信号采集工具上并进行显示。

在本书实验中,通过 DAC 和 ADC 实现了数据的循环处理,验证方法是观察信号采集工具能否正常显示波形,以及能否下发波形切换命令并成功实现波形切换。本章的重点是介绍 DAC 和 DMA,ADC 仅作应用,其具体使用方法将在下一章介绍。

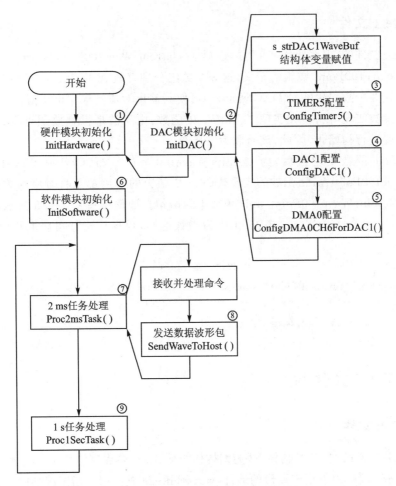

图 14 - 24　程序架构

14.3　实验代码解析

14.3.1　Wave 文件对

1. Wave. h 文件

在 Wave.h 文件的"API 函数声明"区,声明了 4 个 API 函数,如程序清单 14 - 4 所示。

程序清单 14 - 4

```
1.   void  InitWave(void);                        //初始化 Wave 模块
2.   unsigned short *  GetSineWave100PointAddr(void);  //获取 100 点正弦波数组的地址
3.   unsigned short *  GetRectWave100PointAddr(void);  //获取 100 点方波数组的地址
4.   unsigned short *  GetTriWave100PointAddr(void);   //获取 100 点三角波数组的地址
```

2. Wave. c 文件

在 Wave. c 文件的"内部变量定义"区,进行了 s_arrSineWave100Point、s_arrTriWave100Point 和 s_arrRectWave100Point 数组的定义,这 3 个数组分别存放着正弦波、三角波和方波的数值组合,通过将这 3 个数组传输至 DAC 通道,即可使其输出对应的模拟电压值。

在"API 函数实现"区,首先实现了 InitWave 函数,由于波形已存放至对应的内部数组变量中,不再需要进行初始化,因此,该函数为空函数。

在 InitWave 函数实现区后,为 GetSineWave100PointAddr、GetRectWave100PointAddr 及 GetTriWave100PointAddr 函数的实现代码,3 个函数的作用都是将对应的数组地址返回,这里仅介绍 GetSineWave100PointAddr 函数中的语句。如程序清单 14 – 5 所示,该函数将存放正弦波的数组 s_arrSineWave100Point 作为指针返回,根据该指针可获取正弦波对应的数字值。

程序清单 14 – 5

```
1.    unsigned short * GetSineWave100PointAddr(void)
2.    {
3.       return(s_arrSineWave100Point);
4.    }
```

14.3.2   DAC 文件对

1. DAC. h 文件

在 DAC. h 文件的"枚举结构体"区为结构体声明代码,如程序清单 14 – 6 所示。该结构体的 waveBufAddr 成员用于指定波形的地址,waveBufSize 成员用于指定波形的点数。

程序清单 14 – 6

```
1.    typedef struct
2.    {
3.       unsigned int waveBufAddr;            //波形地址
4.       unsigned int waveBufSize;            //波形点数
5.    }StructDACWave;
```

程序清单 14 – 7

```
void   InitDAC(void);                    //初始化 DAC 模块
void   SetDACWave(StructDACWave wave);   //设置 DAC 波形属性,包括波形地址和点数
```

在"API 函数声明"区为 API 函数声明代码,如程序清单 14 – 7 所示。InitDAC 函数用于初始化 DAC 模块,SetDACWave 函数用于设置 DAC 波形属性,包括波形地址和点数。

2. DAC. c 文件

在 DAC. c 文件的"宏定义"区,进行了如程序清单 14 – 8 所示的宏定义,该宏定义表示 DAC1 的地址,其中,宏定义 DAC1_R12DH_ADDR 为 DAC1 的 12 位右对齐数据保持寄存器的地址。

在"内部变量定义"区,进行了如程序清单 14 - 9 所示的内部变量定义。其中,结构体变量 s_strDAC1WaveBuf 用于存储需要发送的波形属性,包括波形地址和点数等。

在"内部函数声明"区,声明了 3 个内部函数,如程序清单 14 - 10 所示。

程序清单 14 - 8

```
#define DAC1_R12DH_ADDR ((unsigned int)0x40007414)        //DAC1 的地址(12 位右对齐)
```

程序清单 14 - 9

```
static StructDACWave s_strDAC1WaveBuf;              //存储 DAC1 波形属性,包括波形地址和点数
```

程序清单 14 - 10

```
static void ConfigTimer5(unsigned short arr, unsigned short psc);      //配置 TIMER5
static void ConfigDAC1(void);                                         //配置 DAC1
static void ConfigDMA0CH6ForDAC1(StructDACWave wave);                 //配置 DMA0 的通道 6
```

在"内部函数实现"区,首先实现了 ConfigTimer5 函数,如程序清单 14 - 11 所示。

(1)第 6 行代码:将 TIMER5 设置为 DAC1 的触发源,因此,需要通过 rcu_periph_clock_ enable 函数使能 TIMER5 时钟。

(2)第 12~16 行代码:通过 timer_init 函数对 TIMER5 进行配置,该函数涉及 TIMER5_ CTL0 的 CKDIV[1:0],TIMER5_CAR,TIMER5_PSC,以及 TIMER5_SWVEG 的 UPG。 CKDIV[1:0]用于设置时钟分频系数,本实验中,时钟分频系数为 1,即不分频。TIMER5_ CAR 和 TIMER5_PSC 用于设置计数器的自动重载值和计数器时钟预分频值,本实验中, 这 2 个值通过 ConfigTimer5 函数的输入参数 arr 和 psc 确定。UPG 用于产生更新事件,本实验中将该值设置为 1,用于重新初始化计数器,并产生一个更新事件。

(3)第 19 行代码:通过 timer_master_output_trigger_source_select 函数将 TIMER5 的更新事件作为 DAC1 的触发输入,该函数涉及 TIMER1_CTL1 的 MMC[2:0]。

(4)第 21 行代码:通过 timer_enable 函数使能 TIMER5,该函数涉及 TIMER5_CTL0 的 CEN。

程序清单 14 - 11

```
1.   static   void ConfigTimer5(unsigned short arr, unsigned short psc)
2.   {
3.       timer_parameter_struct timer_initpara;              //timer_initpara 用于存放定时器的参数
4.
5.       //使能 RCU 相关时钟
6.       rcu_periph_clock_enable(RCU_TIMER5);              //使能 TIMER5 的时钟
7.
8.       timer_deinit(TIMER5);                             //设置 TIMER5 参数恢复默认值
9.       timer_struct_para_init(&timer_initpara);          //初始化 timer_initpara
10.
11.      //配置 TIMER5
12.      timer_initpara.prescaler        = psc;            //设置预分频器值
13.      timer_initpara.counterdirection = TIMER_COUNTER_UP;  //设置递增计数模式
14.      timer_initpara.period           = arr;            //设置自动重装载值
```

```
15.    timer_initpara.clockdivision        = TIMER_CKDIV_DIV1;        //设置时钟分割
16.    timer_init(TIMER5, &timer_initpara);                           //根据参数初始化定时器
17.
18.    //TIMER5 触发源配置
19.    timer_master_output_trigger_source_select(TIMER5, TIMER_TRI_OUT_SRC_UPDATE);
20.
21.    timer_enable(TIMER5);                                          //使能定时器
22.    }
```

在 ConfigTimer5 函数实现区后,为 ConfigDAC1 函数的实现代码,如程序清单 14 - 12 所示。

(1)第 4~5 行代码:DAC 通道 1 通过 PA5 引脚输出,因此,需要通过 rcu_periph_clock_enable 函数使能 GPIOA 时钟和 DAC 时钟。

(2)第 8 行代码:一旦使能 DAC 通道 1,PA5 引脚就会自动与 DAC 通道 1 的模拟输出相连,为了避免寄生的干扰和额外的功耗,应先通过 gpio_mode_set 函数将 PA5 引脚设置成模拟模式。

(3)第 11~16 行代码:先通过 dac_deinit 函数复位 DAC 外设,再通过 dac_concurrent_disable 函数禁用并发 DAC 模式,该函数涉及 DAC_CTL 的 DEN0 和 DEN1。通过 dac_output_buffer_enable 函数使能 DAC1 输出缓冲区,该函数涉及 DAC_CTL 的 DBOFF1。通过 dac_trigger_enable 使能 DAC1 触发,该函数涉及 DAC_CTL 的 DTEN1。通过 dac_trigger_source_config 函数选择 TIMER5 作为 DAC1 的触发源,该函数涉及 DAC_CTL 的 DTSEL1[2:0]。通过 dac_wave_mode_config 函数禁用噪声波模式,该函数涉及 DAC_CTL 的 DWM1[1:0]。

(4)第 19 行代码:通过 dac_dma_enable 函数使能 DAC1 的 DMA 传输,该函数涉及 DAC_CTL 的 DDMAED1。

(5)第 22 行代码:通过 dac_enable 函数使能 DAC1,该函数涉及 DAC_CTL 的 DEN1。

程序清单 14 - 12

```
1.     static void ConfigDAC1(void)
2.     {
3.        //使能 RCU 相关时钟
4.        rcu_periph_clock_enable(RCU_GPIOA);                        //使能 GPIOA 的时钟
5.        rcu_periph_clock_enable(RCU_DAC);                          //使能 DAC 的时钟
6.
7.        //设置 GPIO
8.        gpio_mode_set(GPIOA, GPIO_MODE_ANALOG, GPIO_PUPD_NONE, GPIO_PIN_5);
9.
10.       //DAC1 配置
11.       dac_deinit();                                             //复位 DAC 模块
12.       dac_concurrent_disable();                                 //禁用 concurrent mode
13.       dac_output_buffer_enable(DAC1);                           //使能输出缓冲区
14.       dac_trigger_enable(DAC1);                                 //使能外部触发源
15.       dac_trigger_source_config(DAC1, DAC_TRIGGER_T5_TRGO);     //使用 TIMER5 作为触发源
```

```
16.     dac_wave_mode_config(DAC1, DAC_WAVE_DISABLE);              //禁用 Wave mode
17.
18.     //使能 DAC1 的 DMA
19.     dac_dma_enable(DAC1);
20.
21.     //使能 DAC1
22.     dac_enable(DAC1);
23.   }
```

在 ConfigDAC1 函数实现区后,为 ConfigDMA0CH6ForDAC1 函数的实现代码,如程序清单 14 - 13 所示。

(1) 第 7 行代码:本实验是通过 DMA0 通道 6 将 SRAM 中的波形数据传送到 DAC1_R12DH,因此,还需要通过 rcu_periph_clock_enable 函数使能 DMA0 的时钟。

(2) 第 10~11 行代码:通过 dma_deinit 函数复位 DMA0 通道 6 的所有寄存器,再通过 dma_single_data_para_struct_init 函数将 DMA 结构体中的所有参数初始化为默认值。

(3) 第 12~21 行代码:通过 dma_single_data_mode_init 函数对 DMA0 的通道 6 进行配置,该函数涉及 DMA_CH6CTL 的 TM[1:0]、PNAGA、MNAGA、PWIDTH[1:0]、MWIDTH[1:0]、PRIO[1:0]、CMEN,以及 DMA_CH6CNT,还涉及 DMA_CH6PADDR 和 DMA_CH6M0ADDR。TM[1:0]用于设置数据传输方向,PNAGA 用于设置外设的地址生成算法,MNAGA 用于设置存储器的地址生成算法,PWIDTH[1:0]用于设置外设的传输数据宽度,MWIDTH[1:0]用于设置存储器的传输数据宽度,PRIO[1:0]用于设置软件优先级,CMEN 用于设置循环模式。本次实验中,DMA0 的通道 6 将 SRAM 中的数据传送到 DAC 通道 1 的 DAC1_R12DH,因此,传输方向是从存储器读,存储器执行地址增量操作,外设不执行地址增量操作,存储器和外设数据宽度均为半字,软件优先级设置为高,并使能循环模式(即数据传输的数目变为 0 时,将会自动被恢复成配置通道时设置的初值,DMA 操作将会继续进行)。DMA_CH6PADDR 是 DMA0 通道 6 外设基地址寄存器,DMA_CH6M0ADDR 是 DMA0 通道 6 存储器基地址寄存器,DMA_CH6CNT 是 DMA0 通道 6 计数寄存器。本实验中,对 DMA_CH6PADDR 写入 DAC1_R12DH_ADDR,即 DAC 通道 1 的 12 位右对齐数据保持寄存器 DAC1_R12DH 的地址;对 DMA_CH6M0ADDR 写入 wave.waveBufAddr,即 ConfigDMA0CH6ForDAC1 函数的参数 wave 的成员变量,wave 是一个结构体变量,用于指定某一类型的波形,而 waveBufAddr 用于指定波形的地址;对 DMA_CH6CNT 写入 wave.waveBufSize,waveBufSize 也是 wave 结构体变量的成员,用于指定波形的点数。

(4) 第 23 行代码:通过 dma_channel_subperipheral_select 函数选择使能的 DMA 外设通道,该函数涉及 DMA_CH6CTL 的 PERIEN[2:0]。

(5) 第 26 行代码:通过 dma_channel_enable 函数使能 DMA0 通道 6,该函数涉及 DMA_CH6CTL 的 CHEN。

程序清单 14 - 13

```
1.    static void ConfigDMA0CH6ForDAC1(StructDACWave wave)
2.    {
3.      //DMA 配置结构体
4.      dma_single_data_parameter_struct dma_struct;
5.
```

```
6.       //使能 DMA0 时钟
7.       rcu_periph_clock_enable(RCU_DMA0);
8.
9.       //配置 DMA0_CH6
10.      dma_deinit(DMA0, DMA_CH6);                                      //复位 DMA
11.      dma_single_data_para_struct_init(&dma_struct);                 //复位配置结构体
12.      dma_struct.periph_addr          = DAC1_R12DH_ADDR;             //外设地址
13.      dma_struct.periph_memory_width  = DMA_PERIPH_WIDTH_16BIT;      //外设数据位宽为 16 位
14.      dma_struct.memory0_addr         = wave.waveBufAddr;           //内存地址
15.      dma_struct.number               = wave.waveBufSize;           //传输数据量
16.      dma_struct.priority             = DMA_PRIORITY_HIGH;          //高优先级
17.      dma_struct.periph_inc           = DMA_PERIPH_INCREASE_DISABLE; //外设地址增长关闭
18.      dma_struct.memory_inc           = DMA_MEMORY_INCREASE_ENABLE;  //内存地址增长开启
19.      dma_struct.direction            = DMA_MEMORY_TO_PERIPH;        //传输方向为内存到地址
20.      dma_struct.circular_mode        = DMA_CIRCULAR_MODE_ENABLE;    //使能循环模式
21.      dma_single_data_mode_init(DMA0, DMA_CH6, &dma_struct);         //根据参数配置 DMA0_CH6
22.
23.      dma_channel_subperipheral_select(DMA0, DMA_CH6, DMA_SUBPERI7); //DMA 通道外设选择
24.
25.      //使能 DMA0_CH6
26.      dma_channel_enable(DMA0, DMA_CH6);
27.    }
```

在"API 函数实现"区,首先实现了 InitDAC 函数,如程序清单 14-14 所示。

（1）第 3～4 行代码:通过 GetSineWave100PointAddr 函数获取正弦波数组 s_arrSine Wave100Point 的地址,并将该地址赋值给 s_strDAC1WaveBuf 的成员变量 waveBufAddr,将 s_strDAC1WaveBuf 的另一个成员变量 waveBufSize 赋值为 100。

（2）第 6 行代码:ConfigTimer5 函数用于配置 TIMER5,每 8ms 触发一次 DAC 通道 1 的转换。

（3）第 7 行代码:ConfigDAC1 函数用于配置 DAC1。

（4）第 8 行代码:ConfigDMA0CH6ForDAC1 函数用于配置 DMA0 的通道 6。

程序清单 14-14

```
1.    void InitDAC(void)
2.    {
3.      s_strDAC1WaveBuf.waveBufAddr   = (unsigned int)GetSineWave100PointAddr();  //波形地址
4.      s_strDAC1WaveBuf.waveBufSize   = 100;                                      //波形点数
5.
6.      ConfigTimer5(7999, 239);                                                   //配置定时器做为 DAC1 触发源
7.      ConfigDAC1();                                                              //配置 DAC1
8.      ConfigDMA0CH6ForDAC1(s_strDAC1WaveBuf);                                    //配置 DMA0 的通道 6
9.    }
```

在 InitDAC 函数实现区后,为 SetDACWave 函数的实现代码,如程序清单 14-15 所示。 SetDACWave 函数用于设置波形属性,包括波形的地址和点数。本实验中,调用该函数来切换不同的波形通过 DAC 通道 1 输出。

程序清单 14 - 15

```
1.   void SetDACWave(StructDACWave wave)
2.   {
3.       ConfigDMA0CH6ForDAC1(wave);                              //根据 wave 配置 DMA0 的通
道 6
4.   }
```

14.3.3 ProcHostCmd 文件对

1. ProcHostCmd.h 文件

在 ProcHostCmd.h 文件的"枚举结构体"区,定义了如程序清单 14 - 16 所示的结构体。从机在接收到主机发送的命令后,会向主机发送应答消息,该枚举的元素即为应答消息,其定义如表 14 - 8 所列。

程序清单 14 - 16

```
1.   //应答消息定义
2.   typedef enum{
3.       CMD_ACK_OK,                    //0 命令成功
4.       CMD_ACK_CHECKSUM,              //1 校验和错误
5.       CMD_ACK_LEN,                   //2 命令包长度错误
6.       CMD_ACK_BAD_CMD,               //3 无效命令
7.       CMD_ACK_PARAM_ERR,             //4 命令参数数据错误
8.       CMD_ACK_NOT_ACC                //5 命令不接受
9.   }EnumCmdAckType;
```

在"API 函数声明"区,声明了 2 个 API 函数,如程序清单 14 - 17 所示。InitProcHostCmd 函数用于初始化 ProcHostCmd 模块,ProcHostCmd 函数用于处理来自主机的命令。

程序清单 14 - 17

```
void   InitProcHostCmd(void);                 //初始化 ProcHostCmd 模块
void   ProcHostCmd(unsigned char recData);    //处理主机命令
```

2. ProcHostCmd.c 文件

在 ProcHostCmd.c 文件的"包含头文件"区,包含了 Wave.h 和 DAC.h 头文件。这样就可以在 ProcHostCmd.c 文件中调用 Wave 模块以及 DAC 模块的宏定义和 API 函数,实现对 DAC 输出的控制。

在"内部函数声明"区中,声明了一个内部函数,如程序清单 14 - 18 所示。OnGenWave 函数是生成波形命令的响应函数。

程序清单 14 - 18

```
staticunsigned char   OnGenWave(unsigned char * pMsg);       //生成波形的响应函数
```

在"内部函数实现"区,为 OnGenWave 函数的实现代码,如程序清单 14 - 19 所示。

(1) 第 3 行代码:定义一个 StructDACWave 类型的结构体变量 wave,用于存放波形的地

址和点数。

（2）第 5～16 行代码：OnGenWave 函数的参数 pMsg 包含了待生成波形的类型信息。当
pMsg[0]为 0x00 时，表示从机接收到生成正弦波的命令，通过 GetSineWave100PointAddr 函
数获取正弦波数组的地址，并赋给 wave.waveBufAddr；当 pMsg[0]为 0x01 时，表示从机接收
到生成三角波的命令，通过 GetTriWave100PointAddr 函数获取三角波数组的地址，并赋给
wave.waveBufAddr；当 pMsg［0］为 0x02 时，表示从机接收到生成方波的命令，通过
GetRectWave100PointAddr 函数获取方波数组的地址，并赋给 wave.waveBufAddr，可参见
表 14 - 7。

（3）第 18 行代码：无论是正弦波、三角波，还是方波，待生成波形的点数均为 100，因此，将
wave 的成员变量 waveBufSize 赋值为 100。

（4）第 20 行代码：根据结构体变量 wave 的成员变量 waveBufAddr 和 waveBufSize，通过
SetDACWave 函数设置 DAC 待输出的波形参数。

（5）第 22 行代码：枚举元素 CMD_ACK_OK 作为 OnGenWave 函数的返回值，表示从机
接收并处理主机命令成功。

程序清单 14 - 19

```
1.    static unsigned char OnGenWave(unsigned char * pMsg)
2.    {
3.      StructDACWave wave;    //DAC 波形属性
4.
5.      if(pMsg[0] == 0x00)
6.      {
7.        wave.waveBufAddr   = (unsigned int)GetSineWave100PointAddr();    //获取正弦波数组的地址
8.      }
9.      else if(pMsg[0] == 0x01)
10.     {
11.       wave.waveBufAddr   = (unsigned int)GetTriWave100PointAddr();    //获取三角波数组的地址
12.     }
13.     else if(pMsg[0] == 0x02)
14.     {
15.       wave.waveBufAddr   = (unsigned int)GetRectWave100PointAddr();    //获取方波数组的地址
16.     }
17.
18.     wave.waveBufSize   = 100;                                          //波形一个周期点数为 100
19.
20.     SetDACWave(wave);                                                  //设置 DAC 波形属性
21.
22.     return(CMD_ACK_OK);                                                //返回命令成功
23.   }
```

在"API 函数实现"区的 ProcHostCmd 函数中，通过调用 OnGenWave 函数，即可根据计
算机中信号采集工具的命令切换波形，如程序清单 14 - 20 所示。

程序清单 14 - 20

```
1.    void ProcHostCmd(unsigned char recData)
2.    {
3.      unsigned char ack;                              //存储应答消息
4.      StructPackType pack;                            //包结构体变量
5.
6.      while(UnPackData(recData))                      //解包成功
7.      {
8.        pack = GetUnPackRslt();                       //获取解包结果
9.
10.       switch(pack.packModuleId)                     //模块 ID
11.       {
12.         case MODULE_WAVE:                           //波形信息
13.           ack = OnGenWave(pack.arrData);            //生成波形
14.           SendAckPack(MODULE_WAVE, CMD_GEN_WAVE, ack);  //发送命令应答消息包
15.           break;
16.         default:
17.           break;
18.       }
19.     }
20.   }
```

14.3.4　Main.c 文件

在 Main.c 文件"包含头文件"区的最后，包含了 DAC.h、Wave.h 和 ProcHostCmd.h 头文件，这样即可调用这些模块的宏定义和 API 函数等。

在 InitHardware 函数中，调用 InitDAC 函数实现对 DAC 模块的初始化，如程序清单 14 - 21 所示。

程序清单 14 - 21

```
1.    static  void  InitHardware(void)
2.    {
3.      SystemInit();                                   //系统初始化
4.      InitRCU();                                      //初始化 RCU 模块
5.      InitNVIC();                                     //初始化 NVIC 模块
6.      InitUART0(115200);                              //初始化 UART 模块
7.      InitTimer();                                    //初始化 Timer 模块
8.      InitSysTick();                                  //初始化 SysTick 模块
9.      InitLED();                                      //初始化 LED 模块
10.     InitADC();                                      //初始化 ADC 模块
11.     InitDAC();                                      //初始化 DAC 模块
12.   }
```

在 InitSoftware 函数中，调用 InitProcHostCmd 函数实现对 ProcHostCmd 模块的初始

化，如程序清单 14 - 22 所示。

程序清单 14 - 22

```
1.   static  void  InitSoftware(void)
2.   {
3.       InitPackUnpack();                        //初始化 PackUnpack 模块
4.       InitSendDataToHost();                    //初始化 SendDataToHost 模块
5.       InitProcHostCmd();                       //初始化 ProcHostCmd 模块
6.   }
```

在 Proc2msTask 函数中，调用 ReadUART0 读取主机发送给从机的命令，再通过 ProcHostCmd 函数处理接收到的主机命令，如程序清单 14 - 23 所示。

程序清单 14 - 23

```
1.   static  void  Proc2msTask(void)
2.   {
3.       unsigned char   UART0RecData;              //串口数据
4.       unsigned short adcData;                    //队列数据
5.       unsigned char   waveData;                  //波形数据
6.
7.       static unsigned char s_iCnt4 = 0;          //计数器
8.       static unsigned char s_iPointCnt = 0;      //波形数据包的点计数器
9.       static unsigned char s_arrWaveData[5] = {0};   //初始化数组
10.
11.      if(Get2msFlag())                           //判断 2 ms 标志位状态
12.      {
13.          if(ReadUART0(&UART0RecData, 1))        //读串口接收数据
14.          {
15.              ProcHostCmd(UART0RecData);         //处理命令
16.          }
17.
18.          s_iCnt4 ++;                            //计数增加
19.
20.          if(s_iCnt4 >= 4)                       //达到 8 ms
21.          {
22.              if(ReadADCBuf(&adcData))           //从缓存队列中取出 1 个数据
23.              {
24.                  waveData = (adcData * 127) / 4095;   //计算获取点的位置
25.                  s_arrWaveData[s_iPointCnt] = waveData;   //存放到数组
26.                  s_iPointCnt ++;                //波形数据包的点计数器加 1 操作
27.
28.                  if(s_iPointCnt >= 5)           //接收到 5 个点
29.                  {
30.                      s_iPointCnt = 0;           //计数器清零
31.                      SendWaveToHost(s_arrWaveData);   //发送波形数据包
```

```
32.            }
33.        }
34.        s_iCnt4 = 0;                        //准备下次的循环
35.    }
36.
37.    LEDFlicker(250);                        //调用闪烁函数
38.
39.    Clr2msFlag();                           //清除 2 ms 标志位
40.    }
41. }
```

14.3.5　实验结果

代码编写完成并编译通过后,下载程序并进行复位。下载完成后,将 GD32F4 蓝莓派开发板的 PA5 引脚分别连接到 PC2 引脚和示波器探头,并通过 USB 转 Type - C 型连接线将 GD32F4 蓝莓派开发板连接到计算机,在计算机上打开信号采集工具,DAC 实验硬件连接图如图 14 - 25 所示。

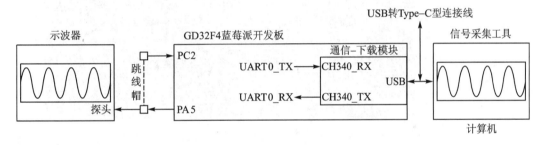

图 14 - 25　DAC 实验硬件连接图

在信号采集工具窗口中,单击"扫描"按钮,选择通信-下载模块对应的串口号(提示:每台机器的 COM 编号可能不同)。将"波特率"设置为 115 200,"数据位"设置为 8,"停止位"设置为 1,"校验位"设置为 NONE,然后单击"打开"按钮(单击之后,按钮名称将切换为"关闭"),信号采集工具的状态栏显示"COM3 已打开,115200,8,One,None";同时,在波形显示区可以实时观察到正弦波,如图 14 - 26 所示。

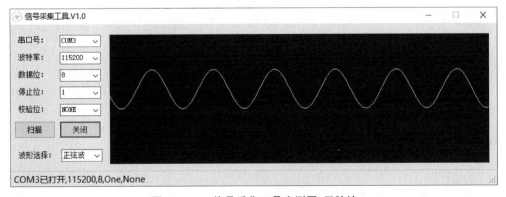

图 14 - 26　信号采集工具实测图-正弦波

在示波器上也可以观察到正弦波,如图 14 – 27 所示。

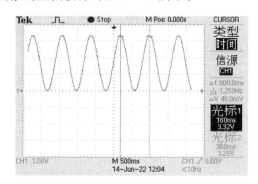

图 14 – 27　示波器实测图–正弦波

在信号采集工具窗口左下方的"波形选择"下拉框中选择三角波,可以在波形显示区实时观察到三角波,如图 14 – 28 所示。

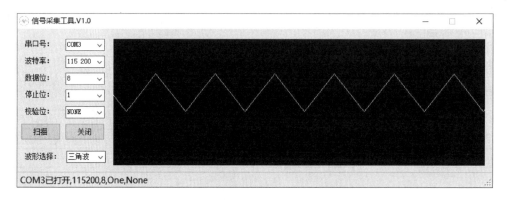

图 14 – 28　信号采集工具实测图–三角波

在示波器上观察到的三角波如图 14 – 29 所示。

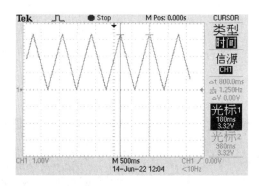

图 14 – 29　示波器实测图–三角波

选择方波,可以在波形显示区实时观察到方波,如图 14 – 30 所示。

在示波器上观察到的方波如图 14 – 31 所示。

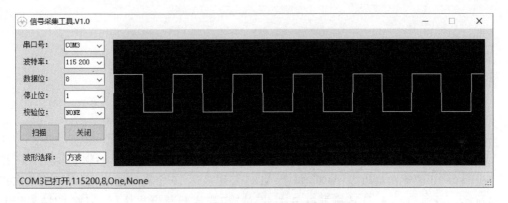

图 14 - 30　信号采集工具实测图—方波

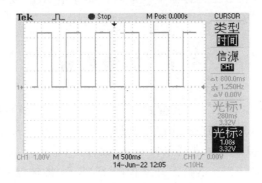

图 14 - 31　示波器实测图—方波

本章任务

通过 GD32F4 蓝莓派开发板上的 KEY$_1$ 按键可以切换波形类型,并将波形类型显示在 OLED 上;通过 KEY$_2$ 按键可以对波形的幅值进行递增调节;通过 KEY$_3$ 按键可以对波形的幅值进行递减调节。

本章习题

1. 简述本实验中的 DAC 工作原理。

2. 计算本实验中 DAC 输出的正弦波的周期。

3. 本实验中的 DAC 模块配置为 12 位电压输出数/模转换器,这里的"12 位"代表什么? 如果将 DAC 输出数据设置为 4 095,则引脚输出的电压是多少? 如果将 DAC 配置为 8 位模式,如何让引脚输出 3.3 V 电压? 两种模式有什么区别?

第 15 章　实验 14　ADC

ADC 是英文 Analog to Digital Converter 的缩写,即模/数转换器。GD32F470IIH6 微控制器内嵌 3 个 12 位逐次逼近型 ADC,每个 ADC 公用多达 19 个复用通道,可以实现单次或多次扫描转换。各通道的 A/D 转换可以单次、连续、扫描或间断模式执行,ADC 的结果以左对齐或右对齐方式存储在 16 位数据寄存器中。本章首先介绍 ADC 功能框图,然后通过实验介绍如何通过 ADC 进行模/数转换。

15.1　实验内容

将 GD32F470IIH6 芯片的 PC2 引脚配置为 ADC 输入端口,编写程序实现以下功能:①将 GD32F470IIH6 芯片的 PA5 引脚连接到 PC2 引脚(通过跳线帽短接 PA5 和 PC2 即可);②通过 ADC 对 PC2 引脚的模拟信号量进行采样和模/数转换;③将转换后的数字量按照 PCT 通信协议进行打包;④通过 GD32F4 蓝莓派开发板的 UART0 将打包后的数据实时发送至计算机;⑤通过计算机上的信号采集工具动态显示接收到的波形。

15.2　实验原理

15.2.1　ADC 功能框图

图 15-1 所示是 ADC 的功能框图,该框图涵盖的内容非常全面,但绝大多数应用只涉及其中一部分。下面依次介绍 ADC 的电源与参考电压、ADC 输入通道、ADC 触发源、模/数转换器和数据寄存器。

1. ADC 的电源与参考电压

ADC 的输入范围在 V_{REFN} 至 V_{REFP} 之间,V_{DDA} 和 V_{SSA} 引脚分别是 ADC 的电源和地。ADC 的参考电压也称为基准电压,如果没有基准电压,就无法确定被测信号的准确幅值。例如,基准电压为 5 V,分辨率为 8 位的 ADC,当被测信号电压达 5 V 时,ADC 输出满量程读数,即 255,就代表被测信号的电压等于 5 V;如果 ADC 输出 127,则代表被测信号的电压等于 2.5 V。ADC 的参考电压可以是外接基准,或内置基准,或外接基准和内置基准并用,但外接基准优先于内置基准。

GD32F470IIH6 微控制器的 ADC 引脚定义如表 15-1 所列,V_{DDA}、V_{SSA} 引脚建议分别与 V_{DD}、V_{SS} 引脚连接。GD32F470IIH6 微控制器的参考电压负极需要接地,即 $V_{REFN}=0$。参考

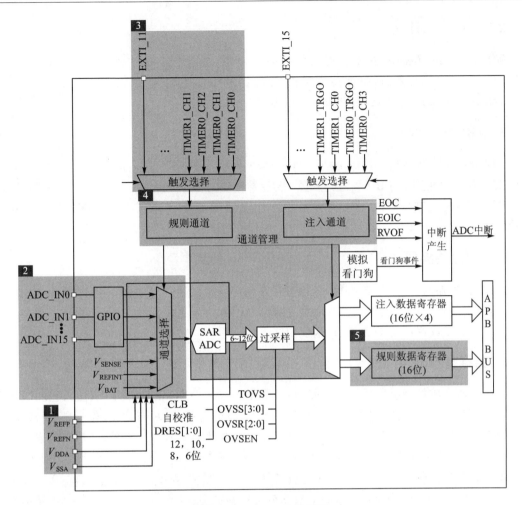

图 15-1　ADC 功能框图

电压正极的范围为 $2.6\ \text{V} \leqslant V_{\text{REFP}} \leqslant 3.6\ \text{V}$,所以该微控制器的 ADC 不能直接测量负电压。当需要测量负电压或被测电压信号超出范围时,需要先经过运算电路进行抬高,或利用电阻进行分压。注意,GD32F4 蓝莓派开发板上的 GD32F470IIH6 微控制器的 V_{REFP} 和 V_{REFN} 通过内部连接到 V_{DDA} 和 V_{SSA} 引脚。由于开发板上的 $V_{\text{DDA}} = 3.3\text{V}$,$V_{\text{SSA}} = 0$,因此,$V_{\text{REFP}} = 3.3\text{V}$,$V_{\text{REFN}} = 0$。

表 15-1　ADC 引脚

引脚名称	信号类型	注　释
V_{DDA}	输入,模拟电源	等效于 V_{DD} 的模拟电源,且 $2.6\ \text{V} \leqslant V_{\text{DDA}} \leqslant 3.6\ \text{V}$
V_{SSA}	输入,模拟地	等效于 V_{SS} 的模拟地
V_{REFP}	输入,模拟参考电压正	ADC 正参考电压,$2.6\ \text{V} \leqslant V_{\text{REFP}} \leqslant V_{\text{DDA}}$
V_{REFN}	输入,模拟参考电压负	ADC 负参考电压,$V_{\text{REFN}} = V_{\text{SSA}}$
ADCx_IN[15:0]	输入,模拟信号	多达 16 路外部通道
V_{BAT}	输入,模拟信号	外部电池电压

2. ADC 输入通道

GD32F4xx 系列微控制器的 ADC 有多达 19 个通道,可以测量 16 个外部通道(ADC_IN0～ADC_IN15)、2 个内部通道(温度传感器和 V_{REFINT})和 1 个电池电压(V_{BAT})通道的模拟信号。本实验使用到外部通道 ADC_IN12,该通道与 PC2 引脚相连接。

3. ADC 触发源

GD32F4xx 系列微控制器的 ADC 支持外部事件触发转换,包括内部定时器触发和外部 I/O 触发。本实验使用 TIMER0 进行触发,该触发源通过 ADC 控制寄存器 1,即 ADC_CTL1 的 ETSRC[3:0] 位进行选择,选择好该触发源后,还需要通过 ADC_CTL1 的 ETMRC[1:0] 使能触发源。

4. 模/数转换器

模/数转换器是 ADC 的核心单元,模拟量在该单元被转换为数字量。模/数转换器有 2 个通道组,分别是规则通道组和注入通道组。规则通道相当于正常运行的程序,而注入通道相当于中断。本实验仅使用规则通道组,未使用注入通道组。

5. 数据寄存器

模拟量转换成数字量之后,规则通道组的数据存放在 ADC_RDATA 中,注入组的数据存放在 ADC_IDATAx 中。ADC_RDATA 是一个 32 位的寄存器,只有低 16 位有效,由于 ADC 的分辨率最高为 12 位,因此,转换后的数字量既可以按照左对齐方式存储,也可以按照右对齐方式存储,具体按照哪种方式,需要通过 ADC_CTL1 的 DAL 进行设置。

规则通道最多可以对 16 个信号源进行转换,而用于存放规则通道组的 ADC_RDATA 只有 1 个,如果对多个通道进行转换,旧的数据就会被新的数据覆盖,因此,每完成一次转换都需要立刻将该数据取走,或开启 DMA 模式,把数据转存至 SRAM 中。本实验只对外部通道 ADC_IN12(与 PC2 引脚相连)进行采样和转换,每次转换完之后,都通过 DMA1 的通道 0 将数据转存到 SRAM(即 s_arrADCData 变量)中,DMA1 的中断服务函数再将 s_arrADCData 变量写入 ADC 缓冲区(即 s_structADCCirQue 循环队列),应用层根据需要从 ADC 缓冲区读取转换后的数字量。

15.2.2 ADC 时钟及其转换时间

1. ADC 时钟

GD32F4xx 系列微控制器的 ADC 输入时钟 CK_ADC 由 AHB 或 PCLK2 经过分频产生,最大为 40 MHz,本实验中,AHB 为 240 MHz,CK_ADC 为 AHB 的 10 分频,因此,ADC 输入时钟为 24 MHz。CK_ADC 的时钟分频系数可以通过 adc_clock_config 函数设置,该函数实际上通过写 ADC_SYNCCTL 寄存器来实现功能。

2. ADC 转换时间

ADC 使用若干 CK_ADC 周期对输入电压进行采样,采样周期的数目可由 ADC_SAMPT0 和 ADC_SAMPT1 中的 SPTx[2:0] 位配置,也可由 adc_regular_channel_config 函数进行更改。每个通道可以用不同的时间采样。

ADC 的总转换时间可以根据如下公式计算:

$$T_{CONV} \text{采样时间} + 12 \text{ 个 ADC 时钟周期}$$

其中,采样时间可配置为 3、15、28、56、84、112、144、480 个 ADC 时钟周期。

本实验的 ADC 输入时钟是 24 MHz,即 CK_ADC = 24 MHz,采样时间为 480 个 ADC 时钟周期,计算 ADC 的总转换时间为:

$$T_{CONV} = 480 \text{ 个 ADC 时钟周期} + 12 \text{ 个 ADC 时钟周期}$$
$$= 492 \text{ 个 ADC 时钟周期}$$
$$= 492 \times \frac{1}{24} \ \mu s$$
$$= 20.5 \ \mu s$$

15.2.3　ADC 实验逻辑框图分析

图 15-2 所示是 ADC 实验逻辑框图,其中,TIMER0 设置为 ADC 的触发源,每 8 ms 触发一次,用于对 ADC_CH12(即 PC2)的模拟信号量进行模/数转换,每次转换结束后,DMA 控制器将 ADC_RDATA 中的数据通过 DMA1 传送到 SRAM(s_arrADCData 变量)。然后在 DMA1 中断服务函数中,通过 WriteADCBuf 函数将 s_arrADCData 变量值存入 s_structADCCirQue 缓冲区,该缓冲区是一个循环队列,应用层通过函数 ReadADCBuf 函数读取其中的数据。

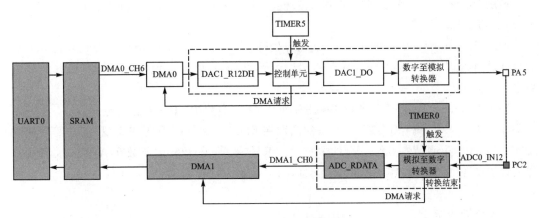

图 15-2　ADC 实验逻辑框图

15.2.4　ADC 缓冲区

如图 15-3 所示,本实验中,ADC 将模拟信号量转换为数字信号量,转换结束后,产生一个 DMA 请求,再由 DMA 将 ADC_RDATA 中的数据传送到 SRAM,即变量 s_arrADCData,

TIMER0 用作触发 ADC,另外,当 DMA 传输完成时,将产生一次 DMA 中断,在 DMA1_ Channel0_IRQHandler 中断服务函数中,通过 WriteADCBuf 函数将变量 s_arrADCData 写入 ADC 缓冲区,即结构体变量 s_structADCCirQue,在微控制器应用层,用户可以通过 ReadADCBuf 函数读取 ADC 缓冲区中的数据。写 ADC 缓冲区实际上是间接调用 EnU16Queue 函数实现的,读 ADC 缓冲区实际上是间接调用 DeU16Queue 函数实现。ADC 缓冲区的大小由 ADC_BUF_SIZE 决定,本实验中,ADC_BUF_SIZE 取 100,该缓冲区的变量类型为 unsigned short 型。

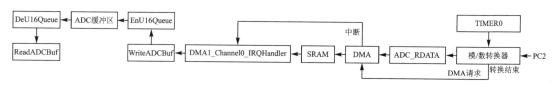

图 15 - 3   ADC 缓冲区及其数据通路

15.2.5   ADC 实验程序架构

ADC 实验的程序架构如图 15 - 4 所示。该图简要介绍了程序开始运行后各个函数的执行和调用流程,图中仅列出了与本实验相关的一部分函数。下面解释说明此程序架构图。

在 main 函数中调用 InitHardware 函数进行硬件相关模块初始化,包含 RCU、NVIC、UART 和 Timer 和 ADC 等模块,这里仅介绍 ADC 初始化函数 InitADC。InitADC 函数首先对 ADC 传输功能进行初始化,包括 ADC 相关时钟的初始化 ConfigRCU,使用 ConfigDMA1CH0ForADC0 函数对 DMA 功能进行初始化,使用 ConfigTIMER0 函数配置用于触发 ADC0 转换的 TIMER0,使用 ConfigADC0 对 ADC0 的相关参数进行设置。最后,需要初始化 ADC 缓冲区。

调用 InitSoftware 函数进行软件相关模块初始化,包含 PackUnpack、ProcHostCmd 和 SendDataToHost 等模块。

调用 Proc2msTask 函数进行 2 ms 任务处理,在 Proc2msTask 函数中接收来自计算机的命令并进行处理,以及通过 SendWaveToHost 函数,将波形数据包发送至计算机并通过信息采集工具显示。

调用 Proc1SecTask 函数进行 1 s 任务处理,在本实验中,不作其他处理。

在图 15 - 4 中,编号①、⑦、⑧和⑩的函数在 Main.c 文件中声明和实现;编号②的函数在 ADC.h 文件中声明,在 ADC.c 文件中实现。编号③、④、⑤和⑥的函数在 ADC.c 文件中声明并实现,编号⑨的函数在 SendDataToHost.h 文件中声明,在 SendDataToHost.c 文件中实现。

本实验要点解析:

ADC 模块的初始化,在 InitADC 函数中,进行了使能和设置 ADC 相关时钟、DMA 通道的配置、ADC 外部触发定时器 TIMER0 的配置和 ADC 具体参数的配置等操作。本实验使用了 DMA1 传输 ADC0 转换的数据,并且使用了 TIMER0 作为 ADC0 的外部触发源。

通过 ConfigDMA1CH0ForADC0 配置 DMA1 参数时,注意 memory_addr 内存地址需要使用数组存储数据,使用单个变量存储会造成错误。另外,还需要选择与 ADC 通道对应的

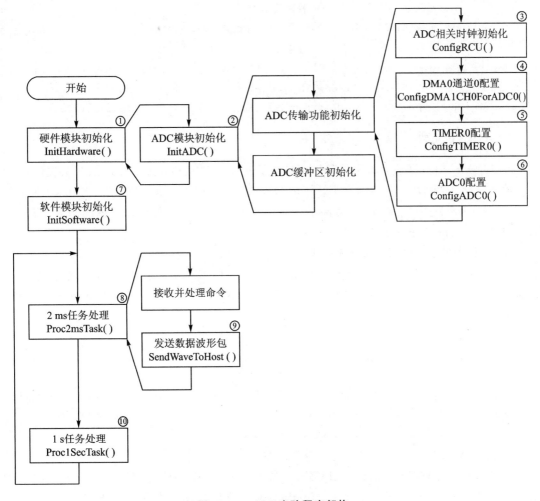

图 15 - 4 ADC 实验程序架构

DMA 通道 DMA1_CH0 来初始化。

通过 ConfigADC0 函数配置 ADC0 具体参数时,需要根据实验中复用为 ADC0 的 GPIO 引脚来设置 ADC0 通道,本实验中使用了 PC2 的 ADC0 功能,对应 ADC_CHANNEL_12,即 ADC0 通道 12。

15.3 实验代码解析

15.3.1 ADC 文件对

1. ADC.h 文件

在 ADC.h 文件的"宏定义"区,定义 ADC 缓冲区大小,如程序清单 15 - 1 所示。
在"API 函数声明"区,声明了 3 个 API 函数,如程序清单 15 - 2 所示。

程序清单 15 - 1

```
#define ADC_BUF_SIZE 100                          //设置缓冲区的大小
```

程序清单 15 - 2

```
void InitADC(void);                               //初始化 ADC 模块
unsigned char  WriteADCBuf(unsigned short d);     //向 ADC 缓冲区写入数据
unsigned char  ReadADCBuf(unsigned short * p);    //从 ADC 缓冲区读取数据
```

2. ADC. c 文件

在 ADC. c 文件的"包含头文件"区中,包含了 gd32f470x_conf、U16Queue. h 头文件,如程序清单 15 - 3 所示。由于 ADC. c 文件中包含对 GPIO 和 ADC 的配置,因此,需要包含 gd32f470x_conf 头文件。ADC. c 文件中还使用了 EnU16Queue 等操作队列的函数,因此,还需要包含 U16Queue. h 头文件。

在"内部变量定义"区,定义了如程序清单 15 - 4 所示的内部变量。其中,s_arrADCData 用于存放 ADC 转换结果数据,结构体变量 s_structADCCirQue 为 ADC 循环队列,数组 s_arrADCBuf 为 ADC 循环队列的缓冲区,该数组的大小 ADC_BUF_SIZE 为缓冲区的大小。

程序清单 15 - 3

```
#include "gd32f470x_conf.h"
#include "U16Queue.h"
```

程序清单 15 - 4

```
static unsigned shorts_arrADCData;                //存放 ADC 转换结果数据
static StructU16CirQue  s_structADCCirQue;        //ADC 循环队列
static unsigned short   s_arrADCBuf[ADC_BUF_SIZE];//ADC 循环队列的缓冲区
```

在"内部函数声明"区,声明了 4 个内部函数,如程序清单 15 - 5 所示。ConfigRCU 函数用于使能 GPIOC、ADC0、DMA1 和 TIMER0 等设备的时钟,ConfigDMA1CH0ForADC0 函数用于配置 ADC0 对应的 DMA1 通道,ConfigTIMER0 函数用于配置 TIMER0,ConfigADC0 函数用于配置 ADC0 的参数。

程序清单 15 - 5

```
1.   static void ConfigRCU(void);                                      //使能设备时钟
2.   static void ConfigDMA1CH0ForADC0(void);                           //配置 DMA1 的通道 0
3.   static void ConfigTIMER0(unsigned short arr, unsigned short psc); //配置 TIMER0
4.   static void ConfigADC0(void);                                     //配置 ADC0
```

在"内部函数实现"区,首先实现了 ConfigRCU 函数,如程序清单 15 - 6 所示。本实验使用 PC2 引脚作为 ADC0 输入引脚,因此,需要在 ConfigRCU 函数中通过调用固件库函数 rcu_periph_clock_enable 依次使能 GPIOC、ADC0、DMA1 及 TIMER0 的时钟,且通过 adc_clock_config 函数将 ADC0 的时钟频率配置为 AHB 时钟频率的 10 分频,即 24 MHz。

程序清单 15 - 6

```
1.   static void ConfigRCU(void)
2.   {
3.     //使能 GPIOC、ADC0、DMA1、TIMER0 时钟
4.     rcu_periph_clock_enable(RCU_GPIOC);
```

```
5.    adc_clock_config(ADC_ADCCK_HCLK_DIV10);                    //配置 ADC 时钟 24 MHz
6.    rcu_periph_clock_enable(RCU_ADC0);
7.    rcu_periph_clock_enable(RCU_DMA1);
8.    rcu_periph_clock_enable(RCU_TIMER0);
9.    }
```

在 ConfigRCU 函数实现区后,为 ConfigDMA1CH0ForADC0 函数的实现代码,如程序清单 15-7 所示。

(1) 第 6~16 行代码:先通过 dma_deinit 函数将 DMA1 通道 0 对应寄存器重设为默认值。再对结构体 dma_init_struct 中各个成员变量进行赋值,并通过 dma_single_data_mode_init 函数对 DMA1 通道 0 进行配置,该函数涉及 DMA_CH0CTL 的 TM[1:0]、PNAGA、MNAGA、PWIDTH[1:0]、MWIDTH[1:0]、PRIO[1:0]、CMEN,以及 DMA_CH0CNT,还涉及 DMA_CH0PADDR 和 DMA_CH0M0ADDR。TM[1:0]用于设置数据传输方向,PNAGA 用于设置外设的地址生成算法,MNAGA 用于设置存储器的地址生成算法,PWIDTH[1:0]用于设置外设的传输数据宽度,MWIDTH [1:0]用于设置存储器的传输数据宽度,PRIO[1:0]用于设置软件优先级,CMEN 用于设置循环模式。本实验中,DMA1 的通道 0 将外设 ADC0 的数据传输到存储器 SRAM,因此,传输方向是从外设读,外设不执行地址增量操作,存储器执行地址增量操作,存储器和外设数据宽度均为 16 bit,软件优先级设置为超高,并使能循环模式。DMA_CH0PADDR 是 DMA1 通道 0 外设基地址寄存器,DMA_CH0M0ADDR 是 DMA1 通道 0 存储器基地址寄存器,DMA_CH0CNT 是 DMA1 通道 0 计数寄存器。本实验中,对 DMA_CH0PADDR 写入 ADC0 的 ADC_RDATA 地址,对 DMA_CH0M0ADDR 写入 s_arrADCData 的地址,DMA_CH0CNT 写入 1。

(2) 第 17 行代码:通过 dma_channel_subperipheral_select 函数选择使能的 DMA 外设通道,该函数涉及 DMA_CH0CTL 的 PERIEN[2:0]。

(3) 第 19~20 行代码:通过 nvic_irq_enable 函数配置 DMA1 中断线,且设置抢占优先级和子优先级均为 1,再通过 dma_interrupt_enable 函数使能 DMA1 中断。

(4) 第 23 行代码:通过 dma_channel_enable 函数使能 DMA1 通道 0,该函数涉及 DMA_CH0CTL 的 CHEN。

程序清单 15-7

```
1.    static void ConfigDMA1CH0ForADC0(void)
2.    {
3.    //DMA 初始化结构体
4.    dma_single_data_parameter_struct dma_init_struct;
5.
6.    dma_deinit(DMA1, DMA_CH0);                                //初始化结构体设置默认值
7.    dma_init_struct.direction    = DMA_PERIPH_TO_MEMORY;      //设置 DMA 数据传输方向
8.    dma_init_struct.memory0_addr  = (uint32_t)&s_arrADCData;  //内存地址设置
9.    dma_init_struct.memory_inc    = DMA_MEMORY_INCREASE_DISABLE;  //内存增长使能
10.   dma_init_struct.periph_memory_width = DMA_PERIPH_WIDTH_16BIT;  //传输位宽 16 位
11.   dma_init_struct.number        = 1;                       //内存数据量设置
12.   dma_init_struct.periph_addr   = (uint32_t)&(ADC_RDATA(ADC0));  //外设地址设置
13.   dma_init_struct.periph_inc    = DMA_PERIPH_INCREASE_DISABLE;  //外设地址增长失能
```

```
14.     dma_init_struct.priority      = DMA_PRIORITY_ULTRA_HIGH;        //优先级设置
15.     dma_init_struct.circular_mode      = DMA_CIRCULAR_MODE_ENABLE;      //使能循环模式
16.     dma_single_data_mode_init(DMA1, DMA_CH0, &dma_init_struct);     //初始化结构体
17.     dma_channel_subperipheral_select(DMA1, DMA_CH0, DMA_SUBPERI0);  //DMA 通道外设选择
18.
19.     nvic_irq_enable(DMA1_Channel0_IRQn, 1, 1);                      //中断线配置
20.     dma_interrupt_enable(DMA1, DMA_CH0, DMA_CHXCTL_FTFIE);          //使能 DMA 中断
21.
22.     //使能 DMA
23.     dma_channel_enable(DMA1, DMA_CH0);
24.   }
```

在 ConfigDMA1CH0ForADC0 函数实现区后，为 ConfigTIMER0 函数的实现代码，如程序清单 15 - 8 所示。

（1）第 4～8 行代码：定义结构体 timer_ocintpara 和 timer_initpara，并通过 timer_deinit 函数复位外设 TIMER0。

（2）第 10～16 行代码：对定时器参数结构体 timer_initpara 中的成员变量进行赋值，并通过 timer_init 函数根据该结构体对 TIMER0 进行初始化。

（3）第 18～20 行代码：对定时器通道参数结构体 timer_ocintpara 中的成员变量进行赋值，并通过 timer_channel_output_config 函数根据该结构体配置 TIMER0 相应输出通道的输出极性及状态。

（4）第 22～23 行代码：通过 timer_channel_output_pulse_value_config 和 timer_channel_output_mode_config 函数进一步配置通道参数。这里将 TIMER0_CH0 配置为 PWM 模式 1，输出比较值为 100，且 TIMER0 为递增计数模式，通道 0 输出极性设置为低电平有效。因此，O0CPRE 在 TIMER0 计数器值小于 100 时为高电平，在 TIMER0 计数器值大于 100 时为低电平，在 O0CPRE 的上升沿将触发 ADC 转换，触发周期由 TIMER0 的计数周期决定，即取决于 ConfigTIMER0 的输入参数 arr 和 psc。

（5）第 24～29 行代码：失能定时器的比较影子寄存器并使能自动重载影子寄存器，最后通过 timer_primary_output_config 函数使能 TIMER0 通道输出，并通过 timer_enable 函数使能 TIMER0。

程序清单 15 - 8

```
1.    static void ConfigTIMER0(unsigned short arr, unsigned short psc)
2.    {
3.      //初始化结构体
4.      timer_oc_parameter_struct timer_ocintpara;
5.      timer_parameter_struct timer_initpara;
6.
7.      //初始化结构体设置默认值
8.      timer_deinit(TIMER0);
9.
10.     timer_initpara.prescaler        = psc;                  //设置分频
11.     timer_initpara.alignedmode      = TIMER_COUNTER_EDGE;   //设置对齐模式
```

```
12.    timer_initpara.counterdirection    = TIMER_COUNTER_UP;        //设置计数模式
13.    timer_initpara.period               = arr;                    //设置重装载值
14.    timer_initpara.clockdivision        = TIMER_CKDIV_DIV1;       //设置时钟分割
15.    timer_initpara.repetitioncounter = 0;
16.    timer_init(TIMER0, &timer_initpara);                          //初始化结构体
17.
18.    timer_ocintpara.ocpolarity    = TIMER_OC_POLARITY_LOW;        //通道输出极性设置
19.    timer_ocintpara.outputstate = TIMER_CCX_ENABLE;              //通道输出状态设置
20.    timer_channel_output_config(TIMER0, TIMER_CH_0, &timer_ocintpara);  //通道输出初始化
21.
22.    timer_channel_output_pulse_value_config(TIMER0, TIMER_CH_0, 100);   //通道选择
23.    timer_channel_output_mode_config(TIMER0, TIMER_CH_0, TIMER_OC_MODE_PWM1);
                                                                     //通道输出模式配置
24.    timer_channel_output_shadow_config(TIMER0, TIMER_CH_0, TIMER_OC_SHADOW_DISABLE);
                                                                     //失能比较影子寄存器
25.
26.    timer_auto_reload_shadow_enable(TIMER0);                      //自动重载影子使能
27.    timer_primary_output_config(TIMER0, ENABLE);                 //TIMER0 通道输出使能
28.
29.    timer_enable(TIMER0);                                         //使能 TIMER0
30.  }
```

在 ConfigTIMER0 函数实现区后,为 ConfigADC0 函数的实现代码,如程序清单 15-9 所示。

(1) 第 4 行代码:通过 gpio_mode_set 函数配置 PC2 为模拟模式。

(2) 第 7～11 行代码:使能 ADC0 的 DMA 并在每个规则转换结束时产生一个 DMA 请求,设置 ADC0 分辨率为 12 位,数据对齐方式为右对齐,最后设置规则组长度为 1。

(3) 第 14～20 行代码:使能 ADC0 规则通道组的外部触发功能,并选择 TIMER0 CH0 事件作为 ADC0 通道 12 的外部触发源,采样时间设置为 480 个 ADC 时钟周期。

程序清单 15-9

```
1.   staticvoid ConfigADC0(void)
2.   {
3.     //配置 GPIO 模式为模拟输入
4.     gpio_mode_set(GPIOC, GPIO_MODE_ANALOG, GPIO_PUPD_NONE, GPIO_PIN_2);
5.
6.     //配置 ADC0
7.     adc_dma_mode_enable(ADC0);                                    //使用 DMA
8.     adc_dma_request_after_last_enable(ADC0);        //每个规则转换结束时产生一个 DMA 请求
9.     adc_resolution_config(ADC0, ADC_RESOLUTION_12B);            //规则组配置,12 位分辨率
10.    adc_data_alignment_config(ADC0, ADC_DATAALIGN_RIGHT);       //右对齐
11.    adc_channel_length_config(ADC0, ADC_REGULAR_CHANNEL, 1);    //设置规则组长度
12.
13.    //使能外部触发,
14.    adc_external_trigger_config(ADC0, ADC_REGULAR_CHANNEL, ENABLE);
```

```
15.
16.     //选择外部触发
17.     adc_external_trigger_source_config(ADC0, ADC_REGULAR_CHANNEL, ADC_EXTTRIG_REGULAR_T0_CH0);
18.
19.     //ADC 引脚输入
20.     adc_regular_channel_config(ADC0, 0, ADC_CHANNEL_12, ADC_SAMPLETIME_480);
21.
22.     //ADC0 使能
23.     adc_enable(ADC0);
24.
25.     //延时等待 10 ms
26.     DelayNms(10);
27.
28.     //使能 ADC0 校准
29.     adc_calibration_enable(ADC0);
30.   }
```

在 ConfigADC0 函数实现区后,为 DMA1_Channel0_IRQHandler 中断服务函数的实现代码,如程序清单 15 - 10 所示。

(1) 第 1 行代码:在 ADC.c 文件的 ConfigDMA1CH0ForADC0 函数中使能了 DMA1 中断,因此,当使用 DMA1 通道 0 进行数据传输时,若产生中断,硬件会执行 DMA1_Channel0_IRQHandler 中断服务函数。

(2) 第 3～9 行代码:通过 dma_interrupt_flag_get 函数判断数据是否全部传输完成,如果传输完成则通过 WriteADCBuf 函数向 ADC 缓冲区写入数据,将对应数据写入队列,并通过 dma_interrupt_flag_clear 函数将对应的中断标志位清除,防止误触发。

程序清单 15 - 10

```
1.   void DMA1_Channel0_IRQHandler(void)
2.   {
3.     if(RESET != dma_interrupt_flag_get(DMA1, DMA_CH0, DMA_INT_FLAG_FTF))
4.     {
5.       WriteADCBuf(s_arrADCData);              //向 ADC 缓冲区写入数据
6.
7.       //清除标志位
8.       dma_interrupt_flag_clear(DMA1, DMA_CH0, DMA_INT_FLAG_FTF);
9.     }
10.  }
```

在"API 函数实现"区,首先实现了 InitADC 函数,如程序清单 15 - 11 所示。在 InitADC 函数中,实现了对 RCU、DMA1、TIMER0 和 ADC0 的配置,最后通过 InitU16Queue 函数初始化 ADC 缓冲区。

程序清单 15 - 11

```
1.   void InitADC(void)
2.   {
3.     //时钟配置
```

```
4.     ConfigRCU();
5.
6.     //DMA1CH0 配置
7.     ConfigDMA1CH0ForADC0();
8.
9.     //TIMER0 配置
10.    ConfigTIMER0(7999,239);
11.
12.    //ADC0 配置
13.    ConfigADC0();
14.
15.    //初始化 ADC 缓冲区
16.    InitU16Queue(&s_structADCCirQue, s_arrADCBuf, ADC_BUF_SIZE);
17.  }
```

在 InitADC 函数实现区后,即为 WriteADCBuf 函数的实现代码,如程序清单 15-12 所示。WriteADCBuf 函数首先定义变量 ok 作为写入成功标志位,然后调用 EnU16Queue 函数,将传入的数据写进队列变量中,并将结果赋给 ok,最后将 ok 作为返回值返回。

程序清单 15-12

```
1.   unsigned char WriteADCBuf(unsigned short d)
2.   {
3.       unsigned char ok = 0;                            //将读取成功标志位的值设置为 0
4.
5.       ok = EnU16Queue(&s_structADCCirQue, &d, 1);      //入队
6.
7.       return ok;                                       //返回读取成功标志位的值
8.   }
```

在 WriteADCBuf 函数实现区后,为 ReadADCBuf 函数的实现代码,如程序清单 15-13 所示。ReadADCBuf 函数首先定义变量 ok 作为读取成功标志位,然后调用 DeU16Queue 函数,将队列中的数据写入对应变量中,并将结果赋给 ok,最后将 ok 作为返回值返回。

程序清单 15-13

```
1.   unsigned char ReadADCBuf(unsigned short * p)
2.   {
3.       unsigned char ok = 0;                            //将读取成功标志位的值设置为 0
4.
5.       ok = DeU16Queue(&s_structADCCirQue, p, 1);       //出队
6.
7.       return ok;                                       //返回读取成功标志位的值
8.   }
```

15.3.2　SendDataToHost 文件对

1. SendDataToHost.h 文件

在 SendDataToHost.h 文件的"API 函数声明"区,声明了 3 个 API 函数,如程序清单 15-14 所示。

程序清单 15－14

```
void  InitSendDataToHost(void);                      //初始化 SendDataToHost 模块
void SendAckPack(unsigned char moduleId, unsigned char secondId, unsigned char ackMsg);
                                                     //发送命令应答数据包
void  SendWaveToHost(unsigned char * pWaveData);     //发送波形数据包到主机,一次性发送 5 个点
```

2. SendDataToHost.c 文件

在 SendDataToHost.c 文件的"包含头文件"区,包含了 PackUnpack 和 UART0 头文件,如程序清单 15－15 所示。SendDataToHost.c 文件中的代码中需要用到 PackData 打包数据函数等,因此,需要包含 PackUnpack.h 头文件。SendDataToHost.c 文件中的代码中还用到了 WriteUART0 等写数据至串口的函数,因此,需要包含 UART0.h 头文件。

程序清单 15－15

```
# include "PackUnpack.h"
# include "UART0.h"
```

在"内部函数声明"区,声明了内部函数 SendPackToHost,如程序清单 15－16 所示。SendPackToHost 函数用于发送打包之后的数据包到主机。

程序清单 15－16

```
static  void  SendPackToHost(StructPackType * pPackSent);  //打包数据,并将数据发送到主机
```

在"内部函数实现"区,实现了 SendPackToHost 函数,如程序清单 15－17 所示。

(1) 第 5 行代码:PackData 函数用于将参数 pPackSent 指向的打包前数据包(包含模块 ID、二级 ID 及数据)进行打包,打包之后的结果依然保存于 pPackSent 指向的结构体变量中。

(2) 第 7～10 行代码:如果 PackData 函数的返回值大于 0,表示打包成功,则调用 WriteUART0 函数将打包后的数据包通过 UART0 发送出去。注意,pPackSent 是结构体指针变量,而 WriteUART0 函数的第一个参数是指向 unsigned char 类型变量的指针变量,因此需要通过"(unsigned char *)"将 pPackSent 强制转换为指向 unsigned char 类型变量的指针变量

程序清单 15－17

```
1.    static  void  SendPackToHost(StructPackType * pPackSent)
2.    {
3.      unsigned char  packValid = 0;                   //打包正确标志位,默认值为 0
4.
5.      packValid = PackData(pPackSent);                //打包数据
6.
7.      if(0 < packValid)                               //如果打包正确
8.      {
9.        WriteUART0((unsigned char * )pPackSent, 10);  //写数据到串口
10.     }
11.   }
```

在"API 函数实现"区为 InitSendDataToHost 函数的实现代码,InitSendDataToHost 函数用于初始化 SendDataToHost 模块,因为没有需要初始化的内容,因此,该函数为空函数。

在 InitSendDataToHost 函数实现区后，为 SendAckPack 函数的实现代码，如程序清单 15 - 18 所示。

（1）第 5～12 行代码：将 MODULE_SYS 和 DAT_CMD_ACK 分别赋值给 pt. packModuleId 和 pt. packSecondId，将参数 moduleId、secondId 和 ackMsg 分别赋值给 pt. arrData[0]、pt. arrData[1] 和 pt. arrData[2]，再将 pt. arrData[3]～pt. arrData[5] 均赋值为 0。

（2）第 14 行代码：调用 SendPackToHost 函数对结构体变量 pt 进行打包，并将打包后的结果发送到主机。

程序清单 15 - 18

```
1.    void SendAckPack(unsigned char moduleId, unsigned char secondId, unsigned char ackMsg)
2.    {
3.        StructPackType pt;                          //包结构体变量
4.
5.        pt.packModuleId = MODULE_SYS;               //系统信息模块的模块 ID
6.        pt.packSecondId = DAT_CMD_ACK;              //系统信息模块的二级 ID
7.        pt.arrData[0] = moduleId;                   //模块 ID
8.        pt.arrData[1] = secondId;                   //二级 ID
9.        pt.arrData[2] = ackMsg;                     //应答消息
10.       pt.arrData[3] = 0;                          //保留
11.       pt.arrData[4] = 0;                          //保留
12.       pt.arrData[5] = 0;                          //保留
13.
14.       SendPackToHost(&pt);                        //打包数据，并将数据发送到主机
15.   }
```

在 SendAckPack 函数实现区后显示的是 SendWaveToHost 函数的实现代码，如程序清单15 - 19 所示。

（1）第 5～12 行代码：将 MODULE_WAVE 和 DAT_WAVE_WDATA 分别赋值给 pt. packModuleId 和 pt. packSecondId，将参数 pWaveData 指向的前 5 个 unsigned char 类型变量依次赋值给 pt. arrData[0]～pt. arrData[4]，再将 pt. arrData[5] 赋值为 0。

（2）第 14 行代码：最后调用 SendPackToHost 函数对结构体变量 pt 进行打包，并将打包后的结果发送到主机。

程序清单 15 - 19

```
1.    void   SendWaveToHost(unsigned char * pWaveData)
2.    {
3.        StructPackType   pt;                        //包结构体变量
4.
5.        pt.packModuleId = MODULE_WAVE;              //Wave 模块的模块 ID
6.        pt.packSecondId = DAT_WAVE_WDATA;           //Wave 模块的二级 ID
7.        pt.arrData[0] = pWaveData[0];               //波形数据 1
8.        pt.arrData[1] = pWaveData[1];               //波形数据 2
9.        pt.arrData[2] = pWaveData[2];               //波形数据 3
10.       pt.arrData[3] = pWaveData[3];               //波形数据 4
```

```
11.     pt.arrData[4] = pWaveData[4];            //波形数据 5
12.     pt.arrData[5] = 0;                       //保留
13.
14.     SendPackToHost(&pt);                     //打包数据,并将数据发送到主机
15.   }
```

15.3.3　ProcHostCmd.c 文件

在 ProcHostCmd.c 文件的"API 函数实现"区为 ProcHostCmd 函数的实现代码,该函数用于处理上位机(信号采集工具)发送的波形切换命令。在该函数中调用 SendAckPack 函数发送命令应答消息包,如程序清单 15 - 20 的第 14 行代码所示。由于 SendAckPack 函数在 SendDataToHost.h 文件中声明,因此,还需要在 ProcHostCmd.c 文件中包含 SendDataToHost.h 头文件。

(1)第 8 行代码:在上位机中选择切换波形时,会向开发板发送波形切换命令包,微控制器解包成功后,将解包结果赋值给包结构体变量 pack。

(2)第 13~14 行代码:pack.arrdata 为命令包中数据 1 的首地址,数据 1 中存放了波形类型信息,可参见本书图 14 - 21 和表 14 - 7。OnGenWave 函数根据变量 pack.arrdata 生成对应波形,OnGenWave 函数的返回值为生成波形命令响应消息,该返回值被赋给变量 ack。然后通过 SendAckPack 函数将该响应消息发送到上位机。

程序清单 15 - 20

```
1.   void ProcHostCmd(unsigned char recData)
2.   {
3.     unsigned char ack;                                          //存储应答消息
4.     StructPackType pack;                                        //包结构体变量
5.
6.     while(UnPackData(recData))                                  //解包成功
7.     {
8.       pack = GetUnPackRslt();                                   //获取解包结果
9.
10.      switch(pack.packModuleId)                                 //模块 ID
11.      {
12.        case MODULE_WAVE:                                       //波形信息
13.          ack = OnGenWave(pack.arrData);                        //生成波形
14.          SendAckPack(MODULE_WAVE, CMD_GEN_WAVE, ack);          //发送命令应答消息包
15.          break;
16.        default:
17.          break;
18.      }
19.    }
20.  }
```

15.3.4　Main. c 文件

在 Main. c 文件"包含头文件"区的最后,包含了 SendDataToHost. h 和 ADC. h 头文件,这样即可调用这些模块的宏定义和 API 函数等。

在 InitHardware 函数中,调用 InitADC 函数实现对 ADC 模块的初始化,如程序清单 15 - 21 所示。

程序清单 15 - 21

```
1.   static  void  InitHardware(void)
2.   {
3.       SystemInit();                       //系统初始化
4.       InitRCU();                          //初始化 RCU 模块
5.       InitNVIC();                         //初始化 NVIC 模块
6.       InitUART0(115200);                  //初始化 UART 模块
7.       InitTimer();                        //初始化 Timer 模块
8.       InitSysTick();                      //初始化 SysTick 模块
9.       InitLED();                          //初始化 LED 模块
10.      InitDAC();                          //初始化 DAC 模块
11.      InitADC();                          //初始化 ADC 模块
12.  }
```

在 InitSoftware 函数中,调用 InitSendDataToHost 函数实现对 SendDataToHost 模块的初始化,如程序清单 15 - 22 所示。

程序清单 15 - 22

```
1.   static  void  InitSoftware(void)
2.   {
3.       InitPackUnpack();                   //初始化 PackUnpack 模块
4.       InitProcHostCmd();                  //初始化 ProcHostCmd 模块
5.       InitSendDataToHost();               //初始化 SendDataToHost 模块
6.   }
```

在 Proc2msTask 函数中,实现了读取 ADC 缓冲区的波形数据,并将波形数据发送到主机的功能,如程序清单 15 - 23 所示。

(1) 第 18~24 行代码:在 Proc2msTask 函数中,每 8 ms 通过 ReadADCBuf 函数读取一次 ADC 缓冲区的波形数据,由于计算机上的"信号采集工具"显示范围为 0~127,因此,需要将 ADC 缓冲区的波形数据范围压缩至 0~127。

(2) 第 26~35 行代码:在 PCT 通信协议中,一个波形数据包(模块 ID 为 0x71,二级 ID 为 0x01)包含 5 个连续的波形数据,对应波形上的 5 个点,因此,还需要通过 s_iPointCnt 计数,当计数到 5 时,调用 SendWaveToHost 函数将数据包发送到计算机上的信号采集工具。

程序清单 15 - 23

```
1.   static  void  Proc2msTask(void)
2.   {
3.       unsigned char   UART0RecData;       //串口数据
4.       unsigned short adcData;             //队列数据
```

239

```
5.      unsigned char   waveData;                                //波形数据
6.
7.      static unsigned char s_iCnt4 = 0;                        //计数器
8.      static unsigned char s_iPointCnt = 0;                    //波形数据包的点计数器
9.      static unsigned char s_arrWaveData[5] = {0};             //初始化数组
10.
11.     if(Get2msFlag())                                         //判断 2 ms 标志位状态
12.     {
13.       if(ReadUART0(&UART0RecData, 1))                        //读串口接收数据
14.       {
15.         ProcHostCmd(UART0RecData);                           //处理命令
16.       }
17.
18.       s_iCnt4 ++ ;                                           //计数增加
19.
20.       if(s_iCnt4 >= 4)                                       //达到 8 ms
21.       {
22.         if(ReadADCBuf(&adcData))                             //从缓存队列中取出 1 个数据
23.         {
24.           waveData = (adcData * 127) / 4095;                 //计算获取点的位置
25.           s_arrWaveData[s_iPointCnt] = waveData;             //存放到数组
26.           s_iPointCnt ++ ;                                   //波形数据包的点计数器加 1 操作
27.
28.           if(s_iPointCnt >= 5)                               //接收到 5 个点
29.           {
30.             s_iPointCnt = 0;                                 //计数器清零
31.             SendWaveToHost(s_arrWaveData);                   //发送波形数据包
32.           }
33.         }
34.         s_iCnt4 = 0;                                         //准备下次的循环
35.       }
36.
37.       LEDFlicker(250);                                       //调用闪烁函数
38.
39.       Clr2msFlag();                                          //清除 2 ms 标志位
40.     }
41. }
```

15.3.5　实验结果

代码编写完成并编译通过后,下载程序并进行复位。下载完成后,按照图 14 - 25,首先,将 GD32F4 蓝莓派开发板通过 USB 转 Type - C 型连接线连接计算机,其次,将 PA5 引脚连接到 PC2 引脚(通过跳线帽短接或杜邦线连接),最后,将 PA5 引脚连接示波器探头。可以通过计算机上的"信号采集工具"和示波器观察到与本书第 14 章实验相同的现象。

本章任务

将 PA5 引脚通过杜邦线连接 PC2 引脚,PA5 依然作为 DAC 输出正弦波、方波和三角波,在本实验的基础上,重新修改程序,将 PC2 改为 PC1,通过 ADC 将 PC1 引脚的模拟信号量转换为数字量,并将转换后的数字量按照 PCT 通信协议进行打包,通过 UART0 实时将打包后的数据发送至计算机,通过计算机上的“信号采集工具”动态显示接收的波形。

本章习题

1. 简述本实验的 ADC 工作原理。
2. 输入信号幅度超过 ADC 参考电压范围会有什么后果。
3. 如何通过 GD32F4 蓝莓派开发板的 ADC 检测 7.4 V 锂电池的电压?

附录 ASCⅡ码表

ASCⅡ值	控制字符	ASCⅡ值	控制字符	ASCⅡ值	控制字符	ASCⅡ值	控制字符
0	NUL	32	（space）	64	@	96	'
1	SOH	33	!	65	A	97	a
2	STX	34	"	66	B	98	b
3	ETX	35	#	67	C	99	c
4	EOT	36	$	68	D	100	d
5	ENQ	37	%	69	E	101	e
6	ACK	38	&	70	F	102	f
7	BEL	39	'	71	G	103	g
8	BS	40	(	72	H	104	h
9	HT	41	)	73	I	105	i
10	LF	42	*	74	J	106	j
11	VT	43	+	75	K	107	k
12	FF	44	,	76	L	108	l
13	CR	45	—	77	M	109	m
14	SO	46	.	78	N	110	n
15	SI	47	/	79	O	111	o
16	DLE	48	0	80	P	112	p
17	DC1	49	1	81	Q	113	q
18	DC2	50	2	82	R	114	r
19	DC3	51	3	83	S	115	s
20	DC4	52	4	84	T	116	t
21	NAK	53	5	85	U	117	u
22	SYN	54	6	86	V	118	v
23	ETB	55	7	87	W	119	w
24	CAN	56	8	88	X	120	x
25	EM	57	9	89	Y	121	y
26	SUB	58	:	90	Z	122	z
27	ESC	59	;	91	[	123	{
28	FS	60	<	92	\	124		
29	GS	61	=	93	]	125	}
30	RS	62	>	94	ˆ	126	~
31	US	63	?	95	_	127	DEL

参考文献

[1] 姚文祥. ARM Cortex‐M3 与 Cortex‐M4 权威指南. [M]. 北京:清华大学出版社,2015.

[2] 肖广兵. ARM 嵌入式开发实例—基于 STM32 的系统设计. [M]. 北京:电子工业出版社,2013.

[3] 杨百军,王学春,黄雅琴. 轻松玩转 STM32F1 微控制器. [M]. 北京:电子工业出版社,2016.

[4] 喻金钱,喻斌. STM32F 系列 ARM Cortex‐M3 核微控制器开发与应用. [M]. 北京:清华大学出版社,2011.

[5] 刘军. 例说 STM32. [M]. 北京:北京航空航天大学出版社,2011.

[6] JosephYiu,ARM Cortex‐M3 权威指南. [M]. 宋岩译. 北京:北京航空航天大学出版社,2009.

[7] 刘火良,杨森. STM32 库开发实战指南. [M]. 北京:机械工业出版社,2013.

[8] 王益涵,孙宪坤,史志才. 嵌入式系统原理及应用—基于 ARM Cortex‐M3 内核的 STM32F1 系列微控制器. [M]. 北京:清华大学出版社,2016.

[9] 陈启军,余有灵,张伟,等. 嵌入式系统及其应用. [M]. 北京:同济大学出版社,2011.

[10] 张洋,刘军,严汉宇. 原子教你玩 STM32(库函数版). [M]. 北京:北京航空航天大学出版社,2013.